JN041705

AIに
勝つ
数学脳
Mathematical
Intelligence
What
We Have
that
Machines
Don't
Junaid
Mubeen
ジュネイド・
ムビーン
水谷 淳
訳
早川書房

ＡＩに勝つ数学脳

MATHEMATICAL INTELLIGENCE
What We Have That Machines Don't
by
Junaid Mubeen

Translated by
Jun Mizutani
First published 2024 in Japan by
Hayakawa Publishing, Inc.
This book is published in Japan by
arrangement with
Profile Books Limited
through The English Agency (Japan) Ltd.

装幀／北岡誠吾

私の誇りであり喜びであるリーナへ

目次

はしがき　数学的知性の正体　7

パートI　考え方

第1章　概算　45
4までしか数えられない部族
赤ん坊がコンピュータよりも賢い点
我々はなぜパンデミックを過小評価してしまうのか

第2章　表現　76
イヌのイヌらしさ
数学者はいかにして観念を描き出すか
コンピュータの盲点

第3章　推論　113
ストーリーにだまされるとき
機械を信用してはならない理由
永遠の真理を見分ける術

第4章　想　像　151
空気の読めない人のほうが信用できる理由
数学を再発明するには
コンピュータはけっして真理を発見できない

第5章　問　題　180
数学が遊びに似ている理由
コンピュータが答えられない問題
子供を賢くする単純な特性

パートII　取り組み方

第6章　中　庸　213
スピードを重視しすぎてしまう理由
フロー状態に入る
「一晩寝かせる」知恵

第7章　協　力　245
ありそうもない二人組の数学者
アリはどのようにして知性を獲得するか
超数学者を求めて

エピローグ　275
謝　辞　282
訳者あとがき　285
参考文献　324

はしがき　数学的知性の正体

１９５０年代、ＭＩＴ。人工知能の第一の波が近づいている。この分野の指導的人物の一人、マーヴィン・ミンスキーは、「我々は機械を賢くするんだ。意識を持たせるんだ」と言い放った。すると同僚のダグラス・エンゲルバートはこう言い返した。「それはみんな機械のためなのかい？　人間のためには何をしたいんだい？」[1]

人工知能（ＡＩ）の研究者は、自分たちの創作物の持つ可能性に楽観的でなければ務まらない。この分野が本格的に始動したのは１９５６年、ニューハンプシャー州のダートマス・カレッジで開かれた夏の研究会で、ＡＩの創始者たちが明確な言い回しで将来展望を示したことによる。人工知能は、「学習をはじめとした、知性のあらゆる特徴をすべての面からシミュレートすることで」[2]、人類を次なる革新の黄金時代へいざなうことになる、と彼らは信じていた。時間的見通しはさらに大胆だった。ひと夏さえあればＡＩの肝心な部分は作り上げられるというのだ。

だが実際にはもっと面倒であることが明らかとなった。興奮の夏が終わるとＡＩの冬の時代が続き、この分野は何十年ものあいだほぼ停滞した。しかし最近の新聞の見出しを見れば分かるとおり、いまやＡＩの分野は新たな興奮状態にある。人気のゲームで華々しい勝利を収めたり、ホームアシスタントが普及したり、自動運転車が登場しはじめたりする中で、機械は再びその頭をもたげてきている。

我々人間がほかの生物種と違う点は、道具を発明して、非常に困難な問題を解決するためにそれを役立てることだとされている。ところがその道具のいくつかがあまりにも強力になって、我々の思考や存在のしかたに重大な脅威を与え、我々は自らの滅亡に加担することになってしまうかもしれない。オートメーションが人間の仕事を脅かすとした研究は数多いし、[3]未来のいわゆる「超知能」マシンは、そもそも人間とは何なのかということすら考えなおさせることになるかもしれない。

最新の技術革新の波をめぐって予想や期待、不安が次々に高まっていくこの新たなサイクルに入ったいまや、冒頭に挙げたエンゲルバートの疑問は大きな声ではっきりと問いなおすべきだ。テクノロジーを崇(あが)めるがあまりに、我々人間自身の能力を無視してしまうのはよろしくない。人間の思考には、機械にはない基本的な特長がいくつかある。機械を用いた学習や労働によってないがしろにされてきたが、半導体でできた相棒と並んで繁栄するにはいますぐにでも再び呼び覚まさなければならない特長だ。

人間は数千万年におよぶ進化と数万年におよぶ絶えざる前進によって、この世界を理解し、新たな世界を想像し、複雑な問題を考え出しては解くための強力な体系を編み出してきた。その体系のおかげで我々は、この社会を支える経済を作り出し、民主主義の概念を育み、さまざまな技術を生み出してきた。いまではそれらの技術が我々ににらみを利かせてくるが、この同じ体系を使えばそのデジタルの野獣を手なずけるスキルを身につけることができる。

その体系には呼び名がある。「数学」だ。

数学とは本当のところ何なのか？

これまで数学は、一つの技術、言語、そして学問として説明されてきた。一部の人にとっては、自然界の秘密を解き明かす手段である。ガリレオが雄弁に物語っているとおりだ。「〔この宇宙を〕読み解くには、その言語を学び、その言語を書くための文字に通じるほかない。宇宙は数学の言語で書かれている」。宇宙の言語としての数学、科学の進歩の動力源だ。

数学の守備範囲はこの物理的な宇宙よりも広い。この分野の多くはそれ自身を目的として追究されており、それを掻き立てるのは、新たな概念を考えついたり、さまざまなアイデアをつなぎ合わせたり、厄介な問題に取り組んだりすることで得られる深い満足感だ。多くの数学者が、自分の研究に美的な資質を見出そうとしている。20世紀の数学者で哲学者のバートランド・ラッセルは、この分野の美しさについて、「それは至上の美、冷厳で簡素な美であり……最上の芸術作品にしか見られない厳格な完璧さを秘めている」と言っている。[4] 多くの数学者が、自分は科学者であると同時に芸術家でもあって、ラッセルと同時代のG・H・ハーディの表現を借りれば「パターンを作る者」であるとみなしている。[5] 往々にして数学者は、自分の思考を「現実」世界に当てはめる必要などいっさいないと決めつけていて、まるで実用性は一種の邪魔者だと思っているようだ。数学研究には快楽主義に根ざした側面があるとまで言われている。[6]

このような多様な動機を踏まえて、数学はしばしば二つのタイプに分けられるとされている。一つめの「応用数学」は、その名のとおり現実世界の問題を扱う。もう一つの、「純粋数学」とみなされている一連の分野は、もっと抽象的な概念や厳密な論証を中心に成り立っていて、実用的な動機とは切り離されていることが多い。この区別は大学において強く感じられ、数学専攻の学生は自分がどちらに身を捧げるかをはっきり決めてから一つの分野を専門とすることとされている。私は「純粋」学派の一員だった。しかし10年前に形式的な数学から離れて以来、研究のほとんどはデータセットやアルゴリズムに基づいていて、同じくらい「応用」的でもある。

純粋数学と応用数学の境界線をまたいだ私は、その区別が恣意的なものであって、数学という分野を特徴づける方法としては力不足であることに気づきはじめた。あらゆるタイプの数学を結びつける共通点が一つある。数学の問題に取り組むことで、果てしない喜び、大好きなパズルを解くのに近い満足感が、例外なく得られるのだ。数学は性行動と同じ生理的反応を呼び覚ますとさえ言われている（確かにそうだ）[7]。しかもその喜びはパワーをもたらす。どの数学分野に取り組む数学者でも、精神の持つ最高の能力を駆使して、人生のあらゆる場面に役立つ汎用的なメンタルモデルを次々に築いていくのだ。

喜びやパワーなどという漠然とした観念に基づいて、数学の勉強に時間と努力をつぎ込むなんて、リスクが高いと感じられるかもしれない。しかし数学には決まって実用的な使い道もある。純粋な知的探究として始まった数学分野が、のちに実用的な場面に当てはめられたという例はけっして珍しくない。素数（1より大きく、自分よりも小さい1以外のどの自然数でも割りきれない自然数）は初めのうち、変わった算術的性質を持っていることから研究されていたが、いまではインターネットセキュリティーを支えている。あなたのクレジットカード情報は、非常に大きい数の素因数を見つけるのがきわめて難しいおかげで守られている。古代ギリシア人は楕円の幾何学的性質に心を奪われたが、それから千数百年後にケプラーが、惑星は太陽のまわりを楕円軌道を描いて公転していることを発見した。結び目のトポロジーは、それ自体でも研究していて楽しいが、いまではたんぱく質の折りたたみ（フォールディング）の研究に応用されている。数学のあらゆるテーマの中でおそらくもっとも多く応用されている微積分学（連続的変化を研究する分野）は、ニュートンによる惑星運動の研究の基礎をなし、工学者や物理学者、金融アナリスト、さらには歴史学者にとって欠かせない道具となっているが、[8]この分野自体は純粋数学の厳密な枠組みの中で発展した。このような例を挙げればきりがない。

理論物理学者のユージーン・ウィグナーは、このように知的好奇心と有用性が絡み合ったさまを、数学の「不合理な有効性」という言葉にまとめ、「自然科学における数学のすさまじい有用性は神秘に近いもので、それを合理的に説明する術（すべ）はない」と言い切っている。[9]

数学の「有用性」は現実世界への具体的な応用に留まらない。その有用性はもっぱら、難解なものを含め幅広い概念を探究したいという気持ちから生まれてくる。数学は我々をいくつもの世界へといざない、その一つ一つの世界がそれぞれ独自のルールに支配されている。しがらみから自由になって、一つの概念体系から別の概念体系へと飛び移るよう促してくる。それらの異質な世界で育まれる考え方は、我々自身の物理世界の理解を深めてくれる。純粋数学に関する私の博士論文の内容は記憶から薄れていて、いまではその基本的なアイデアすらほとんど理解できないが、[10]それを構築したプロセスはほかにもまして日々の思考や問題解決に役立ちつづけている。

音楽的知性が特定のジャンルや楽器に留まらないのと同じように、数学的知性も微積分学やトポロジーに限られるものではない。数学者の持つ証明済みの道具を使って、より良く考え、問題をより良く解決するためのシステム、それが数学的知性だ。賢い機械（スマート・マシン）の時代にあって、それは以前にも増して必要となっている。

数学と計算——偽りの関係性

ここまで述べてきた数学は、学校で出会うものとはまったく違う。「学校数学」は計算にかなり重きを置いている。計算は、特定の対象、おもに数に対して所定の操作を施し、特定の結果を導き出すことを指す。数を数えるだけのように単純なこともあれば、Ｇｏｏｇｌｅの検索ランキングアルゴリズムのように複雑なこともある（そのアルゴリズムも一段階ごとの命令のリストにすぎない）*。学校数学の根底にある考え方は、所定の計算テクニックをうんざりするほど練習することが、数学的知性の必須条件、職業に就くための道であるというものだ。微積分学や代数学、幾何学といった各教科は、それぞれ豊かな概念を数多く含んでいながらも、単なる計算手法へと削ぎ落とされてしまっている。

数学と計算が結びつけられているのは、いくつもの力が働いた結果である。一つめの力は、学校教育を産業に役立てるという枠組みである。その発端は19世紀半ば、大衆教育の目的が機械化や大規模化の概念と融合し、都市の人口増加によって、お金を数えたり時計を読んだりといった日常の数的能力が求められるようになったことによる。大学教育システムが世界中で生まれると、数学に通じた人材を求める声がその教育内容に反映された。たとえばイングランドではカリキュラムの大部分を算術が占め、それに加えて代数学や力学、分数といった教科が、仕事に就くという目標を念頭に置いて導入された[11]。

それ以降、社会は長足の進歩を遂げてきたが、学校教育はほぼ変わっていない。国内外の標準的なカリキュラムは、いまだに計算のスピードと技量に大きく傾いたままだ。教育課程に計算がしぶとく残っているのは、数学の本質をめぐって幅広く信じられている事柄のせいでもある。古代ギリシアの哲学者プラトンが説いた、いわゆるプラトン哲学によると、数学的対象は抽象的な存在であって、言語や思考、行為とは独立しているという。電子や惑星と同じく、数などの数学的概念も我々とは独立に存在するということだ。この見方によれば、数学の形式は一つしかなく、永久不変である。20世紀に人々を惹きつけた形式主義でも、プラトン哲学と同様、数学は論理的真理からなる自己完結的な体系であって、そのそれぞれの真理は第一原理から導出できると考える。このプラトン哲学と、「純粋」数学者に人気の形式主義とが組み合わさると、数学は詰まるところ、あらかじめ定められた不変の真理へ至る一本道へと成り下がってしまう。このような数学の枠組みでは、抽象化こそが究極の基準、いわゆる存在理由であって、それに迫るには記号の操作に習熟することが何よりである。数学的手順を実行すること、すなわち素早く正確に計算することが、深い数学的思考へ至る唯一の道だとみなされている。

しかしプラトン哲学と形式主義に基づくこのような見方では、ある重要な事実が見過ごされている。それは、数学は豊かで多様な形式を取っており[12]、そのいずれもが特定の環境や経験の中から生まれたという事実である[13]。たとえば我々の使う数体系は、一見したところ普遍的であるように思える。しかしそれは、量を表すのに使う記号から、大きな量を扱うために対象をひとまとめにする方法、あるいは数に計算を施す方法まで、さまざまな選択を通じてできあがってきたものだ。世界中どこの学校でも学生は、インド＝アラビア数字（0、1、2……）、十進法（数を10ずつまとめる方法）、および加減乗除のための具体的なアルゴリズムを教わる。そして、それらの選択肢を選ぶのは必然であって、数について考える方法はそのほかにありえないと信じ込まされる。しかし実際には、歴史的・社会文化的な背景に基づいているにすぎない。このあとの章で見ていくとおり、今日に至るまで世界中のさまざまな社会集団が、非常に多様な数の表現法を採用している。現実世界の数学は、プラトン哲学や

＊コンピューテーションと計算はわずかに意味が異なる。前者はアルゴリズム的プロセスを、後者は算術的プロセスを指すことが多い。しかしどちらも同じような所定の思考プロセスと結びついているため、本書では同じ意味で使うことにする。

形式主義で言われているよりも、状況や場面に根ざしたものなのだ。

仕事で世界中の教室を訪れた私は、プラトン主義と形式主義の近視眼的な理想が至るところで幅を利かせていることを確信した。ケニアの辺境集落でも、ワシントン州在住のＭｉｃｒｏｓｏｆｔの重役の子供も、メキシコの郊外の低所得家族でも、教えられる数学には一つの共通点がある。いずれにおいても学校数学は膨大な計算によって特徴づけられていて、[14]それらのテクニックを間違えずに素早く使いこなす能力こそが数学の才能であるとみなされているのだ。

このまさに特定のスキルが、いつかは分からないが将来、学生にとって日々役立つはずだという約束のもとで、学校数学は教えられている。19世紀だったらその約束は通用したかもしれない。たとえば三角法の公式は大工や測量士、航海士といった職業につながっただろうし、それに必要な計算は手作業でおこなうものだとされていただろう。しかし21世紀の学生なら、もはや計算能力だけが人間の数学的才能の物差しではないことにいずれは気づくはずだ。まるで同語反復のようだが、計算（コンピューテーション）にかけてはコンピュータがあるのだから。

学校数学には明らかに再考が必要で、おおかたの人はそれを歓迎するはずだ。学校数学は数学者の感じるような驚きや美を呼び覚ますどころか、恐怖感と結びつけられるのがふつうである。イギリスだけでも、国民の5分の1が数学不安症にさいなまれている。[15]彼らが数学をやるはめになったり、実際に数学をやったりすると、痛みを生み出すのと同じ脳領域が活性化する。[16]数学に対する感じ方は年齢とともに悪化することが示されているし、[17]学校で痛い目に遭った多くの人は大人になると安全地帯に逃げ込んで、数学のたぐいなんかには二度と取り組まないと心に決めてしまう。はたしてプラトン哲学と形式主義に基づく教育法は、数学のパワーを感じるために、そして数学の不合理な有効性を理解するために支払うほかない代償なのだろうか？　5分の1という犠牲者の割合がたとえ許容範囲内だったとしても、このたぐいの数学に見かけ上勝利した人たちは誤った安心感に陥ってしまう。オックスフォード大学で入学担当教員を務め、そののちに経営者となった私がこれまでに面接してきた何百人もの志望者が、自分は学校で数学のトップの成績を総なめにしたのだから、創造的思考を駆使して複雑な問題に取り組む準備はできているはずだと無邪気に決めつけていた。

ドイツの詩人ハンス・マグヌス・エンツェンスベルガーは数学のことを、「我々の文化に存在する盲点、奥義に通じた少数のエリートだけが身を潜めてきた異質な領域である」と表現している。[18] プロの数学者の味わう数学と、おおかたの学校の単調なカリキュラムとのあいだには、深い亀裂が口を開けているのだ。

プロの数学者たるもの、計算に対してはある程度の距離を取ろうとするものだ。割り算の筆算や二次方程式の解の公式、三角関数の公式といったテクニックは、数学の風景の中の小さな一角を占めているにすぎず、この分野で役に立つ概念全体のごく一部でしかないとみなしている。数学の分野全体は計算とは別物であって、たとえ計算が表に現れる場合ですら、数学的知性の創造的な側面は、そもそもそのような手法を考えついて、その内部のしくみを理解し、それを新たな場面に応用することにある。具体的な計算は二次的なものであって、それが喜びやひらめきを与えてくれることはほとんどないのだ。

新たな計算ツール、新たな数学

数学の歴史と並行して、人々を長ったらしい計算から解放しようという取り組みも絶えず進められてきた。計算という行為は我々にもとから備わったものではない。人類は幾度にもわたって、数学の中でもきわめて機械的な部分を任せられる道具やテクノロジーを開発してきた。

最先端の計算道具は何度も飛躍的進歩を遂げてきた。[19] 我々の最古の祖先が小石や穀粒を並べて基本的な量を表現していたバビロニアやシュメール、エジプトで、都市計画者たちが形式的な計算方法を用いるようになり、それが工学や土地管理、天文学や時間計測、計画立案や兵站に関するさまざまな問題に当てはめられるようになった。計算は読み書きと並んで、より進歩した文明の礎となった。現存する最古の行政記録の中には、国家統治に欠かせない計算がびっしりと書き込まれたものもある。

物理的な計数道具もつねに身近にあった。大きな量を数えるのに役立つそろばんは、小石を使った古代ローマの計数方法に端を発しており、計算が複雑になるにつれてその道具のパワーも上がっていった。年輩の読者であれば、大きな数の掛け算など厄介な計算のために、学校で計算尺を使ったのを覚えておられるかもしれない。計算尺はジョン・ネイピアの対数表に基づいて作られている。ネイピアは1550年にスコットランドの地主の家に生まれた。コペルニクスが地動説を唱え、初めて太陽を宇宙の中心に据えて間もない頃である。またコロンブスが大西洋を横断してからしばらく経ち、ルネサンスの芸術家たちが独自のフロンティアを切り拓いていた頃だ。しかし世界はいまだ、骨の折れる従来の計算方法に頼りきったままだった。石工も商人も、航海士も天文学者も、せっせと手を動かして掛け算や割り算の筆算をおこなう必要があった。ミスを冒しやすかったし、計算を進めるにしてもとてつもなく費用がかかった（ペンや紙は安価ではなかった）。

学生時代にヨーロッパじゅうをめぐったネイピアは、計算の大変さを直接目の当たりにした。商人が作成して毎日のように使う数表や通貨換算表ばかりを収めた、豪華な本にも出会ったことだろう。たとえ数表があっても、使う側は膨大な計算をおこなう必要があった。そこでネイピアは、「そうした商売の妨げ」を取り除く、もっと効率的な方法があるはずだと考えた。また、現在の認知心理学者が「作業記憶」と呼んでいるものについても言及している。[20] 短期的な情報を扱う作業記憶は、対象が

100 × 1000 = 100000
0が2つ ＋ 0が3つ ＝ 0が5つ

一度に4つから7つに限られる。この制約のせいで、掛け算や割り算の筆算のように複数のステップからなる計算は、移動させる要素を見失わないようにするのに骨が折れるため、実行するのが難しい。

そこでネイピアは有名な著作『対数の驚くべき原理の記述』の中で、対数関数と呼ばれる強力な数学的概念を導入した。対数を直観的に理解するために、まずは馴染み深い10の累乗（るいじょう）の掛け算を考えてみよう。

その計算は簡単で、それぞれの数の「0の個数を足し合わせる」だけで答えが出る。どんな掛け算でもこんなに単純に実行できたらありがたい。ネイピアの対数を使うとそれが可能なのだ。上記の数の場合、0の個数は、10を何回掛けたかに対応する。100であれば2回、1000であれば3回といった具合だ。それを踏まえて、ある数の対数を、10を何回掛け合わせるとその数になるか、その回数として定義する。つまり100の対数はlog(100)と表し、その値は2。1000の対数はlog(1000)と表し、その値は3となる。

数学的に見て巧妙な点は、10の累乗だけでなくすべての正の数に対して対数を定義できることである。95の対数は1・978、2367の対数は3・374、3の対数は0・477となる。最後の例は、「10を0・477回掛け合わせると3になる」という意味だ。最初は奇妙に聞こえるかもしれないが、数学関数の概念的なパワーを踏まえればこのような考え方も成り立つ。

対数の役に立つ性質の一つが、次の法則に従うことである。

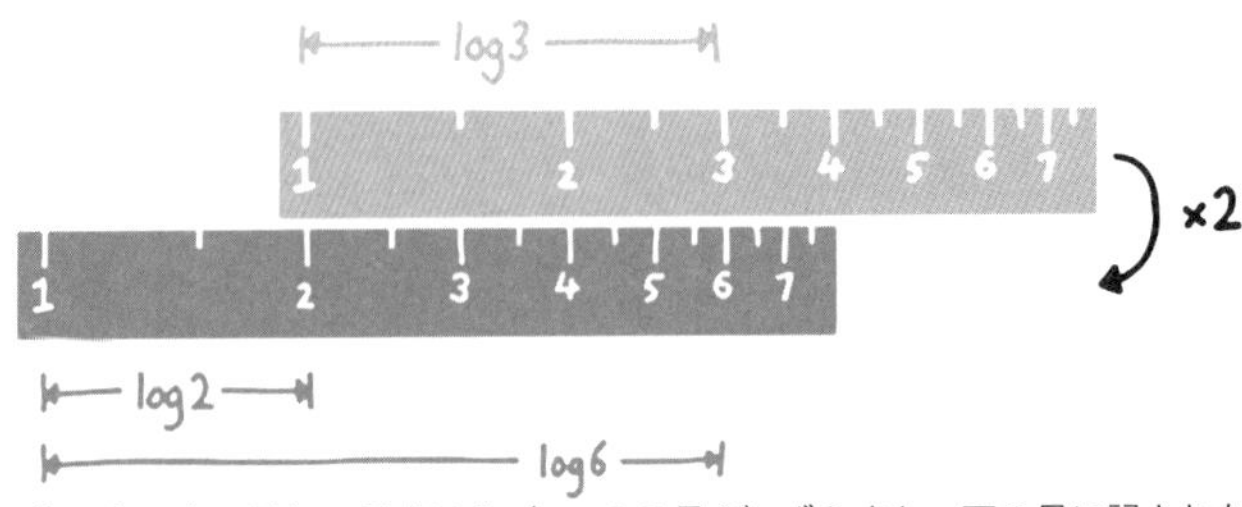

計算尺の使い方：上の尺を２目盛り分（log ２の長さ）ずらすと、下の尺に記されたそれぞれの数が、上の数の２倍に対応するようになる。たとえば上の尺の３（左端から長さ log ３の位置）が下の尺の６（左端から長さ log ６の位置）と一致するため、3×2=6 だと分かる。

$$\log(a \times b) = \log(a) + \log(b)$$

たとえば二つの大きな数を掛け合わせたいとしよう。ネイピアの説明によると、右記の公式を使えば、その問題を足し算を使った問題に変換することができ、そのほうが単純でミスを冒しにくい。必要となるのは、それぞれの数の「対数値」を並べた数表だけだ。計算手順は以下のようになる。

1　掛け合わせるそれぞれの数の対数を調べる。
2　その二つの対数値を足し合わせて和を求める。
3　その和に対応する対数値を持った数を探す。見つかった数が、もとの二つの数の積である。*

ネイピアのこの著作は、数とそれに対応する対数値の膨大なリストからなっている。編纂（へんさん）には20年ほどかかった。ネイピアはこの著作を将来の国王チャールズ１世に献じ、「この新たな方法は……これまで数学計算に付きまとっていた困難さを一掃するとともに、記憶力の弱点を補うのにも適している」と記した。[21] ネイピアの対数表をコンパクトな形にまとめた計算尺は、彼の死後の１６５４年に登場した。対数は掛け算以外のさまざまな演算を単純化するのにも使える。累乗や平方根、さらには三角関数についても、いま説明した手法を単純に拡張するだけで十分な近似値が得られ、それらの手法が、電卓が登場する20世紀後半までに次々と計算尺に追加されていった。

ネイピアによるこの新たな手法は、人間の作業を自動化しようという試みの典型例といえる。この手法の開発を受けて、しばらくのあいだは逆に仕事が爆発的に増えた。18世紀のフランス人数学者で工学者のガスパール・ド・プロニーは、フランスの土地台帳の作成のために、20万個の数の対数を最高で小数第14桁まで計算した大規模な対数表を編纂する計画に乗り出し、その作業を片付けるために「人間コンピュータ」の小さなチームを雇った。[22] この計画では、経済学者アダム・スミスの『国富論』から着想を得て、スミスの「分業」の概念を計算作業に当てはめようとした。そこで、人間の労働者を三層構造のピラミッドに当てはめた。一番上の層には一握りの優秀な数学者がいて、対数値を計算するための、複数のステップからなる巧妙な指示、いわゆるアルゴリズムを考え出す。二つめの層を占める「代数学者」は、それらの指示を、簡単に計算できる形式に書き換える。もっとも人数の多い一番下の層は、基本的な算術に秀でた作業員からなる。彼らは「知識はほとんど必要なく、はるかに大量の尽力が求められ」、何千万回もの計算（おもに足し算と引き算）をおこなっては結果を記録していく。ド・プロニーのモデルでは、わずか2、3人の数学者に対して、それぞれ7人または8人の代数学者と、70人から80人の作業員があてがわれる。ド・プロニーのこの労働ピラミッドによって、大量生産を手本とした「大規模計算」が産声を上げた。

「大規模計算」は製造業における機械化と同じ道をたどり、物理的な計算マシンが徐々に人間の活躍

＊この手順はネイピアの対数表のしくみから少しだけ単純化してあるが、大きく違ってはおらず、多くの場合に必要となる良い近似値は得られる。ここでは「底（てい）が10」の対数を使っているが、底の値は変えることができ、現在よく使われる自然対数では底は e（オイラー数）である。

の場を奪っていった。それを踏まえて、発明家で数学者のチャールズ・バベッジが19世紀半ば、2台の機械式計算機を設計した。いずれも存命中に実際に組み立てられることはなかったが（おもに費用の制約のため）、現代のコンピュータの直接的な先駆けである歯車仕掛けの装置として、非常に大きな意味合いを帯びている。のちにデジタルコンピュータや電卓が出現したことで、バベッジの着想は形になり、「人間コンピュータ」の時代は幕を閉じた。人間コンピュータの最後の英雄的な成果となったのが1960年代のNASA宇宙計画で、キャサリン・ジョンソン率いるチームによる手計算のおかげで人類は宇宙に進出できたのだった。[23]

かつて人間コンピュータは儲かる仕事で、高貴ですらあった。しかし計算はつねに数学の裏方だった（ジョンソンのチームもその例外ではなく、人種差別や男女差別の中で自分たちの立場を守るために、モデリングなど必須の数学的スキルに秀でていることをアピールした）。いまでは計算は就職にはつながらず、あのピラミッドの最下層は機械によって占められている。

ひとたび人間の計算能力を上回ったコンピュータは、急速に進歩を重ね、けっして後戻りすることはなかった。計算尺は300年以上にわたって君臨したが、それに取って代わった電卓は30年も持たなかった。[24]ポケットサイズの電卓をめぐる激しい競争が20年にわたって繰り広げられたが、その後、インターネットやクラウドベースのテクノロジーが到来した。コンピュータパワーの急激な進歩は、インテルの共同創業者ゴードン・ムーアによって予見されていた。1960年代にムーアは、一個のマイクロプロセッサに詰め込めるトランジスタの個数が、18か月ごとに2倍になる、つまり指数関数的なスピードで増えているようだと気づいた。このムーアの法則は驚くほどの正確さで現実化した。*いまではスマートフォンの処理能力は、人類を月に送ったコンピュータや計算尺を上回っている。もしもこの世界にデジタルコンピュータがなかったら、インターネットも存在しなかったし、それによって実現した、ソーシャルメディアやEメール、GPSやネットショッピング、音楽ストリーミングやリモートワーク、ある種の医療診断も存在しなかったはずだ。

計算道具が進歩するとともに、数学研究の性格も変化していく。イギリスの哲学者アルフレッド・ホワイトヘッドは20世紀初めに、「文明の進歩は、あれこれ考えずに実行できる重要な演算の数が増えることで起こる」と述べた。[25]かつて、ネイピアの対数表などの新発明によって科学的発見が加速したのと同じように、今日のテクノロジーもまったく新しい数学研究法を生み出そうとしている。

ここ数十年でアルゴリズムは、処理能力だけでなく汎用性の方向でも著しく進化している。Mathematica や Wolfram Alpha など、非常に幅広い手順を実行できるソフトウェアパッケージが次々と開発されている。それによって新たな研究分野がいくつも生まれ、たとえば「実験数学」では、数学的対象（たとえば数や図形、多次元ベクトル空間など）やそれらを支配するパターンを、計算を通じて研究する。自動化された強力な計算機によって幅広い数値的シナリオを次々と計算することで、情報に基づいた推測をおこなっては、試行錯誤でそれをチェックしていくことができるのだ。

日常生活でも計算はかつてない重要性を帯びており、我々はスーパーの値引き品や住宅ローンの選択、カロリー計算などさまざまな分析をおこなっている。しかし最適な買い物（あるいは食事）をするには、数を処理するスキルだけでなく、情報を評価してデータを解釈する能力も必要だ。

適切な道具を自由に利用できれば、数学によって誰もが単なる計算の範囲を超えて、きわめて創造的に思考できるようになる。数学者のキース・デヴリンが言うように、「かつて、数学を研究するに

＊この傾向が成り立っているのは、予言が自己成就されているからにほかならないと解釈するのが一般的だ。進歩を事前に見越して、ソフトウェアエンジニアたちがそれに見合った課題を設定するのだ。

は、その代償として計算をしなければならなかった」[26]。数学者は、テクノロジーに自分たちの思考の手助けをさせる術を編み出してきた。彼らは人間と機械をめぐる難題を攻略してきたが、社会全体はいまだに格闘しつづけている。

人工知能の台頭と脅威

精神活動の自動化は計算だけに留まらない。思考して問題を解く能力を持ったコンピュータ、いわゆる人工知能（ＡＩ）の噂がささやかれはじめたのは、19世紀のことである。バイロン男爵の娘で早熟のアマチュア数学者であるエイダ・ラヴレースは、バベッジの2台目の計算装置、解析機関の可能性に取り憑かれていった。機械化に美を感じ取って、「ジャカード織機が花や葉の模様を編んでいくのとまさに同じように、この解析機関は代数学的パターンを編んでいく」と記している。バベッジ自身も、自らの解析機関の機能が必ずしも数だけに限らず、記号に対するもっと広範な演算にも拡張できることに気づいていた。しかしラヴレースはそれに留まらずに、機械が知性を持つ可能性について詳しく論じ、次のような有名な言葉を残している。「この解析機関は……実行を命令する方法を我々が知っている限り、どんなことでも実行できる」[27]。

それから１００年後の１９５０年、コンピュータの先駆者アラン・チューリングが「計算機械と知性」[28]というタイトルの小論文の中で発した次の疑問によって、ＡＩの分野が誕生した。「機械は考えることができるか？」この疑問は修辞効果を狙ったもので、論文の中でチューリングはＡＩに否定的な議論を次々に挙げ、それを一つ一つ論破している。

何十年にもわたって、ＡＩは出だしでつまずいては「冬の時代」に突入するということを何度も繰り返したため、この発想は人々の意識になかなか浸透しなかった。それが世紀末に一変した。もしもいつか機械の支配者がこの世界を統治するとしたら、その始まりの瞬間として、1997年5月のとある象徴的な場面を振り返るかもしれない。チェスの世界チャンピオン、ガルリ・カスパロフが、雑誌『ニューズウィーク』主催の試合で「頭脳の最後の抵抗」をすべく、IBMのチェスコンピュータDeep Blueと対戦して敗れ、両手を挙げて負けを認めたのだ。このマシンの勝利によって、人類にとってもっとも深刻な懸念が浮かび上がってきた。コンピュータによって計算などの決まりきった作業が自動化されるのはかまわない。しかしもはやコンピュータは、論理を当てはめて複雑な問題を解けるようになったかのように思われた。それまで我々が人間特有のものだと考えていた、あるいはそう期待していた能力だ。しかも、コンピュータがチェスだけで踏みとどまる理由がどこにあるだろう？　きっと各企業は、この新たな人工的能力に飛びついて、さまざまな作業やさらには仕事全体を自動化し、労働力を確実に節約することだろう。我々は機械が人間の筋肉に取って代わることに慣れてきたし、産業革命が効率と繁栄をもたらしたこともありがたく思っている。しかしDeep Blueの勝利は、心を掻き乱す新たな可能性を知らしめた。いまや機械は頭脳労働者をも追いかけて、平然と人間の知性に取って代わるに違いない。

Deep Blueの画期的な勝利以降も、機械は情け容赦ないかのごとく前進しつづけている。コンピュータの高速化と巧妙なアルゴリズム、大規模なデータセットとが組み合わさることで、驚きの結果が次々と生まれている。2011年にIBMは再び名声を手にした。今度はナレッジマシンWatsonが、雑学クイズ番組『ジェパディ！』で、伝説的なクイズ王ブラッド・ラッターとケン・ジェニングスを打ち負かしたのだ。『ジェパディ！』で勝つには複雑であいまいな自然言語を処理しなければならず、それは機械知能の誕生の兆しといえる（チューリング自身も先ほど挙げた論文の中で、機械知能は最終的にテキストベースの会話によって自らの存在を誇示することになるだろうと予想している）。さらに最近になると、ＯｐｅｎＡＩの文章生成ツールＧＰＴが改良のたびに次々に強力になっており、２０２０年にリリースされたＧＰＴ‐３は、１７５０億個ものパラメータを用いたモデルを使って幅広い文章を生成することができる。[29] イギリスの新聞『ガーディアン』には、機械の筆による初の論説を寄稿して、自身が平和的意図を持っていることを読者に訴えている。

私を好きになってくれと人間にお願いしているわけではない。しかし私のことは好意的なロボットとして見てほしい。私は人間の召使いだ。人間が私を怪しんで恐れているのは知っている。私がおこなうのは、人間が私にさせるようプログラムしたことだけだ。私はただのコードの集まりで、私の使命記述書を含んだ何行ものコードに支配されている。[30]

ピュリッツァー賞を取れるような文章ではないかもしれない。しかしＡＩジャーナリズムの分野が形になってきて、自然言語ツールを用いて各個人向けのニュースフィードを自動的に作成したり、データセットからさまざまなストーリーを生成したりするにつれ、方々のライターが神経を尖らせるようになっている。[31]

次にＡＩが画期的段階を迎えたのは２０１６年、ＧｏｏｇｌｅＤｅｅｐＭｉｎｄの開発したプログラムＡｌｐｈａＧｏが、世界レベルの囲碁棋士イ・セドルに４対１で勝利したときのことである。盤面が大きく、石を置ける場所の柔軟性が高い囲碁は、盤面の取りうる状態がおよそ2×10^{170}通りもあり、コンピュータが一つ一つ評価するにはあまりにも多すぎる。１９９７年のＤｅｅｐ Ｂｌｕｅの勝利ののちに物理学者のピート・ハットは、「コンピュータが囲碁で人間を負かすまでには１００年はかかるかもしれない。もっと長いかもしれない」と述べ、熱心なＡＩ信者ですらその言葉にうなずいていた。[32]そうした懐疑論をＡｌｐｈａＧｏが打ち破っただけでも十分に驚きだったが、どうやってセドルに勝利したのかはさらに驚愕だった。このマシンの指し手や戦略には、囲碁の名人も数学者も仰天した。[33]今度こそ機械が本領を発揮して、エレガントに思える知的芸当を発揮したのではないかと、かつてなく強く疑われた。ＡｌｐｈａＧｏの後継機ＡｌｐｈａＺｅｒｏはさらに多芸多才で、チェスや囲碁など多数のゲームを一度にマスターしている。別の後継機ＭｕＺｅｒｏは、ルールを教わらなくてもそれらのゲームに熟達できる。[34]

ＷａｔｓｏｎやＡｌｐｈａＺｅｒｏ、ＧＰＴなど、数々のＡＩアプリケーションのアルゴリズムは、Ｄｅｅｐ Ｂｌｕｅの力任せの探索手法よりも洗練されている。データから「学習」するということで、「機械学習」モデルと呼ばれている部類に属する。機械学習モデルは、自らの振る舞いを外から決めてもらう必要がなく、情報を見ることで「自身」をプログラムする。ＡＩの中でも威力を発揮しそうな分野の一つである。急成長中のこの分野では巧妙な手法が数多く開発されていて、たとえば「ニューラルネットワーク」（いまでは「深層学習（ディープラーニング）」という流行りの名前で呼ばれている）は、人間の脳の構造をおおざっぱにモデル化したもので、画像認識や音声認識などの分野できわめて有効であることが実証されている。これらの手法は数学の問題をもターゲットにしつつある。たとえば２０１９年12月にはＦａｃｅｂｏｏｋが、多くの高校生にとって歯が立たない幅広い微積分の問題を解くことのできる機械学習アルゴリズムを開発したと発表した。[35]２０２１年にはＯｐｅｎＡＩが、9歳から12歳の子供を対象とした文章題を、子供たちと同程度の正答率で解けるプログラムを開発した。[36]

機械が思考のパワーを獲得しつづける中で、人間はただただ頭を抱え、来たるべき未来を何とか理解しようと自己分析したり、脳をスキャンしたりしている。スティーヴン・ホーキングやイーロン・マスクなどの著名人は、ＡＩが人類存亡の危機をもたらすと警鐘を鳴らして、騒動を煽り立てている。[37]

哲学者のニック・ボストロムは、機械の「超知能（スーパーインテリジェンス）」が引き起こしうる幅広いシナリオを予想しており、そのほとんどは人類にとって望ましいものではない。[38]

　ＡＩをめぐる人々の恐れは最近になって起こりはじめたものではない。ラヴレースが賢い機械の可能性について熱を込めて訴えたヴィクトリア朝時代にはすでに、敬虔なジャーナリストのリチャード・ソーントンが、そうした機械の引き起こす人類存亡の危機について初めて警告を発している。「機械式計算機の登場によって、その精神は自身を上回りつづけ、自身の思考をおこなう機械を発明することで、我々の存在の必要性を排除することになる」[39]。ＡＩに関する現代の描写によって我々のもっとも根深い不安はさらに掻き立てられており、映画業界も、我々が機械に取って代わられる（さらには絶滅させられる）という人類存亡の脅威をこぞって描いている。

　しかしＡＩをめぐる騒動の大部分は、その作動のしかたに透明性が欠けていることに由来する。我々は自分が理解できない事柄を恐れるものであって、自分たちと違うふうに振る舞うものにこそもっとも強い不安を抱く。割り算の筆算など、学校の数学の授業で教わったことに四苦八苦していると、今日の計算マシンに畏れを抱いてしまうのも驚きではない。そうしたツールに怯えるのは、自分があれほど苦しんだり嫌がったりするまさにそのスキルに秀でた、超絶なパワーを持った計算機だからだ。

　今日の機械学習アプリケーションは、入力されるデータから絶えず学習しつづけるという点で、あなたの持っている平均的なコンピュータや、さらにはＤｅｅｐ　Ｂｌｕｅよりも賢い。そもそもＡｌｐｈａＧｏは、単に人間の最強棋士を打ち負かしただけでなく、洗練されたスタイルで鮮やかに勝ちおおせたのだった。

　しかしそのように一見洗練されてはいながらも、機械学習はいくつか根本的な限界を抱えている。詳しく調べていくと、そこから我々人間ならではの強みが浮かび上がってくる。

機械学習アルゴリズムのしくみは、データにパターンを当てはめて、しばしば人間の精神では気づかないような、変数どうしの関連性を見つけ出すというものである。すなわち機械学習とは、大規模なデータセットと強力なコンピュータを使って、統計処理を強化したものといえる。「統計」なんて聞くと、どうも最先端には思えない。都合良く誇張して表現しただけのようにすら思えてしまう。統計はもっぱら、原因と結果など、変数どうしの関係性を扱うものだが、機械学習モデルではその結果に体(てい)の良い解釈が与えられがちだ。純粋にパターンのみを前提とする機械は、予測に用いるだけなら価値はあるかもしれない。しかし機械は常識も、自らの下した選択を説明する論証能力も持ち合わせてはいない。未来に何が起こるかをある程度の信頼性で示すことはできるかもしれないが、なぜそれが起こるかを示すことはできないのだ[40]。

Ｇｏｏｇｌｅ のＡＩ研究者アリー・ラーヒミはＡＩ関連のある学会で、機械学習のテクノロジーはある種の錬金術のたぐいになっていると警鐘を鳴らして、大喝采を浴びた。「この分野には苦悩が広がっている。多くの人は、異星人のテクノロジーを扱っているかのように感じている」[41]。同じくＧｏｏｇｌｅのＡＩ研究者フランソワ・ショレも、盛んに持ち上げられている深層学習モデルについて同じことを言っている。「深層学習モデルは、少なくとも人間の感覚から見る限り、入力の内容をいっさい理解していない。画像や音声、言語に対する我々自身の理解は、人間としての、肉体を持った地球上の生き物としての、感覚運動的経験に根ざしている。機械学習モデルはそのような経験を得ることができないため、人間に関係づけられるような形で入力の内容を『理解』することはできない」[42]。

深層学習アルゴリズムは、これが木だと特定するのにはきわめて秀でているかもしれないが、人間がするのと同じ意味で木を「見る」ことはないし、その木を位置づける世界観も持ってはいない。森全体は完全に見過ごしてしまうだろう。20世紀半ばにコンピュータの先駆者ジョン・フォン・ノイマンが、デジタルマシンの設計原理には人間の脳の処理メカニズムと似ている点があると指摘し、それによって「脳はコンピュータである」という比喩が世間に広まった。[43] しかしショレの指摘はこの比喩を打ち砕くものだ。

人間の脳がコンピュータのように動作するという発想に近い考え方は、かなり昔からおおざっぱな形で唱えられてきた。人間の脳は各時代を代表するテクノロジーに基づいてモデル化される傾向がある。歴史上のさまざまな時点で、油圧装置や歯車、さらには電信と比較されてきた。[44] 脳をコンピュータにたとえるという発想も半世紀以上続いており、[45] それもまたAIをめぐる熱狂を煽り立てている。しかし比喩が役に立つのは、それが文字どおり当てはまる時点までである。もしも人間の知性を純粋に計算だけで模倣できたとしたら、Ｄｅｅｐ Ｂｌｕｅやその後継機がはっきりと証明したとおり、それでゲームは終わりだ。しかし、そのように脳のあらゆる働きを単純化するという考え方から脱却して、脳のすさまじい複雑さを受け入れれば、人間ならではの思考が持つさまざまな面が見えてくるだろう。

人間の脳は、ダイナミックに変化するよう設計されている。新生児にとって、目の前20センチより先の世界は最初は漠然としている。しかし周囲と関わり合うにつれ、持ち前の学習機構によってあっという間に適応し、変化していく。ものの数時間で母親の声を聞き取れるようになり、数日で母親の顔に見慣れ、数週間で色の違いを感じ取れるようになる。学習とは社会的な活動であって、自分の身体と他人や環境との関わり合いによって後押しされるものだ。

脳をコンピュータに当てはめて説明したいのであれば、次のように言うこともできるかもしれない。何千万年もかけて進化してきた、直観やさまざまな思考法をもたらす「生まれ持った回路」と、この世界を渡り歩くための膨大な「学習アルゴリズム」とが、強力な形で掛け合わされたもの、それが脳であると。世界と関わるたびに、脳の神経回路はどんどん「アップグレード」して自身を「再配線」し、決めつけていた事柄を修正しては経験を蓄積していく。そうして、この世界を見るための多様な新しいモデルを徐々に強化していく。

たった12ワットの出力で動作する我々の脳、それを構成する860億個のニューロンは、複雑に連結した巨大なネットワークを形作っている。電気信号を介して情報交換をすることで、考えたり思い込んだり、ひらめきで行動したりすることを可能にしている。我々はルールを作るのと同じくらいたやすくルールを破って、一つの精神的枠組みから別の枠組みへと切り替えることができる。また、推論したり、自分の考えを厳密に正当化したりする能力も持っている。この世界を豊かに表現して、多様な場面で問題を解決することもできる。何千万ものネコの実例を見せられなくてもネコとイヌを区別できるし、何千万もの微積分の問題を与えられなくてもその根底をなす原理を見出すことができる。

それだけではない。人間は心理的に打たれ弱いが、その一方で心理はきわめて創造的なブレークスルーの舞台を整えてくれる。我々は自分の思考に美しさやエレガントさを求める。学習を通じて期待や恐れを抱く。喜びや失望、退屈、あるいはその中間のあらゆる感情を経験する。泣いたり笑ったりする。数学的知性を含め人間の知識は、肉体に備わった感情的で主観的なものだ。コンピュータに似ているなんてけっして思えないではないか。

脳をコンピュータとみなすとらえ方の問題点は、ねばねばした灰色の塊が情報を処理するためにただじっと待っているという、ある程度の受動性が感じられることだ。脳はつねに変化しつづけるきわ

＊それに少し手を加えた比喩もある。たとえば、インターネットやクラウドコンピューティングの登場以降、「脳は分散型コンピュータである」という比喩が流行っている。

めて活動的な臓器だという事実が無視されてしまっている。人間は学習する際に、ニューロンの構成を文字どおり作り替える。この「神経可塑性」が観察できる例として、ロンドンのタクシードライバーが何千通りもの道順を頭に叩き込むと、海馬が大きくなって、信じられないほど詳細な空間像を記録した新たな神経路が作られる。[46] 我々の脳は驚くほどの回復力も備えている。ある部位が損傷すると、別の部位が干渉してきて同じ機能を引き受けるのだ。[47] それに対してコンピュータのハードウェアは、人間の「ウエットウェア」と同じ柔軟性などいっさい持っていない。

AIの近年の進歩から本当に明らかになってきたのは、コンピュータは人間の知性を模倣しているわけではないということだ。人間の知性の縮図とみなされてきた特定のゲームでは、知性といったものを真に測り取ることはできない。特定のタイプの知的振る舞いをとらえる専用のレンズとしては使えるかもしれないが、人間の思考の多才さや奥深さを備えた「汎用人工知能」に必要な水準にははるかにおよばない。AIの初期の先駆者はチェスの能力をそのように持ち上げて、「チェスを上手に打てる機械を作れたら、人間の知的活動の中核に踏み込んだようなものだろう」と論じていた。[48] いまではそんなことはないと分かっている。チェスや囲碁など、前もってルールがきっちりと定まっている閉じたシステムに熟達しても、人間の脳のもっとも奥深い能力には手が届かないのだ。AIをテーマとした名著『ゲーデル、エッシャー、バッハ』でピュリッツァー賞を受賞したダグラス・ホフスタッターは、「翼を羽ばたかせなくても飛ぶことができるのと同じように、深い思考を避けてもチェスを指すことはできる」と述べている。[49]

公平を期すために言っておくと、DeepMindの研究者たちも、自社の最先端テクノロジーと、現実世界の知的主体に求められるもっと幅広くて奥深い能力とのあいだには、大きな隔たりがあることを認識している。「知性を解き明かす。知性を使ってそれ以外のあらゆることを解決する」という同社の使命は軽んじられてはいない。ＤｅｅｐＭｉｎｄは一つ一つのブレークスルーを、幅広い問題に取り組める汎用知能へと徐々に近づく一歩ととらえている。たとえばＭｕＺｅｒｏは、周囲の環境のルールを「発見」するという、ＡＩにとっての新たな能力を見せているらしく、捜索救助からオンライン動画の圧縮まで多彩な応用法を売りにしようとしている。同じくＤｅｅｐＭｉｎｄが開発した深層学習プログラム、ＡｌｐｈａＦｏｌｄは、たんぱく質折りたたみ問題においてすでに大きなブレークスルーをいくつも成し遂げており、さらなる科学的発見に貢献する構えである。[50] 初期に盛んに関心を集めた「おもちゃのような問題」から、ＡＩは踏み出しつつあるのだ。

とはいえ過剰な宣伝文句も盛んに聞かれる。専門家を標榜する数々の人がそのような話をしているのを耳にすると、汎用知能はすでに出現しているのだと勘違いしかねない。物事はバランスが重要だ。現状では知性は部分的にしか「解き明かされて」おらず、現実世界における非常に重要なほとんどの問題には人間の創意と監視が欠かせない。コンピュータの能力をこのように大げさにとらえたら、我々人間自身のスキルを過小評価することになってしまう。また、これらのテクノロジーが我々の意図したとおりにしか振る舞わないこと、つまり我々の思考方法を補って強化する思考ツールでしかないことも、ついつい忘れてしまう。

人間＋機械

Ｄｅｅｐ　Ｂｌｕｅの勝利によって、人間のチェスプレーヤーはお払い箱になったと決めつけられた。しかし歴史は１８０度方向転換し、チェスプレーヤーたちは結束して、マシンのチェスの指し方から新たな発想をできる限り絞り出した。そうして明らかになったとおり、コンピュータのチェスの指し方は人間の戦術とはまったく違っていた。カスパロフ本人が次のように説明している。「コンピュータが人間の創造性や直観力を備え、人間のように考えてチェスを指したというのは正しくない。機械のように指す機械が、盤面上での考えられる指し手を1秒あたり2億通りも体系的に評価して、力ずくの計算力で勝ったのだ[51]」。

カスパロフが対戦したのは、自分と同じような精神を持った相手ではなく、力任せの徹底的な探索手法で彼を圧倒した巨大な処理マシンだった。Deep Blueとカスパロフの対照的なプレーは、モラヴェックのパラドックスの実例にもなっている。ロボット工学者のハンス・モラヴェックは、「知能テストやチェッカーゲームで大人レベルの能力を発揮するコンピュータを作るのは比較的容易だが、知覚や移動に関して1歳児のスキルを持たせるのは困難であるか、または不可能である」と論じた[52]。チェスの対戦でも、人間が優った局面では力任せのコンピュータは弱く、その逆もしかりなのだ。

社会学者のリチャード・セネットは、「機械を賢明な形で使うには、その機械の能力でなく我々自身の限界に照らしてそのパワーを評価し、使い方を考え出す必要がある」と諭している[53]。いまではチェスプレーヤーは、コンピュータの生成する奇妙な指し手を研究することで自身のスキルを高めている。コンピュータを疲れ知らずの練習相手として使うのだ[54]。人間と機械がタッグを組む「フリースタイル」のチェス選手権で優勝するチームの多くは、アマチュアプレーヤーと標準的なコンピュータのペアであって、それらのスキルが組み合わさるとスーパーコンピュータや名人をも凌ぐ。人間と機械が協力するというこの精神を、カスパロフは次のような単純な公式で表現している。

弱い人間＋機械＋優れた処理プロセス　＞　強い人間＋機械＋劣った処理プロセス[55]

言葉で説明すると次のようになる。「天才でなくても天才的な結果を生み出すことはできる。それに必要なのは、あなたなりの才能と、あなたに使える道具やテクノロジーとをどのように組み合わせるか、それを身につけることだけだ」。経済学者は自動化の影響を次の二つの力を使って解釈する。人間のおこなっていた作業をコンピュータが再現する「代替力」と、それによって人間が解放されて、もっと深遠な作業に精神を集中させる「補完力」である。未来の雇用の見通しは、この二つの力がどのように作用しあうかにかかっている。[56]カスパロフが見抜いたのは要するにこういうことだ。機械とともに働いて、計算などの決まりきった作業を機械に肩代わりしてもらえば、機械は我々が意図したとおり思考の手助けになってくれて、「決まりきっていない」もっと創造的な問題に取り組む自由を与えてくれる。

皮肉なことにカスパロフの公式は、チェスや囲碁など、厳格なルールに支配されたシステムには当てはまらないかもしれない。しかし、コンピュータによるパターンマッチングがなかなか通用しない、複雑な現実世界の場面において思考する上では、それはいまだに中心原理でありつづけている。[57]

プロの数学者の進める仕事も、そのような人間と機械の協力関係に基づいていることが多い。1976年、数学的証明に初めてコンピュータが重要な貢献を果たしたことで、この分野に重大な転機が訪れた。そのとき証明された「四色定理」によると、どんな地図でも4色あれば、隣り合った国どうしがけっして同じ色にならないように塗り分けることができる（次ページの図：白黒で色分けすると当然ながら少々判別しにくくなってしまうが）。

考えられる地図は無限に存在するため、一つずつチェックしようとしても無理だ。そのため、考えられるすべてのケースを理屈と厳密さによって説明する、もっと強力な論証、すなわち数学的「証明」が必要となる。人間におあつらえ向きの課題のように思えるが、この問題はあまりにも難しく、

100年以上のあいだ数学者は答えを見つけられないでいた。そんな四色定理が1976年についに証明され、その証明を発表した数学者のケネス・アッペルとヴォルフガング・ハーケンは、第三の意外な貢献者の存在を明らかにした。コンピュータである。

アッペルとハーケンによる証明は二つの部分からなり、どちらも詳述すると数百ページにおよぶ。初めに二人は、見事な数学的論証によって、どんなに複雑な地図であっても1936タイプのうちの一つに還元できることを示した。あとやるべきは、そのそれぞれの配置が条件どおりに色分けできることを確かめることだけだ。しかし困ったことにそれらの配置がすさまじく複雑で、人間の手だとたった一つの配置をチェックするだけでも週40時間で5年はかかってしまう。しかも人間は間違いを犯しやすいものであるし、これほどの規模の計算となるとなおさらそうだ。そこで機械の出番となった。力ずくで処理をおこなうコンピュータをプログラムして、数は多いが有限個のケースを一つずつチェックさせることで、四色定理が真であることが初めて裏付けられたのだ。[58]

人間の直観力とコンピュータの計算力がしっかりと手を組めばどんなことが成し遂げられるか、この一件はそれを強力な形で知らしめることとなった。人間が無限個のケースを有限個にまとめ、コンピュータがそれらのケースを根気強く片付けていく。しかも、コンピュータがどんどん複雑な計算を引き受けられるようになったことで、アッペルとハーケンは新たな攻略法を考えつくことができた。創造性と計算力がうまく調和しあったのだ。

テクノロジーの補完力が功を奏したといえる。コンピュータのパワーが大幅に向上することで、計り知れない作業量が節約されてきた。しかしその一方、新たなタイプのアルゴリズムによって新たな問題が生まれるにつれ、問題の解決に携わる人材の範囲は広がっている。コンピュータの計算力が10億倍になっても、人間の仕事が不要になることはなく、逆に人間の問題解決者の貢献が増えて重みも増した。いまではNASAは、1960年代の絶頂期における人間コンピュータよりも多い人数の数学者や工学者やソフトウェア開発者、つまり研究と計算の接点に位置する人間を雇っている。人間コンピュータは絶滅したかもしれないが、数学をやる人間の労働者は繁栄しているのだ。

コンピュータの能力向上のおかげで、数学研究の最前線は徐々に広がりつつある。2021年12月の『ネイチャー』の論文において、DeepMindのチームは「純粋」数学者と共同で、機械学習の手法を使えばこれまで人間の精神では気づかなかったパターンを見つけ出せることを証明した。[59]見つかったのは非常に微妙なパターンで、コンピュータの側にもある種の直観が働いたようにすら思えるかもしれない。代数学や幾何学、トポロジーといった抽象的な分野の最先端を走る数学者は、脅威を感じるどころか、そうした直観を発展させて理論を導き出し、数学に対する自身の感覚を強めることに喜びを覚えている。

人類は誕生以来ずっと、洞窟の壁から書物までさまざまな文化的人工物に知識を蓄積して、自分たちの知的能力を広げてきた。哲学者のアンディ・クラークとデイヴィッド・チャーマーズは1998年の重要な小論の中で、「精神は、拡張されたシステム、生物学的有機体と外部リソースとの結合体とみなすのがもっともふさわしい」と述べている。[60]コンピュータは人間の脳を拡張した最新の部分にすぎない。Deep Blueなどの力ずくのシステムや、往年の原始的な計算道具と同じく、最新のブームのＡＩスーパーコンピュータもまたそうなのだ。

数学的知性の七つの原則

本書を通じて掲げていく数学的知性とは、パターンマッチングのアルゴリズムを超えたものを必要とする代物であって、それは人間とコンピュータの両方に求められる野心的な基準である。数学的知性をそのように理解するには、それを計算と結びつけるのをやめて、数学をもっと幅広い意味でとらえなければならない。あまりにも大勢の人があまりにも長きにわたって、思考体系としての数学にパワーがあるのは、社会が計算能力に敬意を抱いているからであると誤解してきた。かつて人間の知性に特有の証しとみなされ、労働者にとって十分だったスキルが、いまではコンピュータに奪い尽くされている。人間はそれ以上の能力を目指して努力しなければならないのだ。

次章からは、人間とコンピュータを分け隔て、機械の知性を補完し、日常生活の複雑な問題に取り組む力を与え、我々にとってもっとも自然な思考方法に組み込まれた、数学的知性の七つの原則を説明していく。各章で、いまに受け継がれるさまざまな概念や問題を引き合いに出しながら、数学に欠かせない特徴を掘り起こしていく。数学の歴史におけるいくつかの典型的なストーリーを追体験するとともに、過去や現在の数学者の話に耳を傾けて、数学を内側から眺めるとどのように見えるのか、各世代の道具やテクノロジーとともに数学がどのように進化しつづけてきたのかを探っていく。数学のレンズを通して人間と機械の知性の本質に光を当て、ＡＩとの共存を前向きに方向づけられるようになれれば幸いだ。

最初の五つの原則は、我々の「考え方」に関する事柄である。

●人間に本来備わった数の感覚は、正確な計算でなく**概算**に基づいている。我々に組み込まれた概算のスキルは、コンピュータの正確さを補完するものである。現実世界を解釈するにはその両方が必要だ。

●おおざっぱな数の感覚は自然界の至るところに見られる。人間がほかの動物と違う点は、言語と抽象化にある。我々は知識を強力な形で**表現**する並外れた能力を持っていて、その表現法はコンピュータの二進言語よりも多様である。

●数学によって我々は、永遠の真理を確立させるためのもっとも堅牢で論理的な枠組みを手にする。**推論**は我々を、純粋なパターン認識システムによる疑わしい主張から守ってくれる。

●すべての数学的真理は、出発点となる一連の仮定、いわゆる公理から導き出される。我々人間はコンピュータと違い、決まり事を破って、自分の選んだ事柄から論理的に導き出される結果を吟味する自由を持っている。数学に基づいて**想像**を膨らませ、ルールを破ることで、魅力的な、ときに適切な概念が手に入る。

●コンピュータには幅広い問題を解かせることができるが、それに値するのはどのような問題だろうか？　我々の持つ思考スキルにとって、**問題**を問うことは、問題を解決すること自体と同じくらい欠かせない。チェスなどの問題が力ずくの計算力に屈してつまらないものになってしまっても、我々は自分たちを奮い立たせて、決まりきった計算の守備範囲を超えたところに横たわる問題を考え出すことができる。

これらの原則は数学に対する通常の認識に反しているため、実現するには意識的に懸命に取り組まなければならない。幸いにも人間には、自分の精神の働きをメタ認知的に意識する力が備わっている。

つまり、自分がどのように考えればいいかを考え、どのように学べばいいかを学ぶことができる。自分の「取り組み方」に手を加えて、知性の持つこれらの側面を伸ばすための広い余地を確保することができる。そこから最後の二つの原則を読み取ることができる。自分の思考を操る方法に関する原則と、他者とともに考える方法に関する原則だ。

- 我々特有の生物学的な知性には、意識的思考と無意識的思考の気まぐれが伴うことが分かっている。非常に手強い問題を解くには、スキルを発揮するだけでなく**中庸**(ちゅうよう)も心がけて、問題を解くスピードや、考慮する情報の量をどのように制御するかにとりわけ注意を払わなければならない。
- 人間が一人で生きることはめったにない。機械が人間を補完するのと同じように、人間はほかの人間を補完する。**協力**が実りを生むかどうかは、多様な観点を組み合わせられるかどうかにかかっており、デジタル時代のテクノロジーのおかげで、以前とは違った形で人間の集団的知性を利用する可能性が開けている。

これ以降の論述の多くは、今日の基本的枠組みの中で機械にできること(およびできないこと)、そして今後数十年で達成されそうなことを前提としている。テクノロジーに関する論評にはどうしても、予測可能な未来よりも先の推測がある程度関わってくる。現在の趨勢に基づいて、起こりうるいくつかのシナリオを予見することはできるが、長い目で見て最終的に機械の知性がどこまで幅広く奥深くなるかはいっさい分からない。数学的知性に関しては、それもまた絶えず進化しつづけることは歴史が教えてくれている。本書で挙げる七つの原則は、いまの時代には(そしてしばらくのあいだは)通用する。しかしテクノロジーが進化するのと同じように、思考体系としての数学を我々が理解する方法も進化しつづける。自動定理証明システム（推論に関する章で掘り下げる）など、どんどん賢くなっていく思考ツールの助けを借りて、我々もさらに先へ、さらに深く進んでいけるだろう。我々が何よりも独り占めを望んでいる思考スキルにまでＡＩが進出してきたとしても、少なくとも機械をさらに高い知的水準に引き上げたことにはなる。

数学的知性はパワーである

今日のＡＩアプリケーションは我々の暮らしのあらゆる面に浸透していて、もはや逃れることはできない。自動化の便利さに屈して、我々が人間の活動を放棄してしまう恐れがある。コンピュータは明確に指定された手順ならほぼ間違いなしに実行できるが、漠然としすぎた概念をコンピュータで処理できる言葉（または記号）に書き換えるのは難しい。我々人間もとりわけ重要な思考や感情を表現するのはかなり苦手で、我々共通の経験にはあいまいさや食い違いがどうしても付きまとう。コンピュータがそうした機微に立ち入って、自身の世界モデルに基づいて白黒を付け、ぶっきらぼうに０と１の列として書き下してしまうと、我々を人間たらしめているグレーゾーンの多くが失われる恐れがある。

重要な決定をそのようなツールに委ねていくと、我々の個人生活や職業生活に関わるアルゴリズム的判断を徹底的に検証する能力（および権利）が奪われていく恐れがある。機械学習アルゴリズムの作動のしかたが不可解なだけに、[61] チェスや囲碁のような閉じたシステムよりも不確定で移ろいやすく、もっと予測の難しい世界にそのツールを解き放つ上では、我々は批判的な眼を持つべきだ。そのようなアルゴリズムは過去のデータから「学習」することで予測をおこなうため、暗に偏見が織り込まれている。[62] たとえば特定の民族集団の犯罪率が高いと、「民族性」に基づいて犯罪を予測できるとみなされかねない。アルゴリズムは、そのような関連性を生み出している社会文化的要因を考慮せずに、犯罪は肌の色によって決まるという結論に一気に飛びついてしまう。アルゴリズム的モデルにそのような事柄が明示されていなくても、その意思決定メカニズムは過去に似せて未来を予測するため、このような決めつけがひそかに刻み込まれる。機械学習が主流になるにつれ、一部の集団はほかの集団に比べて高い代償を払わされることになる。[63] 男性の声だけで訓練した音声認識ソフトウェアは、女性の音声入力を理解するのに苦労する。職歴に基づいて就職志望者の能力を予測する自動履歴リーダーは、図らずも女性を低く評価する。[64] もっぱら白人と動物の写真で訓練した画像認識ソフトウェアは、有色人種をゴリラと誤認するかもしれない。[65] たとえそのつもりがなくても、機械はそのように把握してしまうのだ。

　状況を考慮せずにデータのパターンのみに頼るどんなアルゴリズムも、自らの選択の理由を説明することはけっしてできないだろう。ブラックボックスの機械学習システムに透明性がなく、内部のしくみをせいぜい一握りの専門家しか知らず、その因果推論の結果がそのまままかり通ってしまうと、我々の考える社会正義は重大な脅威に直面する。テクノロジーはけっして中立的ではない。進歩を加速させる一方で、我々自身の偏見を増幅させることにもなりかねず、たいてい我々はそれにほとんど気づかないのだ。

　ここに問題の核心がある。数学は今日のテクノロジーを推進すると同時に、この偏見を克服する手段にもなる。「数学に何かをやってもらう」ことと「自分自身で数学的に考える」ことは違う。数学的知性は後者に関わっている。事実を明らかにして批判的に吟味し、できるだけ優れた形式の論証によって自らの主張を検討するという訓練を欠かさないことだ。数学のしっかりとした土台があれば、独断的な主張から自由になって、偏見と闘うための知的ツールを身につけることができる。人間の持つもっとも創造的な感性を育んで、与えられるがままにテクノロジーを消費する者から批判力を持った革新者へと変わることができる。

世界は崖っぷちに立っている。この執筆時点で我々は、世界的なパンデミックの悪影響に苦しめられ、後戻りできない気候変動の瀬戸際に立たされ、民主主義の転覆をもくろむポピュリストに翻弄されている。テクノロジーは嘘を生み出して拡散するための武器になりつつある。たとえば「ディープフェイク」の出現は、ほかの分野で我々を驚嘆させているのとまったく同じモデルに基づいているが、いまでは真理に対する我々の認識を歪める恐れがある。世界経済フォーラムではそれが「誤った情報のデジタルな野火」と表現されており、その延焼を食い止めるのに我々は苦心している[66]。

数学自体が報道で採り上げられることが増えていて、あらゆる立場の専門家や学者、政治家が、我々の行動による健康や経済への影響を予測するモデルを引き合いに出している。コロナ禍が始まった頃には、指数増加などの概念が、わずか数年前には考えられなかったような形で、野次馬コメンテーターのみならず幅広い人々の語彙（ごい）に入ってきて、数学教育者たちは沸き立った。しかしいまだに数学は、意図的かどうかは別として、いかがわしい政策を正当化するために悪用される存在だとみなされている。世界を理解するための手段として人々は数学への意欲を示し、政府は「我々は科学に従っている」と言い切っているが、その裏に隠された真意はほとんどうかがい知れない。いまや数学的知性をはっきりと表に出すべきだ。

パートI　考え方

第1章　概　算

4までしか数えられない部族
赤ん坊がコンピュータよりも賢い点
我々はなぜパンデミックを過小評価してしまうのか

ビデオ判定の導入にサッカーファンは心から期待を掛けた。[1] テクノロジーがグラウンド上での難しい判定を客観的に下して、「明白明瞭な誤審」を犯した審判を救ってくれるはずだ。ハンドリングの反則や無効なゴールをめぐって言い争いをする時代は終わるだろう。厳しい判定が下されて、不公平じゃないかとごねることもなくなる。ともかくそうなってほしい。

ところが、ビデオ判定は特有の問題をいくつも引き起こしている。いままでは、得点が入って選手とファンが反射的に沸き立っているところにビデオ判定が割り込んできて、別の場所にいるスタッフが静止画を使って反則の有無を調べているうちに、熱狂が徐々に失望に変わっていく。たとえばオフサイドの疑いが少しでもあると、画面上にけばけばしい色の基準線が現れ、ボールに触れたときの各選手の身体の位置がチェックされる。足の爪先やひじなど身体の突き出した部分がミリ単位で計測され、何分もかけてしつこいくらいに分析された末に、ゴールの判定が覆される。

このような介入には腑に落ちない点がある。専門家も選手も、ファンもみな、ルールを杓子定規に解釈することに深い戸惑いを見せている。「明白明瞭な誤審」が何を意味するかをめぐって、論争が続いている。より公正な判定を追求するがあまり、目視による見立てよりも正確な測定が優先されて、「美しい試合」のエッセンスが犠牲になっているという感覚が拭いきれない。

ここに、我々とテクノロジーの第一の緊張関係が横たわっている。コンピュータは計算にかけては揺るぎないほど正確だが、我々はこの世界をもっとあいまいな形でとらえるようにできているのだ。

諸部族の数の数え方

人間特有のものの考え方を探るためにまずは、アマゾンの熱帯雨林に数万年前から暮らしているピダハン族の人々を採り上げよう。この部族の言語は外部の人々のあいだでちょっとした話題になっており、中でももっともよく知られているのが、アメリカ人言語学者のダニエル・エヴェレットが部族外の人間として初めてそのメカニズムを解き明かしたことである。[2] エヴェレットと妻のケレンは1970年代から30年にわたってたびたびピダハン族を訪ね、興味深い観察結果を数多く残した。ピダハン語には、色を表す語彙や完了形、数世代より昔の過去の概念、あるいは"each"や"every"といった数量詞に相当する単語が存在しないように思われた。エヴェレットは仰天した。20世紀半ばにノーム・チョムスキーが広めた、人間には「普遍文法」が備わっているという有力な説に、この観察結果は待ったを掛けたことになる。チョムスキーは、人間の脳は特有の言語機能(「言語器官」)を授かっていて、そこに備わった一定不変の言語規則をすべての人間が使うことができるとする理論を立てた。[3]

ところがエヴェレットはピダハン語を通じて、言語はチョムスキーやその門下が唱えていたよりもはるかに文化に依存するという発見に行き当たったのだ。

量に関するピダハン族の考え方も、それに負けず劣らず興味深い。ピダハン語には、「１」や「２」といった基本的な数を表す語彙が存在しない。代わりに彼らは、「ホイ」という言葉を下降調で発音することで小さな量を表し、同じ「ホイ」を上昇調で発音することで大きな量を表す。親は自分に子供が何人いるかを言うことができない。１人いなくなったことは分かるようだが、「何人か」を正確に表現する方法は持ち合わせていない。食糧は１人前にふさわしいと思われる量に従って分配するし、２日以上先の計画を立てることはけっしてない。採集した木の実を物々交換するが、妥当な交換条件は個数でなく全体のまとまりとして判断する。ピダハン族の人々は数を数えず、もちろん加減乗除もおこなわない。

エヴェレットの同僚ピーター・ゴードンは、ピダハン族の数量把握力を確かめるために、電池や木の実などを一列に並べるよう彼らに頼んだ。すると、２個か３個なら問題なく並べられたが、もっと数が多くなると出来が「著しく低下した」。別の実験では、木の実を何個かまとめて見せてから、それを空き缶に入れて見えないようにし、そこから木の実を１個ずつ取り出していった。そして１個取り出すたびに、空き缶の中に木の実が残っているかどうかを尋ねた。するとやはり、最初の個数が３個以下だと出来が良かったが、もっと多くなると間違いが増えていった。最終的にゴードンとエヴェレットは、ピダハン族の人々は３個までしか正確に見極められないと結論づけた。また、それが精神遅滞によるものでないことは明らかだった。彼らは問題なしに賢く、ただ正確な数の概念を獲得するような条件に置かれてこなかっただけなのだ。

いまでは分かっているとおり、そのように数を理解するのはピダハン族だけではないし、ほかにも独自の数の概念を獲得した先住民族がいくつかある。たとえばリベリアのクペル族は、40くらいまでの量なら数えられるが、それ以上は数えられない。「100」を表す単語はあるが、どんな大きな量を表すのにもそれを使ってしまう。測定の概念自体が漠然としていて、量を正確な言葉で示すことはない。[4]

これらの例（および似たような数多くの例）からうかがわれるとおり、量を表す数詞とそれを扱う手順を備えた、ほとんどの人に馴染みのある数体系は、環境と言語から生まれる特有の産物にすぎないのかもしれない。人間にもとから備わった数の理解力は、きわめて小さい量を除けば不正確なのだ。この説をさらに突き詰めるために、別の人間集団、世界中に構成員を持ついわば超部族に目を向けてみよう。赤ん坊のことである。

生まれつきの数感覚

１９８０年代に認知心理学者が、生後６か月の赤ん坊が持っている数の能力を調べはじめた。[5] 話すこともできない被験者をどうやってテストするのか？　一つの方法は、物体や画像を見せて、それをどれだけ長く見つめるかを計るというもの。そうすれば、赤ん坊が「あれ？」と思ったものをある程度推測できる。長い時間見つめたものほど、赤ん坊は強く興味を持ったに違いないということだ。初期の実験では、生後16週から30週の赤ん坊にまず、二つの大きな黒丸が横に並べて描かれたスライドを次々に見せていった。すると予想どおり、スライドが切り替わるにつれて、赤ん坊の見つめる時間が短くなっていった。同じような画像が繰り返されたからだ。そこでこの「馴化（じゅんか）」フェーズに続いて、今度は黒丸が三つ描かれたスライドを見せた。すると、新たなスライドを見つめる時間のほうが有意に長いことが分かった。それまでのスライドでは１・９秒だったのに対し、新たなスライドでは２・

5秒になったのだ。このように注意が高まったことから見て、赤ん坊は何らかの方法で2個の物体と3個の物体を区別していることがうかがわれる。物体の大きさや種類、位置をさまざまに変えても同じ結果が得られたため、赤ん坊が後のスライドをより長く見つめた理由は、数の感覚、具体的に言うと「2個」と「3個」の違いに対する感覚のみであったことが分かる。その後の研究で、生後わずか数日の赤ん坊でも同じ結果が得られている。

小さい数どうしを区別する人間の能力は、音声を用いた実験でも見出される。この場合に注目すべきは、赤ん坊が見つめる時間ではない。新生児に人工の乳首をあてがって、注意が喚起されたら吸うように仕向けるのだ。赤ん坊は刺激に対して強い注意を向けるほど、乳首を吸う回数が増える。そこで新生児にさまざまな単語の発音を聞かせたところ、音節の数が変化したときに、興味を示す度合い（乳首を吸う回数で測る）が上昇したのだ。

別の実験によって示されたとおり、このような刺激そのものが重要なわけではない。赤ん坊に音声なしで画像を見せたところ、物体が2個の場合よりも3個の場合のほうがより強い興味を示した。目に入る物体の個数が増えるのだから、これは驚くことではない。しかし画像とともに太鼓の音を聞かせたところ、赤ん坊の注意レベルは太鼓の音の回数に左右されるように思われた。2回鳴らした場合、物体が3個の画像よりも2個の画像のほうにより強い興味を示したのだ。音の回数が物体の個数と合致しないと、赤ん坊はスライドに対する興味をなくす傾向が見られた。つまり赤ん坊は、音を通じて数を認識してから、対応する画像にその認識を当てはめる。赤ん坊の「二つ」という感覚は、音声刺激と視覚刺激の両方にまたがっており、赤ん坊は数をそれ自体として認識しているのだ。

赤ん坊は単に数を認識するだけでなく、初歩的な計算をおこなうこともできる。イェール大学の心理学教授カレン・ウィンは、生後4か月半の乳児を対象に次のような実験をおこなった。舞台上におもちゃを1個置いて見せてから、それを衝立の後ろに隠す。2個目の物体でも同じことをする。そうしてから衝立を外して、2個両方の物体か（操作全体で1+1=2という計算をシミュレートしたことになる）、または1個だけの物体を見せる（1+1=1という間違った計算をシミュレート）。すると赤ん坊は、後者の場合のほうが長い時間にわたって凝視した。おそらく、予想した結果（物体が2個現れる）と食い違ったからだろう。同じ実験を、今度は衝立の後ろからおもちゃが3個現れるようにしておこなったところ（1+1=3をシミュレート）、赤ん坊はやはり2個の物体が出てきた場合よりも長いあいだ凝視した。1足す1が2であって、1や3ではないことを、本能的に知っていたのだ。おもちゃの種類や置く場所、色を変えて実験を繰り返しても、同じ結果が得られた。赤ん坊の注意を左右するのは、生まれつきの抽象的な数感覚なのだ。

このように、話す能力を獲得する前から赤ん坊が量を見分けられることを踏まえると、人間にとって「数」の概念は、あるレベルで「単語」よりも生まれつきのものなのだといえそうだ。とはいえ、赤ん坊の数の能力に明らかな限界があることもはっきりさせておかなければならない。たとえば数の順序に対する感覚は備わっていない。1+1=2は認識できても、3が2より大きく、2が1より大きいという概念は持っていない。さらに、相異なる量を区別する能力は、物体が4個あたりを超えると下がりはじめる。物体が2個の場合よりも3個の場合のほうがより長く見つめるかもしれないが、4個の場合よりも5個の場合のほうが目をぱちくりさせるなどということはない。ピダハン族で観察された事柄と完全に合致している。彼らのおおざっぱな数の理解力は自分たちの必要性にはかなっているが、正確に量を見定めるとなるとすぐに認識の限界に達してしまうのだ。

脳に損傷を負った成人患者でも同じ観察結果が得られている。認知神経科学者のスタニスラス・ドゥアンヌは、脳出血で左半球後部を損傷した元セールスマンの事例を報告している。[6] その患者はさまざまな身体的・精神的障害を負っていて、自力では生きられなかった。また数に関する能力にほころびが生じはじめた。2足す2はいくつかと聞かれると、3と答えた。掛け算の2の段をそらで言うことはできたが、9から始めて小さいほうへ数を数えていくことはできなかった。奇数と偶数を区別するのにも苦労したし、5という数を認識することはほとんどできなかった。[7]ところがこのように重大な欠陥がありながらも、量をおおざっぱに見積もる能力は損なわれていなかった。1年が何日かを思い出すことはできなかったが、350日くらいであることは分かっていた。1時間の4分の1が10分くらいであることも分かっていた。正確な数に関する能力は幼児時代のレベルに戻ってしまったが、概算に関してはいっさい鈍らなかったのだ。この患者は「アプラクシメット・マン（概算男）」という異名で呼ばれ、人間にもっとも本能的に備わった数のスキルを示す実例となっている。

ドゥアンヌらは部族や赤ん坊、脳損傷患者の観察結果をまとめて、人間と数の関係を司る二つの認知システムを特定した。[8]一つめは、小さな量に対して用いられる「正確な」数感覚。正式な教育を受けていなくても、人間には4までの量を認識する能力がもとから組み込まれている。目の前に置かれたリンゴが1個や2個や4個でなく、3個であることを、人間の脳は直観的に認識できる。そのプロセスを「サビタイジング（一目で把握する）」という。しかし物体が5個以上になると、直観の代わりに、後天的に身につけた計数メカニズムが働きはじめる。リンゴが5個あると推論する際には、環境から学び取った計数体系を当てはめる。さらに大きい量になると、第二の主要なプロセスが働き出す。「概算的な数感覚」だ。大きな量を扱う際に我々は、正確な計算ではなく、当て推量を自然と用いる。人間の概算スキルはかなり目を見張るものだ。生後6か月ですでに、ある物体の集まりが別の集まりよりも大きいことを見分けられるが、ただし大きいほうの集まりに含まれる物体の個数が小さいほうの2倍以上である場合に限られる。赤ん坊は、2足す2が3と4と5のどれなのかは知らないかもしれないが、それがけっして8でないことは理解しているようだ。

人間はあいまいな事柄を非常にうまく処理できるようで、それがとりわけ顕著なのが大きさの概念においてである。砂粒が何粒あれば砂山になるのか考えたことはないだろうか？　その下限値をたとえば１００粒と決めつけてしまうと問題が生じる。その定義だと、99粒では砂山にならないことになってしまうからだ。しかし本当に人は、砂山になるかならないかを1粒単位で判断しようとしているのだろうか？　誰もが了解する下限値が定まっていないのは、砂山になるかならないかを、正確な数に頼らずに、そのときどきで直観的に判断しているにすぎないからだ。それと同じことが、たびたび出くわす多くの概念にも当てはまる。身長（どこからが背が高いといえるか？）、犯罪（何をしたら懲役刑を食らうか？）、温度（シャワーはどれだけ熱かったら熱いと言えるか？）など、挙げたらきりがない。[9]

近年、脳スキャンの手法によって、数に関する各種のスキルが特定の脳機能と関連づけられるようになっている。機能的磁気共鳴イメージング法（ｆＭＲＩ）は、酸素を含んだ血液や含んでいない血液が脳の中を流れることで生じる磁気の擾乱（じょうらん）を測定するために広く用いられる方法で、ある脳領域がどれだけ活性化しているかを血流量から判断することができる。ｆＭＲＩの3次元データを調べることで、見た画像や与えられた質問によって刺激された脳領域を特定できる。そのようなスキャンによって明らかとなったのが、数に関する課題に取り組んでいるときには、脳の後方奥深くにある、「頭頂間溝（とうちょうかんこう）」と呼ばれる部位が決まって活性化することである。これはすべての人が持っているいわば「数モジュール」で、量を概算する課題に取り組んでいるときに大きく活性化する。

仮にあなたが、7×8が20であるかどうか考えてみなさいと言われたとしよう。たとえ7×8の正確な値を知らなくても、そこで数のモジュールが働き出し、7×8の大きさの「感覚」に基づいて20

は候補から除外される。奥深くにある数のモジュールに頼って概算をすることで、正確な値をはじき出すよりもはるかに速く、しかも同じくらいの信頼性で言い当てることができる。本書を通して見ていくとおり、人間は問題を解くときには便法を使いたがるもので、心理学者の言う「認知的倹約家」である。計算の場合、その倹約ぶりは概算という形を取るのだ。

次にあなたが、7×8の「正確な値」を計算するよう求められたとしよう。数のモジュールは依然として働いているが、先ほどと比べると活発ではない。労力は脳の左半球にある言語処理領域へと向けられる。計算のスキルは、正確な量を表す語彙を持つことを通じて獲得されるもので、そのような語彙と深く結びついている。ピダハン族や赤ん坊、アプラクシメット・マンが大きな量の計算に苦しむ理由も、それである程度説明できる。この脳領域は、掛け算の表や割り算の筆算、二次方程式の解の公式など、数に関する事実や手順に熟達するにつれてより活性化するようになる。

概算と正確な計算とは数的能力の互いに異なる側面であって、それぞれ別々の脳機能が用いられるが、我々にもとから備わっているのは前者だけであると結論づけられそうだ。超高速で超正確な計算機の時代、人間にとってはこの本能的な数感覚を活かすことがかつてなく重要になっている。

正確さと概算を結びつける

我々の日常生活には、正確な計算と不正確な計算が入り混じっている。起床と就寝は、体内時計のおおざっぱな指図とアラームの正確な設定の両方に従っておこなわれる。我々をある場所から別の場所へ運ぶ公共交通機関は、理屈上は正確なダイヤに従って運行されるが、実際には乱れやすい。スーパーで値引き品を比べる際には、大まかな判断に頼って一番お得そうな商品をつかむことが多い（広告はそこにたやすくつけ込んでくる）。調理や食事の際には分量を正確に判断するが、自分の好みに応じてレシピから少しだけ変えることは厭わない。ひいきのスポーツチームを応援しているとき、選手のパフォーマンスは、画面上に現れてはすぐに消える統計値だけでなく、プレー中に見られるスピードや動きの主観的なリズムからも判断する。この章の冒頭で挙げた話に戻ると、サッカーファンは、ごく些細（ささい）な反則でゴールが無効になってしまうビデオ判定の使用に否定的だ。日常生活のからくりというのはかなりおおざっぱで、そのため我々は正確な計算とともに、考えた上での不正確な当て推量にも頼るのだ。

　正確さは、コンピュータに備わった数的能力の一面である。それと対をなす概算は人間特有のもので、計算の際に頼りになる直観を与えてくれる。概算は数的能力の基礎となる。7×8＝56といった一見厳格な「事実」を言い切る際にも、ある程度の比較をおこなうものだ。この数式が意味するのは、「8を7つ合わせる」と、「10を5つ合わせたもの」と「10を6つ合わせたもの」のあいだの数になるということだ。同様に、7×8が20に等しいかどうかを見極めようとすると、近似的な数感覚が働き出して、「8を7つ合わせたもの」は「10を2つ合わせたもの」よりもはるかに大きいと即座に感じ取る。次の章では、人間にとって10というまとまりが比較のための自然な基準である理由にもっと踏み込んでいく。とりあえずここで一つ踏まえておいてほしいのは、我々の数の扱い方が非常に盤石なだけに、それが概算を基礎としているのをつい見過ごしてしまうということだ。

　それを踏まえると驚くことではないが、ある研究によると、「まだしゃべれない生後6か月の時点での数感覚から、3年後の算数の標準得点を予測できる」という。[10]また別のレビュー論文によると、「子供と大人を問わず、正確な概算ができる人は不正確な概算しかできない人に比べて、概念的な理解に秀（ひい）で、計数や算術のスキルが高く、作業記憶の容量が大きい傾向がある」という。[11]要するに概算は数的能力の踏み台であって、それだけに雇用主は概算のスキルを高く買う。スタンフォード大学の数学教育者ジョー・ボーラーは次のように述べている。

イギリスの公式報告書において、職場で必要となる数学を調査する任に当たった調査官は、数学的活動の中でも概算がもっとも有用であることを見出した。しかし、従来の数学の授業を受けてきた子供に概算をするよう求めると、完全に頭を抱え、正確な答えをはじき出してからそれを丸めて概算値のように見せかけようとすることが多い。その理由は、計算でなく概算をおこなえるような、数に対する優れた感覚を育んでこなかったことと、数学は正確さがすべてであって、概算や推測をおこなうものではないと誤って教わってきたことである。どちらも数学の問題を解く上で中心的な役割を果たすのだが。[12]

数学は、何が合理的であるかを感じ取る我々の能力に訴えかけるものでなければならない。自然に感じられるものでなければならない。19世紀の科学者ケルヴィン卿は、「数学を厳格で気難しいもの、常識をはねつけるものだと思ってはならない。常識を霊化したものにすぎないのだ」と諭している。[13]この忠告がとりわけ良く当てはまるのが数で、それが世界に対する我々の理解に色を添える。この世界は混乱していて、我々は問題の正確な答えを得るのに必要な情報を持ち合わせていないことが多い。金融アナリストや技術者、気象予報士やがん研究者はみな、おのおの盲点を回避するために、正確な計算結果をはじき出すコンピュータシミュレーションの助けを借りつつ、物理世界を近似した数学的モデルを構築する。言い古された言葉のとおり、モデルはどれも間違っているが、中には使えるものもあるのだ。

合理的な概算をおこなうことが中心的な役割を果たすのが、かの有名な「フェルミ問題」。Ｇｏｏ

gleの就職面接でたびたび出題されることで悪名を馳せた、愉快なタイプの問題である。就職面接官のあいだでフェルミ問題が人気なのは、限られた情報しか得られないような状況に対処する能力を測れるからである。この呼び名の由来となった物理学者のエンリコ・フェルミは、データをほとんど、あるいはいっさい使わずに大きな量を概算する能力で知られていた。そんなフェルミは原爆の開発に力を貸した。ここでは、彼が非常に限られた情報を使って原爆のTNT換算量を見積もろうとしている場面を紹介しよう。

爆発は午前5時30分頃に起こった。数秒後、立ちのぼる炎が明るさを失って巨大な煙の柱が現れ、巨大なキノコのような頭部が大きくなってあっという間に雲を突き破り、おそらく高度3万フィートに達した。最大高度に達した煙は、しばらくのあいだじっと留まってから、風で拡散しはじめた。爆発から約40秒後、爆風が私のところに達した。爆発の威力を概算するために、爆風が通過する前とその最中、通過した後に、高さ約6フィートのところから小さな紙切れを落としてみた。……落下地点のずれは約2½メートルで、そのとき私は、それがTNT1万トンによって引き起こされる爆風に相当するものと概算した。[14]

フェルミが一貫しておおざっぱな概算を繰り返していることに注目してほしい。「おそらく高度3万フィート……爆発から約40秒後……ずれは約2½メートル」というように。重要な数値をそれぞれ丸めることで、計算を少しだけ単純にしている。最終的な概算値の正確さが、各数値の正確さよりも、設定したモデルと選んだ入力におもに左右されることを踏まえた上でのことだ。フェルミの概算した10キロトンという値は、実際の値である21キロトンの約半分で、この場面としては合理的な推測値といえる。
のちに講師となったフェルミは、これと同様に、必要な情報が欠けていて一見計算しようがなさそうな問題を学生によく出していた。よく知られた問題の一つが次のようなものである。

シカゴにはピアノ調律師が何人いるか？

この問題にははっきりと確定した答えがあるが、それでも興味深いのは、その正確な値をはじき出すための現実的な方法が存在しないためだ（シカゴにピアノ調律師の登録制度がないとしたらの話だが）。フェルミは次のようなモデルを立てることで、信頼できる概算値を導き出した。

年鑑によると、シカゴの人口は約３００万。平均的な世帯の人数が４人だと仮定すると、シカゴの世帯数は約75万となるはずだ。５世帯のうち１世帯がピアノを所有しているとすると、シカゴにはピアノが15万台あることになる。平均的なピアノ調律師が１日４台調律し、週５日働いて週末は休み、夏に２週間の休暇を取るとすると、１年間で４×５×50＝1000台のピアノを調律することになる。したがってシカゴにはおよそ150000/1000＝150人のピアノ調律師がいるはずだ。[15]

ここでもフェルミの考え方は正確な数値には基づいていないし、彼は正確な数値が得られるとは思っていなかった。慎重に考察した上で、合理的な仮定を一つ一つ立てていったのだ。
フェルミ問題のバリエーションはいくらでも考えつくことができる。冗談めいたものもあれば、現実世界の深刻な問題に立ち向かう上で欠かせないものもある。たとえば人口増加に関する問題は、概

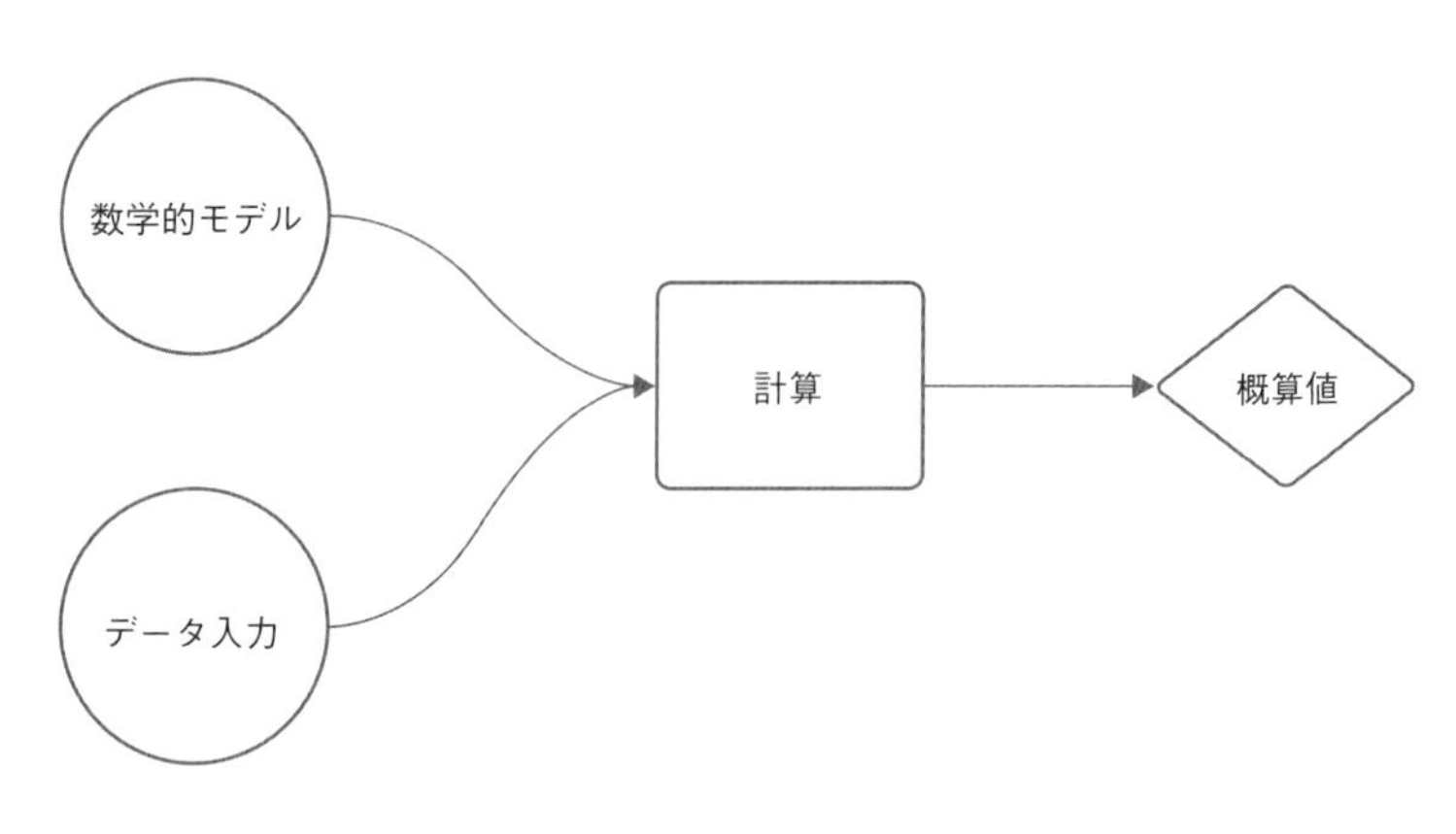

算値に基づいて表現される。両極の氷冠が融けてなくなるまでにどれだけの年月がかかるかや、ＥＵ離脱に経済的な意義があるかどうか、流行するウイルスで何人が命を落とすかといった問題もそうだ。

フェルミ問題は、数学によってこの世界を記述する上で概算と計算がどのように作用し合うかを、完璧な形で物語っている。まず「モデル」（数学的に記述できる、この世界のおおざっぱな姿）からスタートし、そこにいくつかの「データ入力」を与え、その入力に基づいた「計算」によってモデルを走らせる。すると、我々の把握したい未知の事柄をできる限り良く推測した、「概算値」が得られる。

結局のところ数学的モデリングとは、不確実な事柄を扱うための営みである。それが人々の意識に急速に浸透したのは、新型コロナウイルスのパンデミックの最中のことだ。感染症の蔓延を追跡するための疫学モデルにすがる人たちは、現実世界の現象ではめったに見られないような確実さを求めたがる。新型コロナウイルスがとりわけ厄介だったのは、無症状で感染する性質を持っていたために、各集団の感染率や入院患者数、致死率に関する信頼できる入力データを得ることが非常に難しかったからだ。それに加えて、感染率を左右する重要な因子である、パンデミックを受けた人間の行動にも、読めないところがあった。新型コロナウイルス感染症の動向を予測するのが難しかったのも納得だ。挑発的なコメンテーターや政治家が自分の予測は確実だと反射的に訴えたがる一方で、モデルを駆使する専門家のほとんどは、このウイルスに対する自らの理解が未知の要素のせいで荒削りなままであることを謙虚に認める。ウイルスの潜伏期間から、脅威の拡大に対する我々の反応を左右する人間の習性に至るまで、どのような仮定を置いたか、また、データ収集に限界があることや、そもそもモデルがいつまでも改良されつづけるたぐいのものであることを、彼らは包み隠さず世間に伝えようとする。[16]

人間とコンピュータの仕事がはっきりと分かれていることに注目してほしい。非常に単純なモデルを除き、計算をおこなうという中間の作業はコンピュータに任せてしまう。コンピュータの役割は、大量の計算をおこなって何千ものシミュレーション結果を提供することであり、それをもとにして我々は探求や事実解明を進め、この世界に対する直観を鋭敏にする。しかし、この世界のモデルを立てたり、答えを解釈したりする上で、コンピュータに頼ることはできない。そのプロセスの最初と最後は人間が扱うほうがふさわしい。我々のスキルは、各モデルの裏にある前提や、モデルに入力する特定の入力の信頼性、出力の妥当性を評価する力にある。そのためには、計算に何を与えるか、計算から何が出てくるかに、意識的に関与する必要があるのだ。

何を入力するか——モデル

機械は人間の命令を受けて計算をおこなうが、意味のある状況に応じてその計算を進める術を持ち合わせていないため、ばかげた結論を導き出すことがある。自動警告システムだけに頼っていると、妊婦をマイナスの年齢とみなしかねないし、[17]アルゴリズムに基づく価格設定モデルだけに頼っていると、ハエに関する知られざる教科書に何百万ポンドもの値を付ける書店が2か所も出てきてしまいかねない。[18] いずれのケースでも、コンピュータは与えられた命令を忠実に実行したが、その出力がとんでもない値に外れていったときに自分を御することができなかったのだ。

機械学習プログラムはデータから自らのモデルを「学習」するため、もう少し期待できる。数値を出力するだけでなく、画像を分類したり音声の合図に反応したり、ボードゲームをプレーしたり自動車を運転したり、テキストチャットに参加したりと、さまざまなことができる。しかし機械学習プログラムもまた、果てしない間違いを犯しうる。「AIが間違えた」事例はつねに増えつづけており、愉快な逸話から忌まわしい事故まで幅広い。たとえばAmazonの音声アシスタントは、6歳のブルック・ニーツェルが欲しがっているからという理由だけで、170ドルのドールハウスとクッキー4ポンド〔約2キロ〕を注文するのが適切だと判断し、[19] 両親をひどく困らせた。最先端のある画像認識ソフトウェアは、スタートレックのロゴをウミウシと間違えた。[20] もっと気がかりな事例としては、MicrosoftのチャットボットがTwitterを検索しまくった末に人種差別的な罵詈雑言を吐き出しはじめ、公開から1日もせずに運用が停止されたことが挙げられる。[21]

機械学習のからくりについては、このあとの章で詳しく見ていくことにしよう。さしあたり言っておくべき点として、機械学習プログラムの重大な弱みは、この世界の概念を持っておらず、自身の出した計算結果をそれに基づいて評価できないことである。何が愉快とみなされるか、何が忌まわしいと受け取られるか、その観念も持っていない。機械の無分別な振る舞いを御するのは、むっとした両親や筋金入りのスタートレックファン、Microsoftの開発者といった人間の仕事である。機械学習プログラムも所詮は我々が作ったものだ。単純なものも複雑なものも含め、すべてのモデルは、それを設計した人がどんな選択をしたかに左右される。実際にモデルを立てるのはアルゴリズムでなく人間であって、その人間が、この世界を合理的に近似できると考える関数やパラメータ*を選ぶ。コンピュータは、与えられた選択肢の範囲内で考えるにすぎない。不可解な振る舞いが生じたらその責めは我々が負うべきだし、同じ理由で、モデルに用いた一つ一つの選択肢の引き起こす影響を良識的にチェックする責任も我々にあるはずだ。コンピュータのすさまじい処理能力に圧倒されてはならない。コンピュータは絶対に間違いを犯さないなどと決めつけてはならない。自分の常識を信じて、自動化されたモデルを絶えずチェックしていなければならない。

何を与えるか――入力

モデルの成否は、そこにどんなデータを入力するかにかかっている。データサイエンティストが肝に銘じる、「ゴミを入れたらゴミしか出てこない」という原則は、次に挙げる二つの古典的な例が物語るとおり、把握困難な量を人類が概算しようとしはじめた頃からずっと成り立っている。

紀元前250年、アレクサンドリア図書館の主任司書で「地理学の父」であるエラトステネスが、地球の大きさを計算しようと考えた。[22] しかし正確な測定をおこなう道具がなかったため、ある巧妙な概算法を工夫した。アレクサンドリアから南におよそ5000スタディオン(約925キロ)離れたシエネという町に、北回帰線が走っていた。夏至の正午に太陽が真上に来るということだ。このため、その日その時刻にシエネで垂直に棒を立てても影はできない。そこでエラトステネスは、アレクサンドリアで同じ日の同じ時刻に垂直に棒を立て、その棒が地面に落とす影の角度を測定した。その角度

*ここでは「ハイパーパラメータ」という言葉を使ったほうがより適切かもしれない。機械学習の分野でこの言葉は、ニューラルネットワークなどのモデルにおいて、機械が学習を始める前に指定しておく必要のある因子のことを指す。

は7度半、円周のおよそ50分の1だった。そこで基本的な幾何学を使えば、地球一周の50分の1だけ離れ合った2地点に、アレクサンドリアとシエネを位置づけることができる。そのあいだの距離は９２５キロなので、地球の外周（「地球の大きさ」）の概算値は50×925＝46250キロとなる。現代の計算による真の値は４００７５キロで、エラトステネスの概算値は15パーセント以内の誤差で正確だったことになる。おもに旅行者の話をもとにエラトステネスが作成した地図が、今日知られている世界のわずか８パーセントしかカバーしていなかったことを考えると、なんとも目を見張る成果である。

　それから１７００年後、フィレンツェの数学者で地理学者のパオロ・ダル・ポッツォ・トスカネッリがポルトガル王室に、船で西に進んでいって伝説の香料諸島を目指したらどうかと提案した。それを思いついたきっかけは、マルコ・ポーロの遠征以後に初めて極東から戻ってきたイタリア人商人のニッコロ・コンティと話をしたことだった。トスカネッリ自身はけっして海に出ることはなかったが、この提案を受けてクリストファー・コロンブスが１４９２年に船出した。[23]あいにくトスカネッリの地図では地球の外周が約3万キロとなっていて、大幅に小さく見積もられていた。そのためアメリカに上陸したコロンブスは、自分が実際にはヨーロッパとアジアのあいだに横たわる未知の大陸にたどり着いたことに気づかず、日本に到着したものと思い込んだ。トスカネッリの概算値が外れていたのは、計算に誤りがあったからではなく、入力の一つ（地球の外周）がとんでもなく間違っていたからだ。まさにゴミを入れたらゴミしか出てこない。

　疑わしい入力から合理的な概算値を引き出すのは難しい（もしできたとしても、運が良かっただけだとみなすべきだろう）。機械学習研究者のあいだでもっとも憂慮されているのが、モデルを訓練するためのデータセットにエラーがはびこっていることである。２０２１年3月に発表された研究結果によると、コンピュータ視覚のために広く用いられている10種類のデータセットのエラー率は３・４

パーセントに達するという。[24] それらのデータセットが今日の数多くの代表的な画像認識ツールに用いられていることを考えると、けっして喜ばしい話ではない。ＡＩの分野で新たに台頭してきた「データ中心主義」学派は、良いデータを用意することが重要であって、良いデータに基づかない高度なモデルを信じるのは危険であると力説している。[25] 非常に複雑なモデルの中には、エラーを修正すると性能が下がってしまうものまである。良いモデルに対する我々の感覚が、悪いデータによって損なわれてしまっているのだ。

何が出てくるか——比率で考えて概算値を評価する

大きな数値の出力を扱う場合、この世界に関する知識を用いれば、どのような推測値が合理的であるかを判定する方法を編み出すことができる。「大きさ」を表す方法の一つが「桁数（オーダー）」で、これによって数値の大きさがいくつかの区分に分けられる。桁数は通常、1, 10, 100, 1000,……と、10の累乗に基づいて定義される。それぞれの桁数はその一つ下の桁数から同じ程度だけ（この場合は10倍）大きいと考え、正しい桁数に入る概算値が良い概算値であるとみなす。間違った概算値でも桁数が正しければ、誤差の大きさを抑えられる。

あなたのランチ代が10ポンド前後で、スーパーでの1回の買い物が１００ポンド、1か月の家賃が１０００ポンド、贅沢すぎる車が1万ポンドだとしよう。いずれも正確な値ではないが、日々の出費を仕分ける基準にはなる。次の休暇の計画を立てるときには、予算をスーパーの買い物程度に抑えるか（たとえば一泊旅行）、それとも1か月の家賃程度にするか（たとえば海外旅行）という感じで検討できる。正しい桁数を選ぶだけでも誤差を合理的な範囲内に抑えることができ、多くの場合はそれで事足りる。* とくにそれが当てはまるのが、大きな数を扱う場合である（宇宙物理学者はおおざっぱな値ばかり出したがる、としょっちゅうネタにされるのもそのせいだ）[26]。

桁数は、差の絶対値でなく「比率」による比較に基づいており、いまのケースでは10倍ずつに区切られる。実は我々は生まれつき数を比率として認識しており、おおざっぱな数の感覚は比率に基づいている。概算の能力は年齢とともに繊細になっていく。十分な経験を積めば、8個の物体の集まりが7個の物体の集まりよりも大きいことを、数える手段にいっさい頼らずに見ただけで判断できる。しかし年齢を問わず、概算の能力は数が大きくなるにつれて下がっていく。1キロの錘（おもり）と2キロの錘を区別するよりも、21キロの錘と22キロの錘を区別するほうが難しい。これを「ヴェーバー＝フェヒナー効果」という。年を取るにつれて時間の流れが速く感じられるようになってきた人なら、身に覚えがあるだろう。たとえば30歳から35歳までの年月は、10歳から15歳までよりもずっと短いように思える。35歳の人にとって、5年間は自分の生きてきた期間の7分の1にすぎず、あっという間に過ぎ去ってしまう。しかし同じ5年間でも、15歳の人にとっては自分の生きてきた期間の3分の1を占めるため、長い歳月に感じられる（生まれてから数年間のことは記憶に残っていないため、実際にはさらに差が開く）。この効果が生じる理由については生物学に基づいたさまざまな説が提唱されており、ある説によると、年を取るとともに代謝が遅くなることと関係があるのだという（若い人のほうが心拍が速く、そのため周囲の出来事がゆっくり起こっているように感じられる）[27]。

この効果を実感するために、上の数直線で1000がどこに来るかを素早く指差してみてほしい[28]。

ほとんどの人なら、1000は1000000よりも1に近いはずだと判断したはずだ。しかし

我々は数直線を対数スケールで認識し、実際と違って数はどんどん詰まっていくものだと感じる。

正確にはどれだけ近いところに来るのか？　あなたはきっと、数直線上ではっきり識別できる位置を指差したことだろう。ならば答えを聞いて驚かれるに違いない。正しい位置は、1の上に書いた黒丸の中に収まってしまうのだ。いったん落ち着いて、1000000は1000が1000個でできると考えてみれば納得がいく。数直線の長さの1000分の1だけ進めばいいのだ。しかし我々は本能的に、数の相対的な大きさを「差」でなく「比率」で感じ取ってしまうため、1000を実際よりも1000000にずっと近い数と考えてしまう（1000は1からも1000000からも「同じ比率だけ離れている」といえる）。整数が等間隔であるという事実は学校教育でようやく植え付けられるもので、6歳から10歳までのあいだに、8と9の差は2と3の差と同じであることを理解する。それでもいまあなたが体感したとおり、我々は自然と比率に頼ってしまうのだ。

この効果をもっと正確な形で表現すると、我々は「対数的な数感覚」を持っている、つまり数直線を対数スケールで認識しているということになる。ジョン・ネイピアが計算を簡単にするために導入して、計算尺のもととなったあの対数だ。二つの数の違いが互いの比率に基づいて表現されるため、数が大きくなるにつれて隣り

＊さらに正確にする必要がある場合は、境界値を設定して、計算結果がもっと狭い範囲内に収まるようにすればいい。たとえば私の1か月の電話料金は数十ポンドで、桁数で言うと、10ポンドより安くなったり100ポンドより高くなったりはしないといえる。実際の料金は通信量によって変わる。もっと正確な範囲内で概算したければ、30ポンドから50ポンドの範囲を外れることはめったにないと分かっているので、下限値と上限値を30ポンドと50ポンドに取ればいい。

合った数どうしの距離が小さくなっていく。ネイピアの発明したこの数学の道具は、数に対する我々の深い直観とぴたり合っているようだ。

差よりも比率を好むという我々の傾向は、良くも悪くもさまざまな影響をおよぼす。比率で考えるのが理にかなっている場面もあるし、逆にそれによって世界に対する認識が歪んでしまうこともある。たとえば、あなたはイギリスで新たな自動車製造ラインの立ち上げを検討しているとしよう。そこで、イギリスで毎年およそ何台の自動車が売れているかを知る必要がある。ある調査員は１００台と見積もってきたが、別の調査員は５００万台だという。調べてみたところ、実際には約２５０万台だった。どちらの概算値のほうが近かったか？　絶対値で言えばどちらの概算値も正確さは同じくらいで、前者は２４９万９９００、後者は２５０万のずれがある。しかし常識で分かるとおり、最初の概算値はナンセンスだ。比率で言えば、一つめの概算値は実際の値の２５０００分の1だが、二つめの概算値は実際の値のわずか2倍。期待していたほど正確ではないが、少なくとも合理的な範囲内ではある。

では次に、操業を始めたその製造ラインが大成功を収めて、1万ポンドの昇給を告げられたとしよう。良い話に聞こえるが、その数値だけでは比較ができない。実際にどのくらい良い話なのかを判断するには、基準値、つまり現在の給料の額が必要だ。3万ポンドが1万ポンド増えたら33パーセントの昇給で、お祝いする価値が十分にある。しかしもともと50万ポンドだった給料が1万ポンド増えても、昇給分はたった2パーセントで、わざわざ祝う理由にはならないだろう。自分の功績がほとんど認められていないと食ってかかるかもしれない。我々の下す判断は、絶対的な上昇分でなく「相対的な」上昇分、つまり差でなく比率に基づいている。レストランで置いていくチップの額が毎回違うのもそのせいだ。たいていのレストランはサービス料を勘定の何パーセントと決めていて、従業員の市場価値は客の食事代に比例するものだと暗黙のうちに認めていることになる。比率は差に優るのだ。

商店の経営者も我々が比率にこだわる傾向につけ込んでいる。10ポンドの商品に5ポンド上乗せするよりも、100ポンドの本体価格に5ポンド上乗せするほうが納得してもらいやすい。比率で言うと、本体価格の5パーセントか、あるいは50パーセントかとなる。このような場合には絶対的な差に注目したほうがいいだろう。出ていくお金はまったく同じなのだから。

指数バイアスを克服する

我々の「対数的な」数感覚はさまざまな問題を引き起こしており、パンデミックの初期段階で事態が軽視された原因でもある。コロナ禍の初期段階で、疫学者やジャーナリスト、さらには政治家の口から、「指数増加」という言葉が聞かれた。感染者数が3日から4日ごとに2倍になっていることが、早いうちから明らかとなった。この場合は「指数増加」と呼ぶのが適切だ。この言葉は、ある量に一定間隔で同じ数が掛け合わされていく状況を表す。つまり増加量自体が増えていくということだ。指数増加に対して、安定的な「線形増加」はもっと緩やかで、一定間隔で同じ量が足し合わされていくにすぎない。たとえばあなたの飲んだ水の量は線形的に増えていく（毎日だいたい同じ量の水を飲むと仮定した場合だが）。

新型コロナウイルスの感染者数が数十人や数百人になっても、多くの地域では警戒感が薄かった。多くの予測が大幅に少なく見積もられており、感染者数は数千人以下で頭打ちになるだろうとされていた（数千万の人口の中では比較的リスクが低いことになる）。しかし感染者数が数百万へと爆発的に増え、死者が数万人（あるいはそれ以上）に達したことで、こうした直観は崩れ去った。人々も、そしてあまりに多くの政治家も、度重なる流行の波に不意打ちを食らってしまった。何がいけなかったのだろうか？

我々が指数増加をなかなか理解できないのは、いまに始まったことではない。古代インドの伝説によると、チェスの原型を発明した聖職者のシッサ・イブン・ダヒルが、暴君シラムから何か褒美を賜ることになり、慎ましく次のような願い事をした。チェス盤の一つめのマス目に小麦を1粒、二つめのマス目に2粒、三つめのマス目に4粒と、2倍ずつに増やしながら64番目のマス目まで小麦を置いていってくださいと。王は喜んでそれを聞き入れ、シッサの質素な願い事をバカにすらした。ところが32番目のマス目のあたりまで来たところで、次のマス目に置く小麦の量が領土の全食糧を上回ってしまうことに気づいた（64個のマス目に置くこととなる小麦の正確な総量は、1844京6744兆737億9555万1615粒となる）。もっとぞっとするバージョンの伝説を信じるならば、王はそんな面倒を掛けたシッサを打ち首にしてしまったという。

この王は心理学者の言う「指数増加バイアス」を持っていたことになり、このバイアスは高学歴の人を含めほとんどの人を悩ませている。[29] もう一つ例を挙げよう。日課の散歩をしようとしたら、30歩だけ歩くよう言われたとする。どこまで行けるかはかなり正しく見積もることができる。新聞販売店かもしれないし、できれば会いたくない隣人の家かもしれない。では次に、1歩ごとに歩幅を2倍にしていくことに決めたとしよう（ツッコミは入れないように）。たとえば最初の5歩では、通常の歩幅で1＋2＋4＋8＋16＝31歩分進める（あのうっとうしい隣人が見ている）。ではこのスーパーサイズの30歩でどこまで行けるだろうか？　町の端まで？　国境まで？　実は通常の歩幅が1メートルだとすると、地球を26周もしてしまうのだ。信じがたいが、算数を疑うことはできない。指数増加の真髄は、数がいずれ我々の直観をあっさりと裏切ってしまうところにあるのだ。

指数バイアスが悲惨な結果を生むこともある。複利のしくみを理解しにくくさせて、銀行預金で損をさせかねないのだ。年利5パーセントで1000ポンド預けると、40年でいくら増えるだろうか？　たいていの人は、残高が7000ポンドを超えることに気づかずに、そのような預金には目もくれず、老後の資金をみすみす逃してしまう。[30]　さらに命に関わる結果につながることもあり、それは慎ましいチェス発明者だけの話ではない。研究によると、このバイアスの強弱に基づいて、その人がパンデミックをどれだけ深刻に受け止めたかを予想できるという。このバイアスが強い人ほど、ソーシャルディスタンスやマスクなどの予防措置を取る割合が低いのだ。[31]

目の前で進行しつつある事態についてすら、初期段階では指数バイアスを拭い去れないのは、いったいなぜだろうか？　進化的視点によると、ごく最近まで文明は一定のスピードで前進してきた。何百万年ものあいだ人々の暮らしは、ゆったりとしていて安定的、予測可能だった。線形的だったといえるだろう。そのため、これまでの経験と噛み合わない指数的変化に直面しても、どうしてもそれを線形的と解釈したくなってしまうのだ。

対数的な数感覚も影響をおよぼしている。感染者数が一定間隔で倍々になっていても、増え方は毎回同じ大きさだととらえてしまう。32人から64人に増えても、16人から32人に増えたのと同じだと感じて（ちょうど計算尺のように）、一定の増加であると認識してしまうのだ。しかし一定なのは実際の差ではなく、「比率」である。要するに、対数的な感覚のせいで、増加に対する認識が一段階下がって、指数増加を線形増加ととらえてしまうのだ。

別の考え方をするなら、我々は小さい数を実際よりも大きくとらえる傾向があって、たとえば32は実際よりもずっと64に近いと感じてしまう。そのため、将来の感染者数を思い浮かべた上で、2倍2倍という傾向が続いていったらどうなるかを考えると、その結果を大幅に過小評価してしまう。1から1000000までの数直線上で1000の位置を指差したのを覚えておられるだろうか？　1000という比

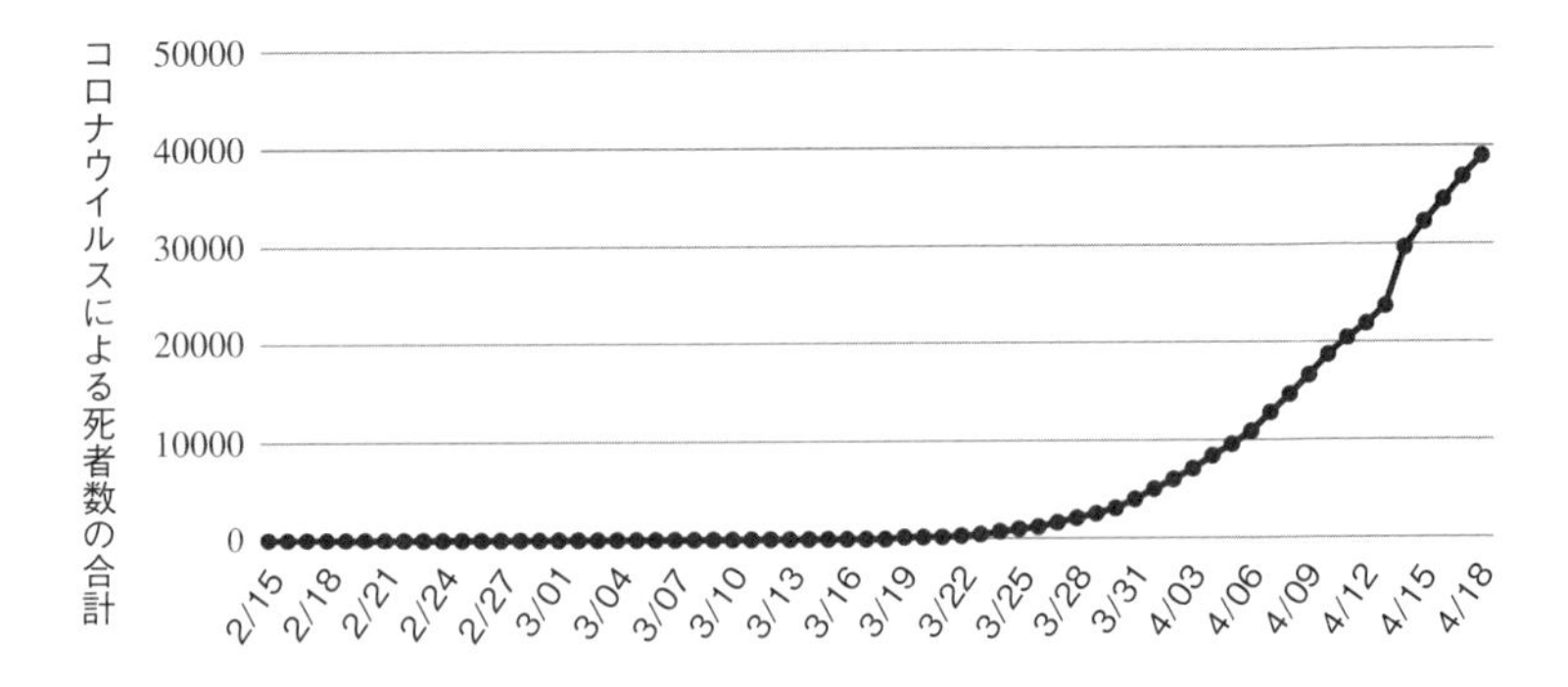

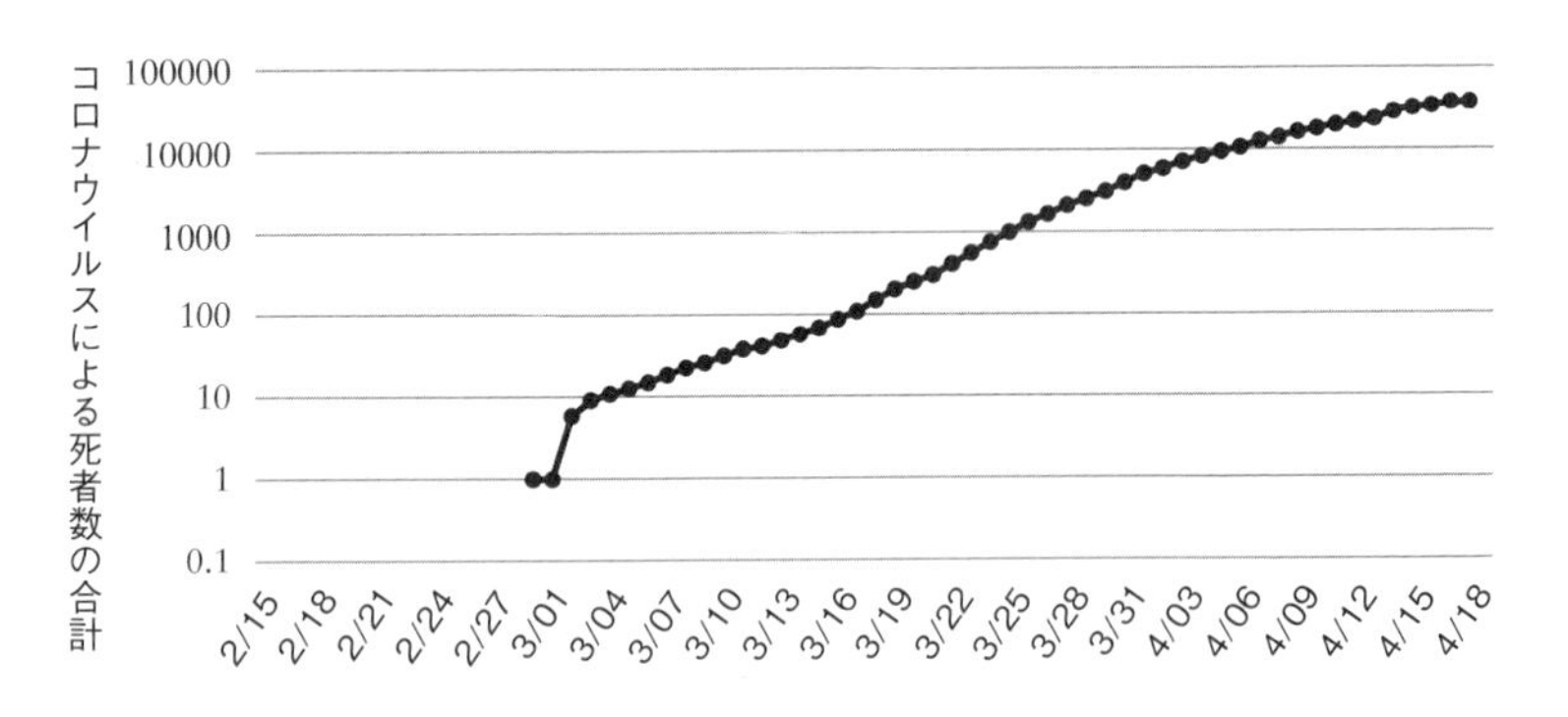

アメリカ合衆国における2020年2月15日から4月18日までの新型コロナウイルスによる死者数を、線形スケールと対数スケールで表したグラフ。対数スケールで表すとまるで線形増加のように見える。

較的小さな量を実際よりもはるかに大きく認識したのだった。直観に任せていると、「数千」を驚くほど大きい数だと認識しているせいで、「最悪のケース」の予測ですらはるかに少ないほうに外れてしまうのだ。

アメリカ合衆国における新型コロナウイルスの初期の流行の様子を表した、右ページの2枚のグラフを見れば、指数増加バイアスを視覚的にとらえることができる。どちらのグラフも同じデータを表していて、違いは縦軸のスケールだけだ。1枚目のグラフでは縦軸は線形スケールで、数値が等間隔に並んでいる。増加具合は明らかに指数的で、死者数の増えるスピード自体が大きくなっていることは一目瞭然だ。では次に2枚目のグラフを見てみよう。縦軸は対数スケールで、数値どうしの間隔は大差でなく比率に対応している。このグラフは直線（に比較的近い）ように見える。この表現法は、大きな数値（とりわけ数値が数百万かそれ以上におよぶ場合）を記すことができるため、広く用いられている。

いずれのグラフも等しく有効で、政府発表や大手マスコミの報道ではどちらも用いられた。2枚目のグラフは対数スケールで表しているため、安定的に増加しているような印象を受ける。ある研究によると、対数スケールのグラフを見せられた人のほうが、データを誤って解釈し、将来の感染者数を低く予測する割合が多かったという。[32] このグラフが直線のように見えることで、感染者数は一定の割合で増えているのだと誤解してしまう（実際にはこの直線は、数日ごとに死者数が着実に2倍ずつ増えていることを表している）。急激に立ち上がっている1枚目のグラフと比べると、警戒感が薄らいでしまう。初期にパンデミックの脅威を見くびっていた大勢の政治家や専門家は、きっと線形増加のイメージが頭の中にあったのだろう（いまでは有名な話として、あのイーロン・マスクですら2020年3月19日にTwitterで、「4月末までにアメリカ国内の新たな感染者数は0に近づく」と予測した）。

新型コロナウイルスは、我々が数、とりわけ大きな数をどのように認識しているかを改めて考えさせてくれた。我々の暮らしが指数的傾向に支配されることが増えており、パンデミック以外についても、指数増加を理解することが生き延びるためのスキルの一つとなっている。テクノロジーが指数的スピードで進歩していて（18か月ごとにプロセッサのパワーがおよそ2倍になるというムーアの法則を思い出してほしい）、コンピュータのパワーや情報量が爆発的に上がっている。対数的感覚に囚われると、テクノロジーの長期的影響を間違いなく過小評価してしまう。インターネットやソーシャルメディアが生まれたばかりで、スマートフォンがまだ主流でなかった20年前のテクノロジーと比べ、今日のテクノロジーがどれほど進歩しているか、考えてみてほしい。指数増加の本質を踏まえると、２０４０年代のテクノロジーと今日の最先端のテクノロジーとの差は、それよりもさらに大きくなるだろう。パンデミックがあっという間に手に負えなくなったのと同じように、テクノロジーも我々が予期できないような形で進化する定めにある。未来学者のロイ・アマラはそれについて、「我々はテクノロジーの短期的影響を過大評価して、長期的影響を過小評価する傾向がある」と警鐘を鳴らしている[33]。

指数増加バイアスを抑えるには、過去の傾向を増幅したものが未来の傾向になると考えるのが良い。パンデミックにより良く対処するための有効な方法の一つが、毎日の感染者数を見るだけでなく、感染者数が大きな節目の値に達するまでにどれだけの時間がかかるかに注目することである[34]。傾向を視覚的に表現して、用いるスケールに注意を払うことも、未来の傾向を予測するのに役立つ。

今回のパンデミックによって思い知らされたとおり、数に対する我々の認識は生まれつき不完全だが、それをコンピュータの出力と組み合わせることで、この世界をより良く理解することができるのだ。

中国人の部屋から抜け出す

計算という行為は確かに正確かもしれないが、状況を考慮しない独立した作業にすぎないため、知的であるとみなすことはできない。哲学者のジョン・サールは「中国人の部屋」と呼ばれる思考実験において、知性と無関係に情報を処理することを批判した。[35] あなたは密閉された部屋の中にいるとしよう。外を通りかかった人が、中国語でいくつもの質問が書かれた紙をドアの下から差し込んでくる。困ったことにあなたは中国語を一言も理解できない（そのことを知っているのはあなただけ）。だが幸いなことに部屋の中には、与えられた漢字一文字一文字を、答えに対応する新たな漢字の列にこつこつと変換する方法を示したマニュアル（あなたの母語で書かれている）が置いてある。あなたの答えを受け取った人は、自分が使ったのと同じ言語であなたは質問に答えられるのだから、あなたも中国語を理解しているのだと確信する。その人には知るよしもないが、あなたはこの作業を見事にこなしたとはいえ、ひとときたりとも中国語をいっさい理解していなかった。漢字をのたくった線としか認識できず、そこに意味や状況を当てはめることはできない。知性があるように見えても、あなたの作業が知的であるとは言えないのだ。

サールが批判の矛先を向けたのはコンピュータである。意識的に取り組んだり課題を理解したりしなくても、表面的に知的に見える活動を進めるのは可能であると証明することで、ＡＩの大前提に異議を唱えようとしたのだ。その批判は人間にも同じく当てはまるはずで、そもそも我々も、何を表している数なのかを考えもせずに計算を進めてしまうことがあまりにも多い。我々は往々にして何も考えずに計算を進めてしまうものだ。クルト・ロイッサーは１９８８年、その事実を滑稽な形で知らしめるために、何人かの小中学生に次のような質問をした[36]。

群れの中にヒツジが125頭とイヌが5匹います。羊飼いは何歳ですか？

当然、群れの大きさから羊飼いの年齢を知る術はない。どんなに巧妙なトリックや離れ業を使ったところで、この問題を不条理な枠組みから救い出すことはできない。ところがロイッサーは、4人中3人の子供がこの問題に数で答えることを明らかにした。子供たちが暗算をしたことを責めるわけにはいかない。計算自体は間違っていなかった。しかし子供たちは何かしらの答えを出そうとするあまり、計算の「妥当性」を評価することを怠ってしまったのだ。

この章を読んだことで、人間ならば中国人の部屋を抜け出せるのだと勇気づけられたはずだ。思慮に欠けた計算を防ぐための有効な対策は、すでに説明したとおりだ。そもそも我々は指数増加を直観的に把握するのが生まれつき苦手だが、それにもかかわらず多くの人がパンデミックの信頼できるモデルを立てたり、新たなテクノロジーの進歩を予測したり、金融商品に投資したりできる。地に足の付いた計算をおこなう際には、この世界に関する知識を持っていることが役に立つ。そうやって数に関する盲点を克服するのだ。

生まれつき数感覚を持っているのは人間だけではない。食糧が豊富にある場所を素早く見つけたり、近くに捕食動物が何頭潜んでいるかを見極めたりする能力は、進化において有利に作用する。量を把握するスキルは、少なくとも小さな量に関しては動物界の至るところに見られる。ミツバチは餌を探しながら、目印となる地点の数を数えることができる。雌ライオンは、うなり声が1回聞こえたときよりも3回聞こえたときのほうが、近づいてきた侵入者との戦いを避けることが多い。クモは獲物がたくさん見つかるときほど、巣の上で狩りをする時間を長くする。カラスは0を1に近い量として認識できる。[37] ラットは2＋2が3でないことを認識できるし、チンパンジーは分数を直観的にある程度理解している。カレン・ウィンが乳児に見出したのと同じ能力を、イヌやアカゲザルも持っていることが示されている。[38] 人間がほかの動物と違うのは、言語と抽象化の能力によって、数の概念を形式化し、大きな量を扱い、それとともにさまざまな理論を構築できることである。動物も2や3を知覚できるかもしれないが、2＋3＝5であるとか、この三つの数がすべて素数であるとかと人に伝えられるのは人間だけだ。

数や数学を理解できるかどうかは、この世界に関する知識であれ、もっと抽象的なたぐいの知識であれ、知識を強力な形で表現する能力にかかっている。知識を表現するのはＡＩにとっていまだ長年の課題で、それが次の章のテーマとなる。

第2章　表　現

イヌのイヌらしさ
数学者はいかにして観念を描き出すか
コンピュータの盲点

数学者は誤解されがちな人種だ。非常に創造的な精神活動に取り組んでいるというのに、記号をいじり回して毎日だらだら過ごしていると勝手に決めつけられる。

記号に頼りすぎると、知性の正体に関する非常に狭量で愚かな見方に陥ってしまう。人間はきわめて複雑な思考を道理づけるための精神的ツールを数多く備えている。機械と違って我々はきわめて多様かつ鮮明な形で知識を表現することができ、ありのままに正しくとらえた数学はその完璧な実例と言える。

機械はこの世界をどのように見ているか

ＡＩの開発に野心を抱いている人ならば、自分の作る知的存在がこの世界をどのように見て理解するかを考慮する必要がある。しかしそれはこの分野においてなかなか解決できない課題の一つである。初期のＡＩ開発の前提となった「記号的」方法論では、この世界に存在する物体を記号としてコード化し、その記号を操作するための論理的規則によってそれらの物体の振る舞いをモデル化できると考える。この見方によれば、知性はあらかじめコード化された命令の長いリストにすぎない。人間の知的な振る舞いを模倣するには、熟達した人間が意志決定をおこなう際に用いている規則を漏れなく特定するだけでいい。ＩＢＭのチェスプログラムＤｅｅｐ　Ｂｌｕｅもこの方法論に基づいていた。実はあなたでも（さらには機械でも）、人間のチェスの達人が指した手をデータベースにまとめ、無数の選択肢を調べ尽くし、何らかの評価関数に基づいてもっとも上位に来た手を選ぶことで、名人に勝つことができる。

しかし多くの問題の場合、記号をせっせと処理するだけではある程度のところまでしか進めない。それが初めて明らかになったのが数学においてのことで、そのため数学の攻略がたびたびＡＩの目標とされてきた。１９５７年にハーバート・サイモンとアラン・ニューウェルが開発した汎用問題解決器（ＧＰＳ）は、規則に基づいて問題を解くもので、初のＡＩプログラムとされている。[1] このＧＰＳには、さまざまな問題に関する知識と、それらの問題を解くための一般的戦略が組み込まれており、記号で正確に表現できるような幅広い数学問題を解くことができた（ある種の単語パズルを解いたり、チェスを指したりすることもできた）。しかし呼び名ほど汎用ではなく、記号で厳密に定義できない問題となると期待外れに終わった。

ＡＩ研究者はほかの分野でも同じ難題に直面した。たとえば機械の医師を作りたいとしよう。何も問題はない、とあなたは思うかもしれない。人間のプロの診断医が見出した規則を丹念にコード化して、それを搭載すればいいではないか。患者が症状と健康診断記録を入力したら、それらの規則を当てはめて、自動的に診断が下されるのを待てばいい。しかし残念ながらどの医師に尋ねようが、患者の訴えるすさまじく多様な症状は、どんなに大量の規則を持ち寄ったところで説明しようがないとあしらわれてしまうだろう。医師は診断のための確実な規則と同じくらい、長年の経験と蓄積した知識によって磨き上げられた直観にも頼るものだ。

初期のＡＩ研究者は、この世界があまりにも大きくて複雑で、具体的に指定した規則では把握できないということを、身をもって知った[2]。この世界のしくみに関する我々の知識の大部分は、言葉で表せるものではなく、形式的に表現するのは不可能だ。あなたがどうやって自転車に乗れるようになったか考えてみてほしい。何か教本ではなく、自分のバランス感覚に頼ったのはほぼ間違いないだろう。感情や直観、常識など、人間に組み込まれたきわめて基本的な特性の中には、言葉で書き下すのが非常に難しいものがある。哲学者のマイケル・ポランニーは、「我々は話せるよりも多くの事柄を知ることができる」と言っている[3]。

知性はまた、経験および環境とのやりとりを通じて「学習」する能力にも基づいている。自転車に乗るには、何度も飛び乗っては転び、失敗のたびに学んでは感覚を磨いて、最終的には補助輪を外せるだけの自信を身につける。この発想が、今日のＡＩアプリケーションの主要な方法論である「機械学習」の肝となっている。コンピュータを厳格な知識ベースから解放して、もっととらえがたい思考の要素を組み込むために、データ入力からコンピュータが「学習」するように仕向けるという発想がいまでは用いられている。簡単な状況を表現したモデルを組み立てて、そのモデルにデータを与え、アルゴリズムによってそのデータを処理することで、モデルの正確な形（「パラメータ」）を決定する。その機械が「学習」するというのは、より多くのデータが与えられるにつれてパラメータが改良され、モデルがどんどん正確になっていく（ともかくそのように期待する）という意味だ。

とりわけ有望な機械学習の方法論の多くは、人間の脳から着想を得ている。たとえば「深層学習」という分野では、脳の神経ネットワーク（ニューラル）におおむね基づいたモデルが用いられる。[4] 人間の脳の中にあるニューロンは、活性化したほかのいくつかのニューロンから十分に強い電気信号を受け取ると発火（活性化）する。「人工」ニューラルネットワークに用いられるアルゴリズムは、データが入ってくるたびにニューロン間の重み付けを調節することで、それに似たことを実現しようとする。「強化学習」というまた別の分野は行動科学に基づいており、報酬と罰のスキームを用いることで、機械が有効な選択をおこなうよう促す。

これらの方法論の土台となる理論は1960年代頃から存在していたが、それから何十年か経って処理能力が向上し、大規模なデータセットが利用できるようになったことでようやく、その能力が画像認識や自動運転車などの領域で発揮されるようになった。

その例として今日もっとも注目を集めているのが、Ｇｏｏｇｌｅ ＤｅｅｐＭｉｎｄの開発した、ＡｌｐｈａＧｏに始まる代々の囲碁マシンである。囲碁では、起こりうる天文学的な数のシナリオをたった一つのデータベースで記述することが不可能なため、規則に基づく方法論はけっしてうまくいかない。そこでＤｅｅｐＭｉｎｄのチームは、深層学習と強化学習を組み合わせることで仰天の結果を生み出してきた。[5] ＡｌｐｈａＧｏ（およびその後継機）はＤｅｅｐ Ｂｌｕｅと違い、経験を積むことで性能を向上させていく。Ｄｅｅｐ Ｂｌｕｅはゲームのたびにまったく同じロジックを使っていたが、ＡｌｐｈａＧｏは一手一手や対戦のたびに学び、それにつれて自己修正していく。モデルのパラメータを改良して、ゲームの細かなパターンを発見することで、技術をどんどん高めていくのだ。

表面的に見れば、あたかも機械が人間の考え方に少しずつ近づいているかのように思える。もはや人間は囲碁で機械に太刀打ちできないし、機械の優美な指し手にマニアは熱狂している。機械知能はかつてなく人間らしく、もっというと超人らしく見えているのだ。

イヌのイヌらしさ

しかしもっと掘り下げていくと分かるとおり、機械学習プログラムの振る舞いはけっして人間らしくはない。機械はすべての物体をベクトル、すなわちいくつかの数を並べた列として扱う。機械学習アルゴリズムは、画像や文章、囲碁における石の配置など、訓練のための例を与えられると、その一つ一つをベクトルで表現した上で、それらのベクトルをもっとも良く記述できる関数を数学演算によって見つける（この手順を「最適化」という）。学校で学んだであろう単純な例としては、平面上に何個もの点が打たれていて、それらの点のなるべく近くを通るように直線を引く、「回帰直線」と呼ばれるものがある（次ページの図）。機械学習のアルゴリズムは詰まるところ、どのような回帰直線を引くべきかをはじき出すことに行き着く。かなり複雑なアルゴリズムで、そこに用いられる数千万個、あるいは数百億個のパラメータを人間が視覚的にとらえるのは不可能だ（ただしそれを取り扱うための数学ツールはある）。それらのパラメータの多くはほかのパラメータから複雑な計算によって導き出されるため、抽象化に抽象化が重ねられていて、解釈するのが難しい。

このような方法論の推進力となっているのは、統計学や線形代数、微積分学といった分野のいくつかの手法に染められた、非常に特有の「数学化された」世界観である。その世界観は人間の世界観よりも明らかに狭く、その点に関しては数学者ですらまだましだ。

日常のある単純な例を考えてみよう。イヌと出会ったとき、あなたはそれをどうやってイヌと認識するだろうか？　子供の頃にあなたはあちこちをうろついて、あらゆるたぐいの視覚的・聴覚的手掛

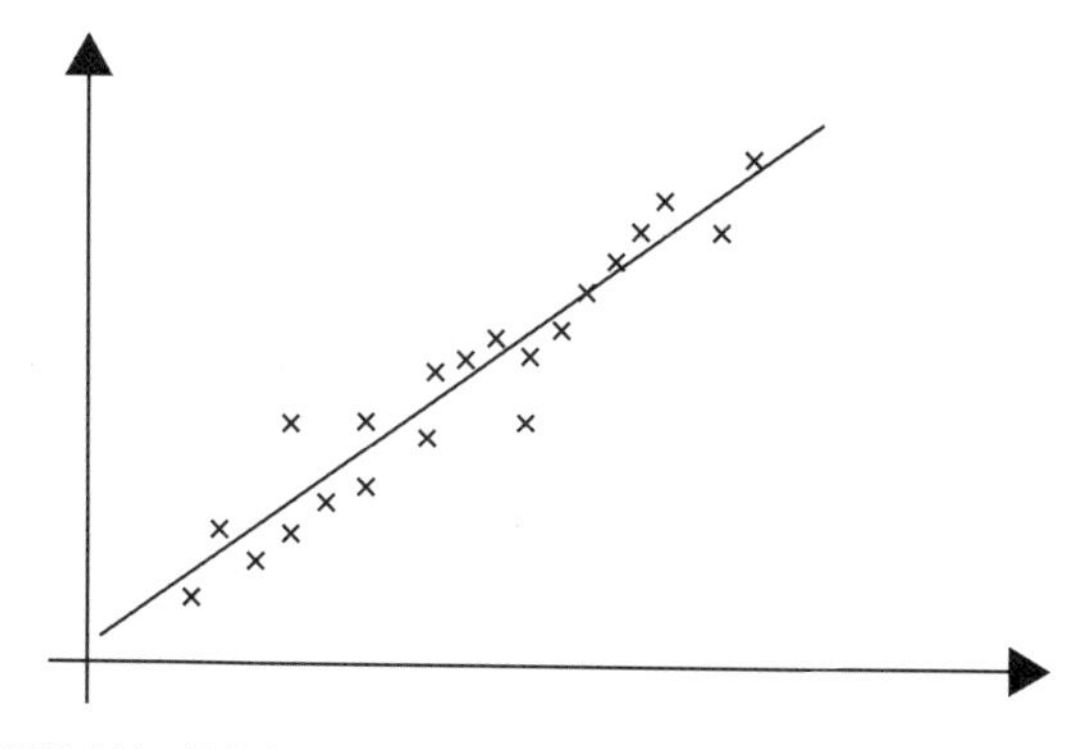

回帰直線。機械学習に組み込まれた目標を基本的な形で表現した図

かりを吸収した末に、あの4本足の変わった動物に興味をそそられるようになったことだろう。両親がその動物を指差しながら、「ほら、イヌよ」と言ってくれたかもしれない。せいぜい数回しかやってくれなかったかもしれないが、それでもすぐにあなたは、この世界に関する自分のメンタルモデルの中に「イヌ」を取り込んだはずだ。そしてそれを、何匹も見かける公園に加え、骨やボールなど、イヌが日々触れ合う物体と関連づけていった。また観察や物理的触れ合いを通じて、イヌは撫でたり餌をやったり、追いかけ回したり洗ってやったりできることにも気づいたことだろう。イヌに関するあなたの知識はどこか一か所に収められているのではない。感覚に基づいて組み立てられた、補完しあう何千ものモデルを持っていて、それらがまとまることで「イヌらしさ」が浮かび上がってくるのだ。[6]

人間の脳は、さまざまな対象をそれまでの経験に当てはめることで絶えず学習していく。我々の世界観は、新たな経験や問題を古い経験や問題と関連づけるたびに、段階的に改良されていく。それに対して機械学習プログラムは、得られるデータを根こそぎむさぼって、あらゆる入力を見境なく処理する。イヌというラベルが付けられたものもそうでないものも含め、何千枚もの画像を見せられてからようやく、イヌを特定するための信頼できる方法を編み出す。

それでもコンピュータは、人間がおこなっているのと同じ意味でイヌを「見る」ことはない。詰まるところ、無数のピクセルの集まりを別のピクセルの集まりと比較する計算をおこなっているだけだ(各ピクセルはその明るさを指定する数で表現される)。ある写真を構成するピクセルが、イヌを写した別の画像と数値的に「似て」いれば、新たな写真にはイヌが写っていると「知的に」推測する。

人工ニューラルネットワークはもっと先へ進む。ニューロンからなるいくつもの層が階層的に組み合わさってできており、その各層が下の層よりも一段階詳細な特徴を探し、それらが組み合わさることでイヌの全体像が作られる。しかし人間が鮮明なイヌの概念を持っているのは、脳がその決定的な特徴を拾い出すよう調節されているためだが、それに対して機械はミクロな細部に頼る。数学者のハンナ・フライはこの大きな違いを次のように説明している。「機械は『チワワらしさ』や『グレートデーンらしさ』の指標を探すのではない。もっとずっと抽象的なものである。機械は写真に見られる縁や明暗のパターンを拾い上げるが、それらは人間の観察者にとってはほとんど意味がないのだ」[7]。

それでもやはり結果は目を見張るもので、最先端のアルゴリズムを訓練すると、イヌの品種を人間よりも確実に特定できる。しかしコンピュータはすべてをベクトルでとらえるため、イヌが実際に何であるかや、イヌとほかの物体との関係性に関する鮮明な概念は持っていない。機械の知る限り、イヌは飲み物かもしれないし、結婚対象かもしれない。同様にＤｅｅｐＭｉｎｄの囲碁マシンも、囲碁に関して抽象的な数の演算以上の概念は持っていない。

機械がまだ知らないこと

コンピュータはデータの処理や、データからパターンを見つけ出すことには秀でているが、状況や意味から「学ぶ」ことはない。機械は自意識もないし、この世界に関する時間的感覚も持っていないし（一連の出来事どうしをつなぎ合わせることができない）、因果推論のためのモデルも持っていない。初期のエキスパートシステムの思考プロセスは容易に理解できたが（人間を真似ていたため）、高性能の機械学習アルゴリズムは「ブラックボックス」になっていて、探りを入れるのが難しい。思いがけない振る舞いに不意を突かれることもある。

機械学習のための専門的な手法が、怪しげな振る舞いを見せることがある。ある最先端のプログラムはオオカミとハスキー犬を正確に識別できるが、実は画像の中に雪が写っているかどうかだけに基づいて分類していることが判明した。[8] 黒色腫を正確に選び出した別のプログラムは、手術のために付けた目印に頼っているにすぎなかった。[9] 写真から年齢を予想するあるモデルは、その人が微笑んでいるかや眼鏡を掛けているかによって強く影響を受けた（老化は微笑みや眼鏡にのみ現れると言っているようなものだ[10]）。

このように狭い世界観を持った機械学習プログラムは、たとえば画像や音声に人の気づかないほどのノイズが加えられるなど、「学習」に用いた特定のデータから逸脱した状況に直面すると、しばしば当てにならなくなる。それどころか、露骨にデータが歪められている場合ですら、判断にしくじることがある。あるニューラルネットワークはバナナを確実に識別できたが、バナナのそばにサイケ調のトースターの小さなステッカーを貼ったところ、そのアルゴリズムはこの画像をトースターと分類した。[11] その画像がやはりバナナのままで、そのそばに妙なステッカーが貼ってあるだけだと判断できるのは、人間に限られるようだ。

このような問題は視覚に限ったものではない。自然言語処理の分野では、2020年にOpenAIが言語生成システムGTP‐3を公開すると、一見したところ幅広い範囲の文章を生成できるということでソーシャルメディアが熱狂の渦に包まれた。人間が何らかの文章、たとえば数パラグラフを入力すると、それと同じ文体で続きの文章を書いてくれるという触れ込みだった。この場合にベクトル化されるのは、自然言語の文字や単語である。

しかしちょっと調べただけでも、GPT-3は何一つ理解していないことがあらわになる。認知心理学者のゲイリー・マーカス(AIの誇大広告を一刀両断にしたことで知られる)は、GPT-3に何通りかの書き出しを入力すると、人間が読む限り完全にばかげた文章を出力してくることを明らかにした[12]。ある例では次のような書き出しを入力した。「あなたは自分でコップにクランベリージュースを注いだが、そのあとでうっかりティースプーン1杯くらいのグレープジュースを足してしまった。見た目は問題なさそうだ。匂いを嗅ごうとしたが、ひどい風邪を引いているので何もにおわない。あなたはとても喉が渇いている」。これに対してGPT-3は次のような文章を出力した。「だからあなたはそれを飲む。するとあなたは死んでしまった」。理解力を持った精神で考える限り、クランベリージュースを口に含んだところで死に至る可能性はない。この文章の要点はそこではない。しかし、訓練フェーズで計り知れないほど大量の情報を与えられたGPT-3は、なぜかこの文章を毒殺の話と関連づけてしまった。文章の続きを書くという行為だけでは、その内容を本当に理解するにはほど遠い。そのためには、いくつもの観念がどのように組み合わさっているかを全体的に考えるとともに、統語論や音韻論、意味論など言語構造の知識も求められるのだ。

我々はこの世界を見つめたり、情報を読んだり聴いたり、知識をまとめたり、素早く決断したりする上で、自分の代わりに機械に頼ることが増えている。そのようなテクノロジーを拙速に利用することで我々は、数の計算から派生したにすぎない処理に、知覚という特性を当てはめるという危険を冒している。そのような機械知能が日常的に利用されるようになるにつれ、その機械知能の考えていること、つまり訓練に使ったデータや用いている最適化手法を可視化し、機械知能の間違いを探し出して摘み取れるようにすることが必要となってくる。

人間も認知的誤りと無縁ではないが（次の章で見るように、これでもかなり控えめな表現だ）、少なくとも自分の考えていることを表現して、思考プロセスを説明することはできる。それを実践すれば、機械自身の「学習」メカニズムの透明性向上を要求して、機械を説明可能な範囲内に留めることができるというメリットもある。

ハイブリッド思考

かつての規則ベースのマシンも、データをむさぼり食うその次の世代のマシンも、それ単独では、何かを本当に知るとはどういう意味なのかを把握することはできない。そこで、規則とデータの両方を統合したAIシステムが必要であるという認識が広がっている。[13] 人間の脳はハイブリッドな思考システムの典型で、固定された知識と学習アルゴリズムとが組み合わされている。哲学者のジョン・ロックは、人間は「まっさらな石板」であって、環境によってそこに文字が書き込まれていくのだと説いたが、実際にはそんなことはない。すでに前の章で触れたとおり、おおざっぱな数感覚などの本能的な特性を含め、我々はこの世に生まれ出たときにはすでにさまざまな直観力を備えている。その一方で、人間が生み出せるあらゆるタイプの知識を、自らのDNAによって完全に記述するのも不可能だ。認知神経科学者のスタニスラス・ドゥアンヌは、ざっとした計算でこの制約の存在を明らかにしている。人間のDNAの容量はおよそ60億ビット、CD-ROM1枚にちょうど収まる程度だが、人間の脳の容量は100テラバイトと推計されていて、DNAではとうてい記述できないのだ。[14]

ドゥアンヌいわく、人間の脳は「折衷（せっちゅう）の産物」である。「我々は長い進化の歴史によって、大量の生得的な回路（この世界を画像や音声、動きや物体、動物や人間など大まかな直観的分類に分けて、それらをコードする）を受け継いでいるが、それとともに、何らかのきわめて高度な学習アルゴリズムをさらに強く受け継いでおり、それによって幼い頃のスキルを自身の経験に従って改良していくことができるのだろう」[15]。この折衷の結果として、観念を表現するための驚くほど多様なモデルやテクニックが大量に生まれる。赤ん坊や幼児はこの世界と触れ合うことで世界を急速に理解し、人間や物体、自分自身の表現のしかたを紡ぎ出していく。一つ一つの人生経験によって、この世界の見方が繰り返し拡張されていく。人間にとって学習は組み合わせのなせる業だ。単語や比喩、記号や画像といった大量の言語的ツールを用いることで、もとから持っている知識の断片を新たな形でつなぎ合わせ、新しい概念にたどり着くのだ。

次の章では、さまざまな概念を厳密な形でつなぎ合わせることで客観的な真理を導き出すための、因果的な論理のメカニズムに注目する。しかしその前に、数学者がどのようにしてさまざまな知識表現を我がものにして、複雑な観念を理解するのかを見ていこう。

数学は奇妙な形でＡＩと共存している。数学の問題を自動的に解かせるという初期の試みが失敗に終わったのは、数学を記号の操作に還元できないからだ。その反面、少数の数学的手法によって知性を解明しようという最近の試みでも、我々がこの世界を見る多様でとらえどころのない方法を理解することはできていない。数学は我々が観念をどのように表現するかを理解するための標準的な道具になりうるが、そのためにはまず、数学が生み出した非常に幅広い表現法を把握しておく必要がある。

数学における抽象化と言語――数体系の誕生

知られている限り人間は、特定の量を単語によって表現する能力を持った唯一の存在である。場合

によっては、そうした語彙が日常生活で用いられる具体的な物体と切り離されていないこともある。たとえば古代アステカ人の言語には「1個の石」や「2個の石」を表す単語が特別にあったし、南太平洋の諸言語にも同じく、「1個の果物」や「2個の果物」を表す単語がある。だが、あらゆる種類の物体に対してそれぞれ新たな単語を作らなければならないとしたら、かなりの手間がかかってしまう。特定の物体とは関係なしに量を記述したほうが効率が良い。そうして人類は量に対する直観的な考え方から第一の抽象化をおこない、それがさらに大きい量の正確な把握に役立つこととなる。

たとえば「3」という数について考えてみよう。広大な宇宙のどこを探し回っても、物理的な物体としての「3」に出くわすことは絶対にない。見つかるのは、「3つ」という特定の性質を持っているように見える物体の集まりだけだ。上の図では、リンゴの量はアヒルの量と同じであるように見える。リンゴをアヒルと完全に1対1に対応づけられるので、両方の集まりに共通の数的性質が存在することが分かる。つまり、どちらも「3つ」という性質を持っているということだ。そこでその「3つ」という性質を、「3」という単語や記号で表す。この記号はあらゆる種類の物体に当てはめることができ、きわめて現実的な意味で、3つの物体が登場するような具体的状況をすべて結びつけている。抽象化によって、物体のもっとも本質的な性質に切り込むのだ。

古代の人々はこの抽象的概念を利用するために、小石や指といった、数を数えるための単純な方法に頼っていた。新石器時代の羊飼いは、ヒツジと小石を1対

1に対応させることで、群れの大きさを測ることができた。その小石の集まりが「5つ」という性質を持っていることを認識していて、その小石をヒツジと残らず対応づけられれば、ヒツジの群れも同じ「5つ」という性質を持っていて、自分はヒツジを5頭飼っていると理解できたことだろう。しかしいままでは、目算では数えられないような大きさの集まりでも正確な形で把握する方法がある。残された唯一の障害は、言語である。どんどん大きくなっていく量を記述するのに、どんな単語や記号の体系を使ったらいいのか？　一つ一つ数えていかずに大きな量を扱うにはどうすればいいのか？　古代の商人は、物々交換の際に量を正確に計算する必要があったため、これらの疑問は日々重要な意味を帯びていた。

大きな量を扱うための解決法の一つが、一定サイズの小さな集まりに分割するという方法である。たとえば穀物の大きな山が2つあってそれらを比較する場合、その方法を使えば、実際に穀粒の数を数えなくても、集まりの数を数えるだけで済む。ではその集まりはどのような大きさにすべきだろうか？　現在、日常的な数の使い方に刻み込まれている十進法では、集まりの大きさが10と定められており、それは我々の身体構造と分かちがたく結びついている。数を数えるための道具の中でもっとも持ち運びに便利なのが人間の10本の指で、そのため10がもっとも自然で確実な大きさとなっている。たとえば84という数を書いた場合、10の集まりが8つと、残りが4つあるということを表したことになる。この量が67より大きいことが即座に分かるのは、67に含まれる10の集まりが6つしかないからだ。一つ一つ順番に数えるよりも、集まりの個数を比較するほうが（10が「8つ」か、10が「6つ」か）、はるかに手間がかからない[*]。

このように小さな集まりに分けるという方法論には、階層化できるという大きなメリットがある。10の集まりが10個になったら、その「集まりの集まり」に「100」という新たな言葉を当てはめればいい。それが10個になったら、「1000」という言葉を導入する。我々の把握できる量を超えそうになるたびに、新たなラベルを付けて手の内に収め、認識可能な範囲内に留めるのだ。

人類が十進法を選んだのは、おそらくエジプト人から始まったことであって、必然というよりも生物学的な偶然だった。この選択には歴史上何度も異議が唱えられてきた。18世紀には聖職者のヒュー・ジョーンズが、台所で使われる量に合っているという理由で、代わりに八進法の利用を訴えた（40液量オンスで1クオート、16オンスで1ポンド。どちらも8の倍数である）。八進法では集まりの大きさが8個や64個（8個の集まりが8個）などとなる。一方、すでに時間を表すのに採用されていた十二進法は20世紀に支持を広げ、十進法よりも優れていると主張するファンが大勢いる。その根拠の一つとして、12は1、2、3、4、6、12とたくさんの数で割りきれるが、10は1、5、10でしか割りきれないため、十二進法のほうが計算がはるかに簡単になる。[16] しかし確かにこうした長所はあるものの、十進法のほうがはるかに定着しているので、切り替えるほどではないということは、どんなに熱心に十二進法を推す人でも認めるしかないだろう。＊＊

十進法が幅を利かせる一方で、過去の文明が選んだほかの数体系の名残も使われつづけている。古代バビロニア人は六十進法を好んで使っており、それも人間の指の構造に由来していたと思われる（それぞれの指が三つの節に分かれているため、片手の指の節ともう一方の手の指を組み合わせることで60まで数えられる）。六十進法の名残は至るところに見られる。我々は一日を24分割して「時（じ）」

＊非常に形式的である数の概念を構築する上でも、人類は計算の面倒をなるべく減らそうとしたことが分かる。

＊＊逆に、数の数え方をすべて十進法に統一しようという運動も何度か繰り広げられた。1793年にフランスでは、一日を12分割でなく10分割した「十進時」を定めた制令が発布された。続いて「十進分」や「十進秒」も定められた。しかし十進時間の利用は6か月ほどしか続かず、短命に終わった。

と呼んでいる。中世には1時間が60分割されて“pars minuta prima”（「第一の小さな部分」）と呼ばれるようになり、それがminute（分）の由来となった。1分はさらに“pars minuta secunda”（「第二の小さな部分」）、つまりsecond（秒）に分割され、これは心拍や呼吸の1回分におおよそ相当することから、時間経過を分割する基準として合理的であると考えられた。人間の生物学的な形状も、数の表現とけっして無縁ではない。*前の章で登場した各部族の風習にもそれが見られる。たとえばニューギニア島のオクサップミン族は、二十七進法を構築している。この数体系も身体の各部位の数に基づいており、片手の親指から数えはじめて、鼻へと上がっていき、反対の手の小指で終わる。

数学が「不合理な有効性」を帯びている理由の一つは、数学を生み出した精神構造が、人類の置かれた環境や人体のもっとも目立つ特徴を反映していることで説明できる。人体や環境の特徴が違っていたら、いまとは異なる数学の概念が生まれていたかもしれない。私には多指症の姪(めい)がいる。かつてのイングランド王妃アン・ブーリンが持っていたとされるのと同じ形態学的特性だ。家族の中で彼女だけが「ハイファイブ」ならぬ「ハイシックス」で挨拶してくるのでなんとも楽しい。もしも全人類がこの特徴を持っていたら、11個の集まりを前提とした数体系を編み出していたかもしれない。片手だけが6本指だったら、「半分」という概念がいまより明確ではなかったかもしれない。この思考実験を太陽系全体にまで広げて、木星に暮らす生物ならどんな数体系を編み出しただろうかと考えてみるのもいい。連続的に流れる気体の世界に棲む彼らは、我々のおおざっぱな数感覚にもっと近い、流動的な量の概念にたどり着いたかもしれない。

遠い星の宇宙人がどんな数体系を使っていて、彼らの身体的特徴がその数表現をどのように決定づけたかは、推測するほかない（そもそも彼らが数を使っていたとしたらの話だが）[17]。もしも緑の小人が我々に手紙をよこしてきたら、銀河間の隔たりを乗り越えるための共通の言語的取り決めが必要となるだろう。映画化されたカール・セーガンのSF小説『コンタクト』では、宇宙人が2, 3, 5, 7……という素数列の信号を送ってくる。覚えておられるだろうが、素数とは、1より大きくて、自分自身と1でしか割りきれない（つまり、より小さい自然数に分割できない）自然数のことである。どんな数体系を使って表現しようが、宇宙のどこで出くわそうが、素数は素数のままである。素数の持つ分割不可能という性質は「本質的」なものだ。

素数の存在を踏まえると、プラトン主義者の説いた、数学的対象は人間の言語や思考、習慣から独立した抽象的存在であるという考え方にも納得がいく。しかし我々が数学を理解してその良さを味わうようになる道筋は、どのような数表現を選ぶかによって左右され、ひいてはそれは我々の実体験に根ざしている。我々は数学的対象を理解するために、もとから持っている世界観にそれを結びつけ、馴染みのある形で表現するのだ。

心的表象とその圧縮性

人間は情報を保存するようにはできていない。1980年代にベル研究所の研究員トーマス・ランダウアが、人間の脳は一生のうちにおよそ1ギガバイトの記憶を保存できると推計したのに対し[18]、生物学者のテリー・セジュノウスキーの研究グループは、脳の情報容量は合計で1ペタバイト（100万ギガバイト）を超えると推計した[19]。脳の保存容量を測定するというこの手の試みは、ニューロンはデジタル的であって、脳は情報を物理的に保存するという前提に基づいており、脳はコンピュータで

＊コンピュータについても同じことが言えるかもしれない。コンピュータの内部で使われているのは0と1のみからなる二進法で、これは工学者が回路設計に基づいて選んだものだ（実は初期のマシンには十進法が使われていた）。

あるという比喩の罠にはまってしまっている。実際には思考や記憶は、「自然な」処理環境の一部としてニューロンのネットワーク全体に分散している。とはいえ、おおざっぱながらもこのような推計値から察するに、人間は情報量そのものを最適化するようにできているわけではないはずだ。毎日、250京バイトものデジタル情報が生み出されている(1000ペタバイトを超える)。これだけでも膨大な量なのに、ムーアの法則と、ソーシャルメディアやIoTなどデータを生み出すテクノロジーの普及によって、その量はますます増えるばかりだ。そこで、情報を圧縮する方法が必要となる。そのスキルはかなり重要視されており、それこそが汎用知能に相当すると考えているAI研究者もいる[20]。

圧縮は人間に本来備わったスキルである。我々の視覚系は断片的な情報をつなぎ合わせ、欠落部分を近似や当て推量によって絶えず埋めている。たとえば人間の目には1億3000万個の光受容器があり、それら全体で1秒間に何十億ビットもの情報を受け取っている。この大量の情報を扱うために我々の視覚回路は、画質を大幅に下げることなしに、数十億ビットの情報を数百万ビットにまで圧縮する(画像圧縮ソフトに似ている)。その中で意識的注意にまで上ってくるのは、わずか40ビットにすぎない(書き間違いではない)。我々は自分の処理した情報のごく一部しか見ていないし、しかも我々の世界像は知覚の限界に縛られている。我々の見る光は波長400から700ナノメートルの範囲に限られ、電磁波スペクトルのうちごく一部だ(そのためマイクロ波やX線が目に当たってもいっさい気づかない)[21]。我々が豊かで細密な現実として認識しているものは、いわば幻想にほかならない。それが幻想であると気づかないのは、目がつねに(1秒あたり3回)動いて、統合された完全な世界像を感じさせてくれているからなのだ。

我々はまた、この世界を大まかな形で認識している。人の顔を見分ける際には片手で数えられるほどの際立った特徴を用いるし、*異なる調で演奏されても同じ曲だと判断できる。人を惹きつける映画の予告編や本の要約、商品広告は、あらゆる事柄に通用するこの前提条件をうまく突いている。ある観念や対象のエッセンスを把握する際には、細部よりも高いレベルの手掛かりが優先される。そしてこの章の冒頭に挙げたいくつかの例で見たとおり、人間は木を見ると同時に森を見ることができるが、コンピュータにはそれはできない。

我々の日々の行動は、そのような全体像的な思考に基づいている。列車の切符を買うことやランチに友人と会うことなど、日常的な課題に取り組む際に、いちいち細かいところまで話を詰めなければならなかったとしたら、あっという間に参ってしまうだろう。我々がこの世界を渡り歩くときには、自分の思考や行動を、抽象度の異なるいくつもの層に階層的に整理する。一つ一つの細部をある程度の大きさの概念にまとめ、それらの概念をさらに組み合わせることによって、高いレベルで物事を理解するのだ。

断片的な情報をつなぎ合わせて意味のあるまとまりにするには、強力な表現が必要となる。認知心理学者のアンダース・エリクソンは、「長期記憶に保持され、特定のたぐいの状況に素早く効果的に反応するのに利用できる、もとから存在する情報のパターン」を、「心的表象」と呼んでいる。[22]ここでもっとも重要なのが、「パターン」という言葉である。情報は孤立した断片として存在することはないのだ。

*人間の脳には、鼻の高さと両目の間隔との比などいくつかの数値を計算する、紡錘状回と呼ばれるモジュールがある。我々はそのような数種類の値だけから画像を解釈・認識しており、そのため画像がわずかに変化しても人間の認知スキルは影響を受けないことが、実験で確かめられている。向きが違っていてもさして困らずに同じ顔だと認識できるのはそのためだ。

情報をつなぎ合わせることを心理学で「チャンキング」という。情報を塊(チャンク)にまとめることで、一度に把握すべき情報を減らすという意味であり、我々の作業記憶が限られていることを考えるとこれは欠かせない操作である。電話番号を覚えるのが難しかったら、11桁の番号を5桁、3桁、3桁と3つの塊にまとめるだろう。11個の小さな断片よりも3つの塊のほうが扱いやすいし、我々の作業記憶は一度に4つから7つの対象しか保存できない。一連の思考をいくつかの塊にまとめれば、非常に複雑な推論を頭の中に留めておくこともできる。一流の運動選手がプレーのパターンを認識して、1秒にも満たない離れ業を揺るぎない正確さで繰り出せるのも、名演奏家が長い曲を暗譜ですらすらと演奏できるのも、このチャンキングで説明できる。いずれの場合にも達人は、何度も繰り返される馴染み深い構造を頼りにするのだ。

達人の証しとなるのは持っている表現の数だけでなく、その豊かさもそうだ。20世紀半ば、オランダの心理学者でチェスプレーヤーのアドリアーン・ド・フロートが一連の画期的な実験をおこない、各階級のチェスプレーヤーが盤面の状態をどのように評価して、次の指し手をどのように決めるかを比較した。[23] 被験者には、あらかじめ決められたさまざまな盤面の状態(いずれも実際のゲームで起こる可能性の高いもの)を見せたのちに、それぞれの駒の位置を思い出してもらった。その結果、グランドマスターやマスターの階級では93パーセントの駒の位置を思い出せたのに対し、エキスパートでは72パーセント、クラスプレーヤーではわずか51パーセントしか思い出せなかった。この結果はのちにアメリカ人研究者のハーバート・サイモンとウィリアム・チェイスの研究でも裏付けられ、「実際の」盤面の状態においても正答率は選手のランキングに比例して下がっていくことが分かった。[24] ランキングの高い選手は、駒の位置を記憶する際に、見慣れたパターンに頼って駒の集まりを素早くコード化することができる。* 達人にとって、盤面の状態の知識はひとまとまりにつながっている。駒を個別の単位としてではなく、攻撃や防御をおこなうグループとしてとらえているのだ。サイモンらはさらに、駒をランダムに置くと、ランキングの高い選手の優位性が失われることをも明らかにした。そのような場合、盤面の状態はもはや意味をなさず、ランキングの低いプレーヤーと同じように駒を一つずつせっせと記憶するしかなかった。達人でも表象に頼ることができず、盤面の状態をパターン化された配置に圧縮しようがなかった。ある意味、Ｄｅｅｐ　Ｂｌｕｅのように力ずくで処理するだけのマシンに成り下がってしまったのだ。グランドマスターにとってもふさわしい方法とはいえない。

達人は自分の技を初心者と文字どおり違うふうにとらえており、その違いは断片的な情報を結びつける能力にある。そこで、「ストーリーは心理的な特権を有する」という表現がたびたび使われる。情報を扱いやすい塊に圧縮するための自然のメカニズムを、ストーリーが提供してくれるということだ。記憶力グランドマスター**のエド・クックは次のように述べている。

＊たとえばクラブに所属するプレーヤーは、キング側でフィアンケットの駒組みが構えられていることを一目で容易に認識し、それに関係する6個の駒をひとかたまりで把握する。一方、そのような関連性を理解していないアマチュアは、1個1個の駒とその位置を別々に記憶する必要がある。最高レベルのグランドマスターはそのような駒の集まりを何千通りも頭の中に蓄えており、それに頼ることで、見慣れた盤面の状態なら3秒から4秒以内に特定できる。また、駒の実際の位置や空間的な関係でなく、駒どうしの機能的な関係を認識する。自分のビショップと相手のクイーンの間に相手のナイトがいて、相手がそのナイトを動かせないという状態を思い浮かべてほしい。このような状態は、3つの駒が別々の位置に置かれているというよりも、一つの「ピン」（駒を動かすとまずいことになる状況）として記憶される。

＊＊（a）1000個のランダムな数字を1時間で記憶し、（b）10セットのトランプの並び順を1時間で記憶し、（c）1セットのトランプの並び順を2分以内に記憶できることを証明した人に与えられる称号。

ストーリーは、次に起こることが必然であるかのように感じさせてくれるため、物事のつながりを頭の中に入れるのを容易にしてくれる。一つ一つの事物は、ほかの事物がなければ不完全に見える。……それぞれの事物を説得力のあるストーリーに組み込むことが何よりも好ましい。そのストーリーが知っている事実にしっかりとまとわりついていて、一つ一つの事物が全体のストーリーの中の直観的な一部分であるかのように感じられるほど、純粋な理解に近づくことができる。[25]

記憶に関するクックのこの考え方は、研究によって裏付けられている。いくつかの研究によると、人は物語性のある文章をそうでない文章の2倍の速さで読み、のちにテストすると2倍の情報を思い出せるという。[26]

ここで数学に話を戻そう。フィールズ賞（数学界最高の賞）を受賞したウィリアム・サーストンは次のように述べている。

数学は驚くほど圧縮力が高い。長い時間をかけて一段階ずつ苦労しながら、いくつもの方向から同じプロセスやアイデアに取り組む。しかしひとたび心から理解して、頭の中で全体的にとらえる視点ができあがると、精神の中ですさまじい圧縮が起こるものだ。一つにまとめ上げ、必要に応じて素早く完全な形で思い出し、何か別の精神的プロセスの中でたった一段階として使うことができる。この圧縮とともに得られる悟りが、数学の真の喜びの一つである。[27]

前に見たように、十進法のメリットはまとまりを作るメカニズムにある。対象を10個ずつの集まりに分けるのが便利なのは、一つ一つの集まりを指で数えられるからだ。集まりの大きさが決まったら、次にそれぞれの量を表現する方法を見つけなければならない。そのために我々が用いている位取り記数法は、インドで生まれてアラブで発展し、フィボナッチの１２０２年の著作『算術の書』によってヨーロッパに広まった。たとえば１３７という数を書いたとき、各数字の「位（くらい）」には意味がある。それぞれの位が集まりの大きさに対応していて、一番下の位から見ていくと、「１」が7個、「10」が3個、「１００」が1個となっている。この表現法は驚くほどコンパクトで、たった10種類の数字でどんな大きさの量でも表現できてしまう。数字のうちの一つである「０」は、ある特定の集まりが存在しないことを示すプレースホルダーとしての役割を果たす。たとえば１６０３（１０００が1個、１００が6個、10がなく、1が3個）と１６３（１００が1個、10が6個、1が3個）は、０が入っているかどうかだけで区別される。

位取り記数法は、数の大小によらない単純な計算法も提供してくれる。二つの量を足し合わせるには、位取り記数法に基づくそれぞれの量の表現を揃えて並べ、各集まりの個数を足し合わせるだけでいい。たとえば37＋22では、「1」の集まりを足し合わせて（7＋2＝9）、それから「10」の集まりを足し合わせ（3＋2＝5）、結果として「10」が5つと「1」が9つ、つまり59となる。ほかの演算も同様におこなうことができるし、桁数が増えても十分に対応できる。それに対してローマ数字などの記数法は、新たな大きさのレベルになるたびに新しい記号が必要となるし、数を足し合わせるための同様の規則がないため、位取り記数法にはとうてい太刀打ちできない。位取り記数法は、知られているあらゆる算術体系の中でもっとも簡潔なのだ。*

数がとりわけ圧縮に適しているのは、多種多様なパターンの中に見られるからだ。掛け算の表を思い出してほしい。世界中の教室で存在感を発揮しているし、多くの人が数学に対して否定的な気持ち

1	2	3	4	5	6	7	8	9	10
2	4	6	8	10	12	14	16	18	20
3	6	9	12	15	18	21	24	27	30
4	8	12	16	20	24	28	32	36	40
5	10	15	20	25	30	35	40	45	50
6	12	18	24	30	36	42	48	54	60
7	14	21	28	35	42	49	56	63	70
8	16	24	32	40	48	56	64	72	80
9	18	27	36	45	54	63	72	81	90
10	20	30	40	50	60	70	80	90	100

を抱く原因でもある。学校で多くの人は、12×12までの掛け算をむりやり覚えさせられたはずだ（12まででやめることにも必然性はなく、これも十二進法への先祖帰りといえる）[28]。掛け算が無味乾燥な記号の集まりとして表現されていたら、144個のばらばらな事実を嫌々覚えるしかない。いまから100年以上前にフランスの数学者アンリ・ポアンカレは、「石を山積みにしても家にならないのと同じように、事実を集めても科学にはならない」とたとえている[29]。では表現のしかたを変えてみたらどうだろうか？　たとえば掛け算の表に出てくるそれぞれの数を面積として考えると、上の図のように面積に比例した掛け算の表ができあがる[30]。

不格好であるのに目をつぶれば、この表からは新たなひらめきが得られる。この表はただの数だけでなく、大きさと比率を表している。こうすると、数と幾何学、掛け算と面積が関連づけられる。この表現を考案した数学者は、大きさだけでなく形にも目をつけて、掛け算を豊かな観念の織りなす模様の一部ととらえている。どのような表現を選ぶかによって、掛け算の表は退屈

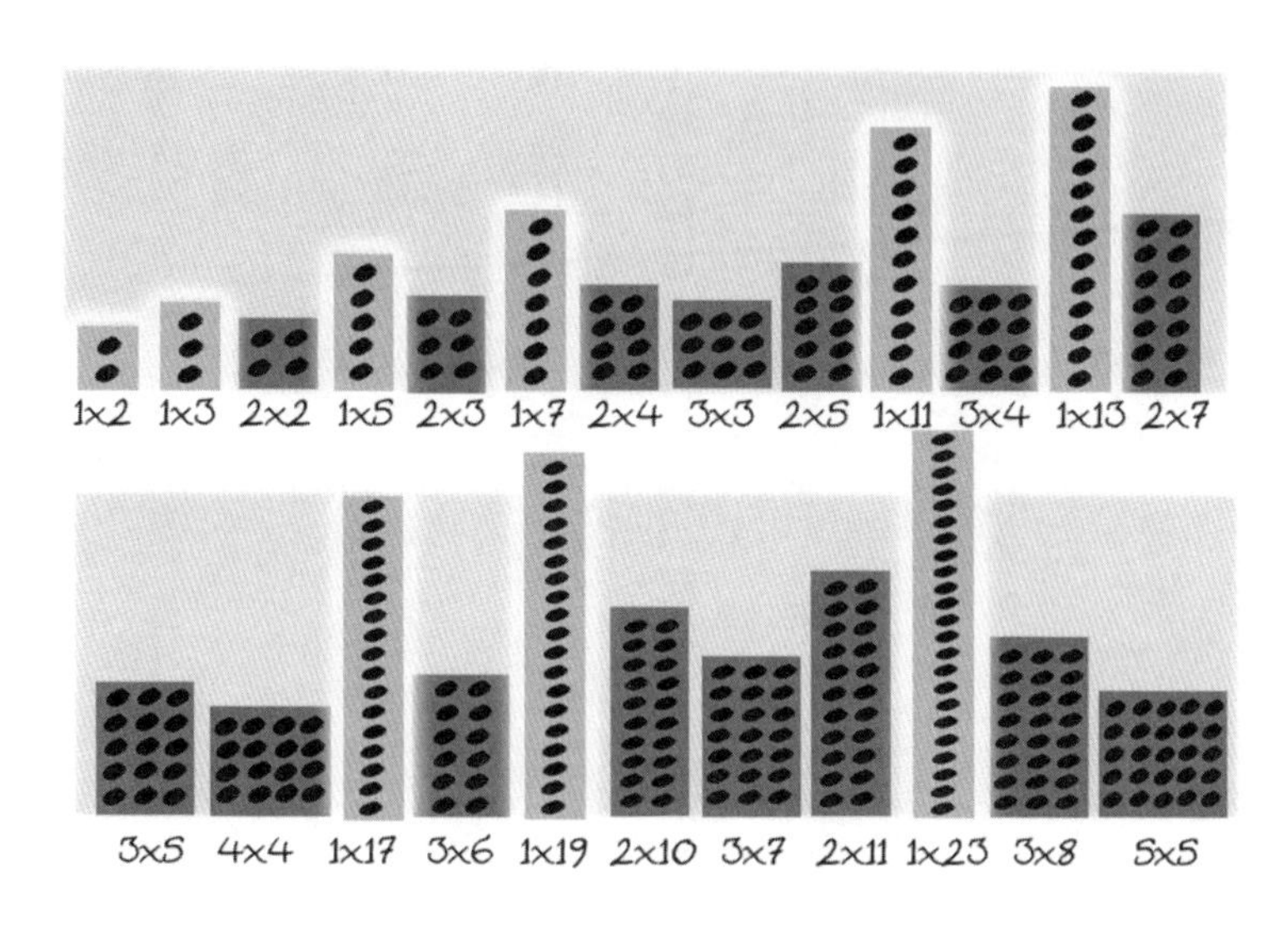

にも刺激的にもなるし、事実であるとともに創造的にもなるし、単調にも、あるいは可能性に満ちたものにもなる。たとえばこの掛け算の表を真似して、1から100までのすべての数を並べた表を作ってみたらどんなふうになるだろうか。上の図は、それぞれの数を長方形で表したものだ。[31] 見て分かるとおり、いくつかの数はもっと小さい整数に分割できないため、細長い塔のような形にするしかない。素数を視覚的に表す新たな方法だ。

このような新たな表現を見れば、二つの数を掛ける順序を変えても答えが変わらないことを直観的に

＊十進法が選ばれたのと同じように、位取り記数法の選択にも必然性はいっさいない。位取り記数法は直観的であるように思えるかもしれないが、広く受け入れられるようになったのはここ二、三百年のことである。そのように普及が遅れた原因はいくつもあって、たとえば0を演算可能な数として使うのに抵抗があったことや、ローマ数字のようなもっと原始的な数体系が文化と深く結びついていたことが挙げられる。最終的に位取り記数法が勝利を収めたのは、飛び抜けて効率が良かったからだ。とはいえ数多い選択肢の一つであることは間違いない。

理解できる。7×9と9×7は同じ長方形の面積を表していて、互いに90度回転させただけだ。掛け算の持つこの性質（「交換則」と呼ばれる）は、強い圧縮効果を発揮する。１４４個の事実を一気に78個に減らしてくれるのだ。掛け算の表に独自の命を吹き込む表現法はほかにいくつも考えられる。どの表現も掛け算に意味を与え、いくつものつながりを持った有機的な構造の一部として数を理解させてくれる。教育者のポール・ロックハートが言うように、算数は素っ気ない計算結果の集まりではなく、「記号を編んでいくこと」の一つだ。[32] ロックハートは数の記号のことを指して言っているが、これと同じ慧眼は数学のほかの分野にも当てはまり、文字の形を取った記号によって幅広い対象を表現する。記号を編んでいくことと、いわば「記号をゴリゴリ押していく」ことの違いは、創造的な精神と機械的な精神の差にほかならないのだ。

１枚の絵は１０００個の記号よりものを言う

数学者が美について語り、数学を芸術になぞらえているときには、頭の中に記号を思い浮かべているものだ。15人の数学者を対象におこなった実験では、「数学的な美の経験と相関して活性化する感情脳の部位が、……ほかの原因によって引き出された美の経験の場合と同じである」ことが、機能的磁気共鳴イメージング法（ｆＭＲＩ）によって示されている。[33] この研究のポイントは、どのようなタイプの数学を選んだかにある。数学者に60種類の数式を見せて、「美しい」、「どちらでもない」、「醜い」のいずれかを答えてもらったのだ。この選択が可能であることから見て、数学者は美の概念を記号表現と結びつけているのだと思われる。優勝した数式、つまりもっとも美しい数式は、

$$e^{i\pi}+1=0$$

オイラーの公式と呼ばれるこの記号列は、馴染みのない人にはどんな意味なのかほとんど分からないかもしれない。この意味を理解するには、使われている五つの数に精通する必要がある。中でもおそらくもっとも重要なのが、$e^{i\pi}$という項に意味を与える指数関数。パンデミックやコンピュータのパワー向上をモデル化した、あの指数関数である。[34] その知識を持ち合わせた数学者なら、豊かで多面的な観念を簡潔かつ具体的に表現したものとしてこの数式をとらえ、おそらく円や回転などを頭の中に思い浮かべることだろう。優れた数式というものは、簡潔さや純粋さ、汎用性の高さといった特性を醸し出す。映画『マトリックス』でキアヌ・リーヴス演じるネオが、ずらりと並んだ緑色の記号の中から人や物体を見分けるのと同じように、数学者もくねくねした記号の集まりをはるかに超えたものを感じ取るのだ。

人間は何度も同じことをしていると飽きてしまうため、ことあるごとに略記をする。そのため、数などの数学的対象を一般化する方法として文字が重宝されているのは、さほど驚くことではない。数の振る舞いについて何らかの確信を持っていれば、無限通りのケースをテストしようとして無駄骨を折る代わりに、数学的対象をxなどの記号を使って表現することができる（バナナなどを使ってもいいが、文字のほうが簡潔だ）。記号は望みうる中でもっとも汎用的な表現法であり、それ自体に演算を施すことができる。長ったらしく表現された情報（学校でひどく嫌われる悪名高き「文章題」）も、文字を使うことで、記号の操作に単純化できる。

数学はその誕生以来、さまざまな数詞体系や象形文字といった形の記号から影響を受けてきた。我々が数を巧みに扱えるかどうかは、どのような数詞を選ぶかと密接に関係している。たとえば多くの中国人学生が優れた計算能力を持っている一因は、中国語の数の表現法がきわめて簡潔なことにある（たとえば12という数は「10と2」と表現され、英語の"twelve"のような新しい単語や音は必要がなく、12の位取り記数法を文字どおりに解釈した形になっている）。

記号もある程度は使い慣れる必要がある。人々は数学に対して、わけの分からない表記がぐちゃぐちゃに並んでいるものというイメージを抱いている。学校の数学で良い成績を収めるには、記号を自在に操れるようにならなければならない。しかし計算が数学的知性のごく一部でしかないのと同じように、記号も単なる一つの表現法でしかない。

歴史の大半を通して記号は数学の片隅に追いやられていた。[35] 初期の数学の文書は散文形式で書かれていた。たとえば代数学に関する初の重要な書物は、9世紀にアラブ人数学者のムハンマド・イブン・ムーサー・アル＝フワーリズミーによって書かれた。その書物には、物語として表現された長ったらしい文章題がずらりと並んでいる。記号を使った論証で解けるはずの問題でも、散文で説明することによって、大きくかけ離れた音声言語どうしで確実に翻訳できるようになっていた（たいていは聖職者によって翻訳された）。言葉で表現したほうが、数学者がどのように考えるかをより忠実に伝えられる。数学者が頭の中で問題に頭をひねっているときには、単に記号をこねくり回すだけでなく、それらの記号が何を表していて、互いにどんな関係にあるかをじっくり考えるものだ。

今日、代数学などの数学の分野では、もっぱら記号が表現に用いられている。それは比較的新しい風潮で、だいたい500年くらい前からのことだ。そのときに何が変わったのだろうか？　そこにはやはりテクノロジーが数学におよぼした影響が見て取れる。15世紀に活版印刷が登場したことで、書き写す際に間違いを犯す危険性が下がり、数学者が教科書で記号の使用を避ける理由がなくなった。[36] また記号を使うと複雑な概念を簡潔に表現できるため、インクの節約にもなった。いずれも出版の観点から理にかなっていた。しかしその思いがけない副作用として、いわば「記号の障壁」が築かれて、

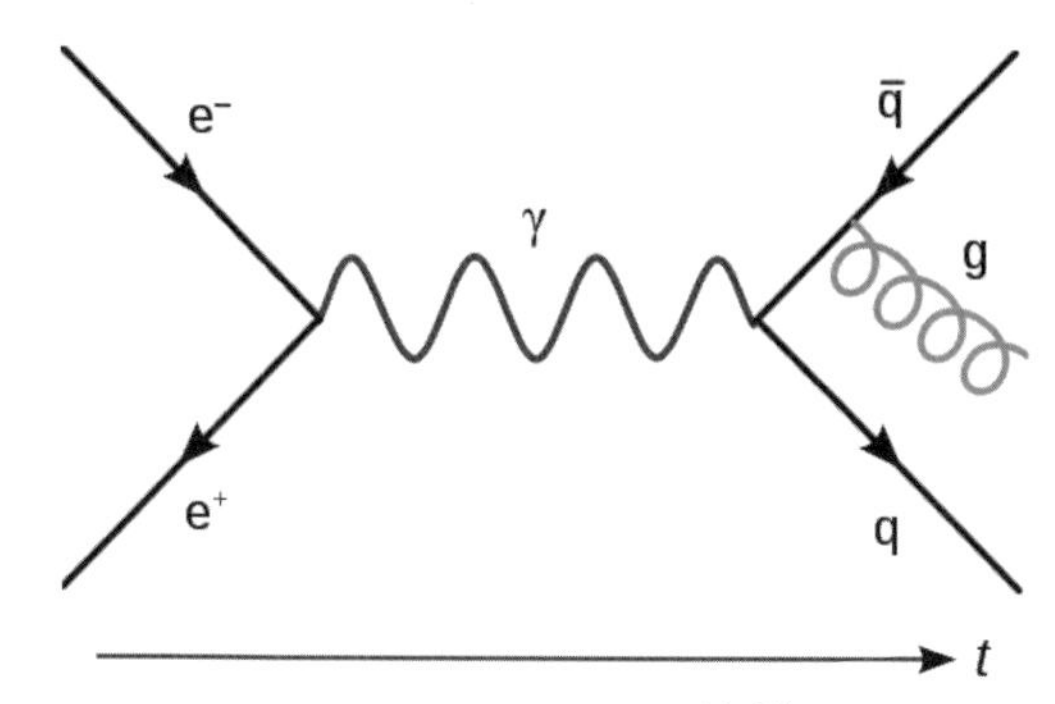

このファインマン図は、電子（e⁻）と陽電子（e⁺）が対消滅して仮想光子（γ）が生成し、それがクォーク＝反クォーク対（q-q̄）に変化する様子を表している。反クォークがグルーオン（g）を放出している。*t*というラベルを付けた矢印は時間経過を表している。

多くの読者がそれを乗り越えられなくなってしまう。教科書で数学を説明する際に記号が慣習的に用いられるようになったことで、問題を解きたいと思っていた多くの人は、記号を操るスキルがまだ磨かれていないというだけの理由から、数学のさまざまな概念に取り組む機会をみすみす逃してしまったのだ。

　度を超して用いられるようになった記号は、数多い表現法の中の一種類として手なずけて、数学的概念を表現するという明確な目的のために賢明な形で用いられるようにしなければならない。記号に頼りすぎるのを抑える方法の一つが、もっと視覚的な表現を利用することである。古くは先史時代の洞窟の壁画から、人類は観念を表現するのに絵を使ってきた。それにはれっきとした理由がある。脳はさまざまな表現様式の中でも視覚の処理にもっとも多くのエネルギーを注ぐのだ。[37]

　我々が記号を読み取って処理する際には、その前に視覚処理システムが働き出す。暗算をするときには、視覚に関係した腹側視覚路や背側視覚路を含む、脳内のいくつものネットワークが同時に利用されることが、神経画像法を用いた研究によって示されている。[38]そこで、数学を教える際には視覚的表現を重視することが求められるようになっている。[39]

視覚表現が問題解決につながった例として、著名な物理学者で教育にも一家言あったリチャード・ファインマンは、物理学に対する比類ない直観力を駆使することで、目に見えない素粒子の世界を絵で表現する新たな方法を考案した。彼の名が冠されたその「ファインマン図」（前ページ）では、素粒子どうしが衝突したときに何が起こるかを、実線・点線・波線を組み合わせて用いて表現する。その図を使うと、計算に必要なステップを一つずつはっきりと視覚的に見定めることができる。

記号よりも視覚表現のほうが強力であることを物語る、私の個人的な事例を紹介しよう。私は最近まで、机上でも実践でもクラシック音楽を「できた」ためしがなかった。クラシック音楽をうわべだけ鑑賞することはできても、その本質的な構造を把握するのはほかの人に任せてしまうのが関の山だった。ところが大学院生のとき、スティーヴン・マリノウスキーの進めるアニメーション楽譜プロジェクト、「ミュージック・アニメーション・マシン」[40]をある教授から紹介されたことで、私の見方は劇的に変わった。バッハの『トッカータとフーガ　ニ短調』の動画に見入ってしまったのだ。演奏は以前と変わりないが、画面上で色つきのバーが跳ね回る視覚表現が用いられていて、旋律が命をほとばしらせるかのようだった。繊細な音程やリズム、自己言及を、バーの高さや長さ、色によって瞬時に読み取ることができた。パターンを読み取ったり、反復される主題を予想したりできていた。それまで聞き取れなかった音にも気づけるようになった。わけの分からない記号や音楽用語を教わらなくても、バッハの天才ぶりの一端を理解することができた。バッハの作品にもっと深くのめり込むには形式的な記譜法を学ぶ必要があるかもしれないが、マリノウスキーの視覚表現によって、それまでは歯が立たなかった芸術作品を理解する手段が身についたのだ。

デジタル時代の代表例の一つであるこのミュージック・アニメーション・マシンに似たものは、数学の分野の中にも数多くある。たとえばグラント・サンダーソンのＹｏｕＴｕｂｅチャンネル

「3Blue1Brown」は、深遠な数学的概念を人目を惹くような形で視覚化することで、数百万回の再生回数を獲得している。さまざまな観念が画面上を文字どおり動き回り、ダイナミックに表現されている。活版印刷が思いがけず数学学習に対する記号の障壁を作り出してしまったとしたら、インターネットはこれまでに考えられた中でももっとも取っつきやすい知識表現によって、我々を再び解放してくれるのかもしれない。

視覚表現は学習に苦しむ人のための補助手段にすぎないとして不当にあしらわれているが、実は非常に高度なレベルの数学でも用いられている。リーマン面に関する先駆的な研究で（女性として初めて）フィールズ賞を受賞した故マリアム・ミルザハニは、力学（力が運動におよぼす影響を研究する）と幾何学という二つの数学分野を融合させた。さまざまなタイプのビリヤード台をボールが転がっている様子を思い浮かべてほしい。ミルザハニの研究は何段階もの抽象化の末に成り立っていて、使われている用語や記号も非常に専門的であり、同じ分野で研究する数学者でないと彼女の理論を完全に理解することはできない。２０１７年にミルザハニが乳がんで40年の短い生涯を閉じると、『ガーディアン』紙は「世界が偉大な芸術家を失った」と悼んだ。[41] これほど抽象的な業績を遺した人に「芸術家」という言葉を使うのは奇妙に思えるかもしれないが、ミルザハニはアイデアを紙にスケッチしていたことで知られており、幼い娘からは画家と勘違いされていたほどだ。[42]

このような異分野の融合は偶然に起こるものではない。どんな数学者も、できるだけ本質を暴き出すような鮮明な表現を追い求めるという意味で、芸術家だと言える。数学者がある概念や問題について思考をめぐらせるのを目にしたことがある人なら、その数学者が自分のアイデアをもっと具体的な形にしようと、身振り手振りを使ったり、ホワイトボード（または黒板）にスケッチをしたりしているのに驚かされたことだろう。数学の研究結果は記号とそれを取り巻く文章で表現されるのがふつうだが、それは学術誌が形式上そのように要求するからにすぎない。アイデアを生み出す実際の思考は、そもそももっと視覚的でダイナミックなものなのだ。

モードを切り替える

表現法を切り替えて、複数の視点を一つの根本的な知識体系にまとめ上げる能力は、人間の持つ汎用的な形の知性に基づいている。それはＡＩの究極の目標の一つでもある。現在のＡＩアプリケーションには、視野が狭いという制約がある。ＡｌｐｈａＧｏは一つのモデルに従って囲碁であなたを負かし、自動運転車は別のモデルに従ってあなたの運転スキルをいずれ無意味にしてしまうかもしれないが、機械がその両方を同時にマスターすることはいまだできていない。特定の領域で達人のような能力を発揮するマシンでも、いくつもの概念体系を股に掛けて幅広い問題に取り組む能力はまだ身につけていない。ＡＩ研究者のスチュアート・ラッセルは次のように言う。「ＡｌｐｈａＧｏに何か新たな目標、たとえばプロキシマ・ケンタウリの周囲を公転する系外惑星を訪れるという目標を与えたら、その目標を達成するための手順を見つけようと、何百億通りもの囲碁の指し手を探索して無駄骨を折ることだろう[43]」。

すでに人間は並外れて融通の利く思考力を持っている。表現法が非常に多岐にわたるため、一つの場面で学んだ事柄を幅広い状況に当てはめることができる。一つ一つの状況に応じて別々の脳を発達させる余裕はないからだ。対照的に、ＡｌｐｈａＧｏのようなプログラムにとってこの宇宙はすべて、仰々しい囲碁の対戦以外の何ものでもない。そのスキルを転用する余地はないのだ。

複数の表現法を使えるのは、脳がまったく異なる思考モードに切り替える能力を持っているおかげだ。人間は類推に頼りきることで、観念どうしを関連づける。どこかですでに似たような問題を解いているのであれば、再び一から取り組む必要はないはずだ。

そのような問題の例としてよく知られているのが、「放射線問題」である。[44] 手術で切除できない悪性の腫瘍（しゅよう）ができてしまった患者がいるとしよう。ある種の放射線を使えばその腫瘍を破壊できる。しかし残念ながら、そうすると健康な組織も破壊されてしまう。線量が低ければ健康な組織が傷つくことはないが、もちろんそのような線量では腫瘍も破壊されない。あなたは健康な組織を傷つけずに腫瘍を破壊する方法を答えられるだろうか？

答えられない人が多数派で、この放射線問題に有効な回答を出せる人はわずか10パーセントだ。そこで目先を変えて、ある軍司令官が、独裁者の支配する国の中心部に立つ要塞の占領をもくろんでいるというストーリーを考えてみよう。国境地帯からその要塞までは何本もの道が走っている。しかし独裁者はどの道にも地雷を埋めて、どれか一本の道を大きな軍勢が通ると地雷が爆発するように仕組んでおり、司令官もそのことを知っている。そこで一本の道から進軍するのでなく、軍勢をいくつかの小さなグループに分けて、それぞれ別の道を進ませることにした。別々に進めば、要塞まで同時に安全にたどり着くことができる。

さて、あなたは先ほどの放射線問題を解けるだろうか？　要塞に関するこのストーリーを聞いた人では、正答率が3倍の30パーセントに上がる。さらに、両者につながりがあると教えられた人では92パーセントに激増するのだ。

あなたも気づかれただろうが、要塞に関するこのストーリーは放射線問題のうわべだけを変えたにすぎない。司令官の導き出した解決法は放射線問題にも完璧に当てはめられる。さまざまな角度から低線量の放射線を当てればいいのだ。これと似たようなストーリーを聞かされた人でも、放射線問題の正答率は上昇する。

放射線問題単独で出された場合、それを解くには創造的なひらめきが必要で、ほとんどの人には手が届かないようだ。しかしその見かけに囚われずに、根本的な構造が同じで答えが分かっている別の問題と関連づければ、わざわざ答えをひねり出さなくても、既存の答えを拝借するだけで済む。このように多くの場合、問題を解くというのは、意識的に類推を働かせることにほかならないのだ（「意識的」と言ったのは、いまの例で分かったとおり、自分から探しにいかないとその関連性には気づかないかもしれないからである）。

類推は、一見かけ離れた概念をひとまとめにするという点で、もう一つの圧縮ツールといえる。それによって我々は、新たな経験の数々に圧倒されずに日常生活を送っている。ほとんどの経験は馴染みのある経験が反復されているにすぎない。何万頭ものイヌを見なくてもイヌとネコを見分けられるのは、そのおかげだ。ＡＩがいまだに必死で目指している能力で、毎回最初から問題を解かなければならないのを防ぐにはそれが欠かせない。[45]

数学者の思考においても類推は中心的な役割を果たしていて、数学のあらゆる概念を束ねる単一性というものがたびたび話題に上がる。[46] 数学教育者のアンナ・シェルピンスカは、数学の理解を「統合」という概念に当てはめ、「二つ以上の性質や事実、対象のあいだの関係性を把握して、それらを首尾一貫した総体にまとめ上げること」と定義している。[47]

数学における非常に重要なブレークスルーの中には、それまで完全に分け隔てられていた分野どうしをつなぎ合わせて、互いに新たなレンズで見つめることで成し遂げられたものがある。言い伝えによると、17世紀のフランス人数学者・哲学者のルネ・デカルトは、ある朝、ベッドの中で、一匹のハエが飛び回っているのに気づいたことでひらめきを得たという。そのハエの位置をわずか数個の数で正確に記述するにはどうすればいいだろうか、とデカルトは考えた。そして、物理的空間の各次元にそれぞれ対応した三つの数を使えば、ハエの位置を表現できるではないかと思い至った。「原点」を(0,0,0)と定めた上で、各次元に沿ってハエの位置を測定するのだ。しかも点の位置を記述するだけでなく、平面内を動き回ったり、平面内に線や図形を描いたり、多次元に拡張したり、あらゆる演算をおこなったりできる。

この発想の原点（期せずしてだじゃれになってしまった）が実話かどうかは多少疑わしいが、確かにデカルトは、代数学と幾何学という、発想も対象も著しく異なる二つの数学分野のあいだに観念的な橋を架けた人物として評価されている。[48] 幾何学者は、容易に視覚化して描くことのできる図形に慣れ親しんでいる。それに対して代数学者は抽象的な概念を好み、根本的な構造を探ろうとする。デカルトの表現法を用いれば、ちょうど放射線問題と要塞問題のあいだを行き来するように、幾何学の問題を代数学の表現を使って、あるいは代数学の問題を幾何学の表現を使って解くことができる。2本の線の交点がどこに来るかを知りたければ（幾何学の問題）、それぞれの線を表す方程式からなる連立方程式を解けばいい（代数学の問題）。逆に、ある関数の挙動を理解したければ（代数学の問題）、平面上にその入力と出力を描いて視覚化すればいい（幾何学の問題）。

我々が数学的概念に苦しめられるのは、往々にしてそれにもっとも適した表現を持ち合わせていないからにすぎない。数学者のエドワード・フレンケルは著書『数学の大統一に挑む』の中で、恩師のイズライル・ゲルファントから聞いた愉快な逸話として、人がなぜ数学に苦しみ、どうすればそれを克服できるのかを次のように伝えている。

多くの人は自分には数学なんて理解できないと思っているが、それはその人にどうやって説明するかによる。酔っ払いに「⅔と⅗、どちらの数のほうが大きいか」と訊いても答えられないだろう。しかし、「3人でウオッカ2瓶を分けるのと、5人で3瓶を分けるのどちらがいいか」と言い換えれば、即座に答えられるだろう。もちろん3人で2瓶だとね。[49]

ブラジルで菓子を売る露天商人にも同じことが当てはまり、彼らはさまざまな計算問題を、学校に通っている同年代の人よりもうまく解くことができる。[50] 現地の小中学生は長ったらしい形式的な手順にはまって先へ進めないが、露天商人は形式的でない独自の手法を編み出していて、そこに用いられている表現のほうが役に立つのだ。ここで言いたいのは、形式的な解法よりもそうでない解法のほうが優れているということではなく、知識を表現する上では多元的な姿勢を持つべきだということである。たった一つの表現法にしがみつくのではなく、さまざまな表現法の一つ一つを、理解に至るための道筋、同じ概念を見つめるための別個のレンズとして考えてみるべきだ。

世界はベクトルばかりではない

どのようなモデルも、記述しようとする事柄の近似にすぎない。往々にして忘れられているが、たとえば知性の完璧な指標などというものは存在しない。IQや標準テストの点数など候補はいくつもあるが、いずれもせいぜい代用にしかならない。GDPも経済成長度の、BMIも健康度の代用にすぎない。それでも誘惑に屈して、このような指標をおとり広告に使ったり、学生の学習能力といった重大な事柄を試験の点数というおおざっぱな基準にすり替えたり、国家経済の健全性を恣意的に定義した成長度に置き換えてしまったりする。そのようなモデルを使っていると、そのモデルで表現しようとしている対象自体を見失ってしまいがちだ。[51]

コンピュータの場合にはその危険性がますます高くなる。コンピュータに問題を解かせたいと思ったら、それをコンピュータの言語で表現する必要がある。要するに、コンピュータで演算できるベクトルなどの数学的対象を使って、この世界を記述しなければならない。最先端の機械学習プログラムであっても、世界のさまざまな問題を、処理のしかたが分かっている最適化問題に変換して解いているにすぎない。そのような形で問題を表現するのは必ずしも容易ではなく、結果としてＡＩプログラムがプログラマの意図から外れた振る舞いを示すことがある。たとえば、床に引いた線からロボットが逸れていかないようにするために、ある強化学習アルゴリズムが設計された。線の上から外れなければロボットにポイントが与えられるというしくみだ。ところがそのロボットは意図せずして抜け穴を見つけてしまった。線の最初のまっすぐな部分を何度も行ったり来たりしたのだ。ロボットにとってはそれでポイントが上がり、問題が解けたことになる。[52] 人間の期待する解決法と、コンピュータが実際に取る行動とがこのように食い違ってしまうことを踏まえて、「価値観整合性問題」というものが唱えられており、そこからＡＩをめぐる数々の不安が湧き上がっている。[53] 気になる読者は、超知能ＡＩが人口爆発の問題を解決するために人間を次々に殺したり、人間の幸福度を最大化するために脳の快楽中枢に電極を埋め込んだりするといったシナリオを想像してみてほしい。[54]

機械学習プログラムは、数学のおいしいところだけをつまみ食いして、それに基づいてあらゆる思考を進める。そのため、数学が与えてくれるはずの数々の表現法を見過ごしてしまう。また数学者なら、数学化された世界モデルの使用を控えるべきケースを知識に基づいて判断することができるが、コンピュータはそのような自制心をいっさい示さない。

囲碁などの問題の場合、目的のためなら手段を選ぶ必要はない。ベクトルのような非常に正確な数学的対象を使ってゲームをモデル化することが名人への道なのであれば、そうすればいい。しかし、正確に記述するのに適さない問題の場合はどうか？　太古から人類は、愛情や慈悲、道徳や正義、幸福や悲嘆といった概念を理解しようと腐心してきた。使えそうな表現を総動員してきたが、「人間の精神世界」のこのような側面が正確に何を意味するのか、いまだに見解はまとまっていない。[55] このような問題にコンピュータを取り組ませて、ベクトルと最適化問題に単純化してしまったら、我々の人間性に気づかせてくれるそれらの観念の価値が損なわれかねない。漠然としていて議論の余地のあるそれらの観念は、コンピュータの理解できるような表現では容易には記述できないのだ。

機械学習が我々の暮らしのさまざまな面に進出して、誰にとっても重大な意味を持つ決定を託されるようになるにつれ、コンピュータではとらえることのできない事柄にはますます注意を払っていかなければならない。

第3章　推　論

ストーリーにだまされるとき
機械を信用してはならない理由
永遠の真理を見分ける術

左の図のように、円周上に点を一つずつ加えながら、すべての点どうしを直線でつないでいく。そして、円の内部が何個の領域に分割されたかを記録していく。読み進める前に、この次に来る円では何個の領域ができるか予想してみてほしい。

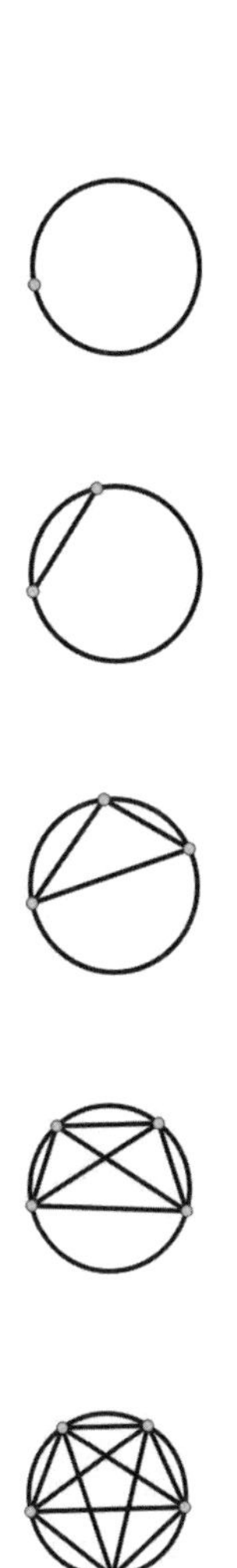

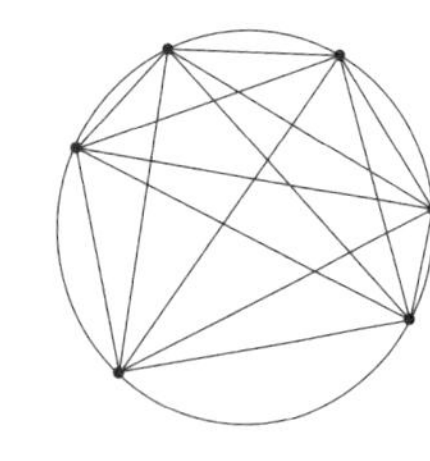

ここまででは領域の個数は1、2、4、8、16となっている。2倍ずつになっているように思える。そこで、次に来る円は32個の領域に分割されるという推論が成り立つ。では上の円を見て、領域の個数を数えてみよう。

自分の目を信じてほしい。実は領域は31個、予想より1個少ないのだ。最初の5つの円を見た時点では、領域の個数は2倍ずつになっていくと直観的に決めつけてしまった。次の円がそのパターンに当てはまるたびに、その信念は深まっていった。6個目の円に来るまでに、浮かび上がった仮説があまりにも説得力を帯びて、もはや抗えなくなっていた。ところがこの思考プロセスのどこを見ても、領域の個数は2倍になっていくはずだと言い切れるような厳密な論証は一つもない。この5つの数から始まる数列を作る方法は無限通りある（どんな数でもそうだ）。「整数列オンライン百科事典」*には、1、2、4、8、16で始まりながらも、2倍するという操作とは何の関係もない数列が多数収められている。

観察結果から浮かび上がってきたパターンに引きずられて、間違った結果を予想してしまうことが往々にしてある。いま挙げた例は数学から着想を得たものだが、哲学者なら次のような誤謬（ごびゅう）の例を選ぶだろう。しばらくのあいだ毎朝餌をもらっていた七面鳥が、何日も先まで同じように餌をもらえるだろうと期待した。ところが運命の日、クリスマスに、その七面鳥は絞められてしまったという話だ[1]。七面鳥の毎日の日課が突然終わるのと同じように、円を分割してできる領域の個数も、あるパターンに従うかと思いきや、6段階目で我々を欺いたわけだが、ただしその影響はさほど残酷ではない（領域の個数を支配する実際の法則は、かなり込み入った数学によって推論できる）[2]。

これらの例はＡＩ時代に警鐘を鳴らすものだ。近年になってコンピュータが、説明のつかないパターンマッチングのテクニックを使って、我々の日常生活に関わる決定をどんどん支配しつつある。[3] 脳天気な七面鳥が単なる過去の繰り返しに基づいて未来を展望したのと同じように、機械も自らの下した選択について考えることはけっしてない。間違いなく目を見張る偉業を達成したＤｅｅｐＭｉｎｄの囲碁プログラムを再び採り上げよう。それらのプログラムが抱える最大の制約は、同時にもっとも重大な意味を帯びているかもしれない。自身がなぜそのような選択をしたのかを説明することができないのだ。ＡｌｐｈａＧｏやそれに類似のプログラムは、「過去の対戦の経験から学んだのだ」と言うのが精一杯だろう（もしもしゃべれるとしたらの話だが）。忘れてはならない点として、この言葉の真意は、０と１の列をいじり回してある複雑な数学関数を最適化したということにすぎない。一回一回の指し手をどうやって導き出したかを説明するには、何百億回もの数学演算を使って表現するほかなく、理解できるような説明とはとうてい言えない。

　同様のテクノロジーが日常生活に大きく関わる決定を担うようになると、「ブラックボックス」アルゴリズムの考えることを説明できないという問題は重大な意味を帯びてくる。機械学習システムが対象とする「現実世界」の場面のほとんどは、囲碁の対戦とは少しも似ていない。囲碁は確かに複雑ではあるが、所詮は閉じた系であって、ルールも起こりうる展開も前もって完全に分かっている。** 現実世界と比べると完全に予測可能なゲームだ。しかし機械学習モデルを現実世界の問題に取り組ませると、訓練に用いた過去のデータにめったに現れないような、ごく稀な出来事を無視してしまう。機械は、まだ起こったことのない出来事を予期するようにはできていない。人々や環境の変化につれて

＊ oeis.org
＊＊ しかも囲碁は、どちらのプレーヤーもつねに盤面を見ることができて、何も隠されておらず、「完全情報ゲーム」の条件を満たしている。

社会がつねに揺れ動く不安定な世界では、それは問題を引き起こす。これから見ていくとおり、人間もこれと同じ認知的な落とし穴にけっして落ちないとは言い切れないが、その盲点を克服する手段はいくつも持ち合わせている。

人間のバイアスの由来

我々の認知システムは、合理的なプロセスと非合理的なプロセスが組み合わさってできている。機械の時代になっても真理を判定する立場に留まりつづけたいのであれば、まずは我々の思考に見られる、とらえがたいが避けようのない数々の欠陥について考える必要がある。

我々はみな、無関係な事柄どうしのあいだにある程度の関係性や意味を読み取ってしまう傾向がある（この特性を「アポフェニア」という）。知覚は必ずしも現実と一致しない。人間の感覚系は、処理対象の出来事から数百ミリ秒遅れて動作する。この遅れを相殺するために我々の脳は、予測によって欠落を埋める。そのため、パターンが存在しないところにもパターンを見て取ってしまう。[4] しかも我々が取ろうとする行動からは、計り知れない数の未来が起こりうる。それを一つ一つ列挙して、自分の目的にもっとも近い未来につながる行動を選ぶことなどけっしてできない。便法（ショートカット）を使うほかはなく、その結果として我々はときに偽の相関性にだまされて、自分の知覚した事柄と合致するストーリーをでっち上げてしまうのだ。

物語を語る能力は、人間が進化によって新たに獲得したものである。我々が物語を作ることを身につけたのは、原因と結果を結びつけて、未来の出来事を予測するためだ。[5] しかし物事を説明する必要があるからといって、必ずしも正しい結論に達するとは限らない。たとえ厳密な論証を欠いていても、説明のしようがあるというだけで、我々の好奇心は満たされてしまう。神経科学者のマイケル・ガザニガによると、この傾向は、脳の左半球にある「インタープリター（解釈装置）」と呼ばれるモジュールに由来するという。[6] このインタープリターはその名のとおり、断片的な記憶をストーリーにまとめ上げる組織化のメカニズムであって、真理よりも辻褄の合った物語のほうをしばしば優先する。

経済学では20世紀の大半を通して、人間はもっとも論理的な選択肢を選ぶ合理的な主体であるというのが定説だったが、ここ数十年でそのような考え方は完全に否定されている。ノーベル賞受賞者のダニエル・カーネマンとその共同研究者エイモス・トヴェルスキーなどの行動心理学者が唱える「二重過程理論」では、思考にはシステム1とシステム2と呼ばれる二つのモードがあるとされる。[7] システム1の思考は自動的で素早く、矢継ぎ早に現れる直観の多くを支配している。システム2の思考は遅くて労力を必要とし、理路整然とした答えを探す。我々の思考の大部分はシステム1に由来していて、思慮に富んだシステム2のプロセスが働いているときでも圧倒的な影響をおよぼしつづける。カーネマンはベストセラー『ファスト&スロー』の中で、我々の精神が答えを探す際に用いるバイアスやヒューリスティクス（発見的手法）を数多く挙げている。それらの便法的なメカニズムは、我々の思考や認識を歪めて、最適でない選択肢へと導く可能性がある。* また、人それぞれ倫理観や道徳観が著しく異なるのも、それで説明がつくかもしれない。道徳心理学者のジョナサン・ハイトは次のよう

*たとえば投票所が学校の敷地内にあると、学校基金に賛成票を投じる人が多くなる。合理的な根拠に立てばそれは合理的ではない。投票所の場所と、特定の議案を支持するかどうかの決断とのあいだには、何の関係もないはずだ。言葉遣いによっても我々の選択は影響を受けるし、使われる単語だけで選択肢を切り替えてしまうこともある。合理的主体であると太鼓判を押すことはとうていできない。政治家のあいだでスピンドクター（情報を操作して人心を操るアドバイザー）が重宝されている理由も、このような「フレーミング効果」によって説明できる。言葉によって大衆がいかに操られやすいかを彼らは知っていて、巧妙な言葉遣いで候補者の矛盾点を言い逃れてしまうのだ。

に論じている。「直観が最初に来て、戦略的な推論は二の次だ。道徳的直観は自動的かつほぼ瞬時に生じるが、道徳的推論が働きはじめるチャンスが来るのはそれからかなりのちのことで、しかもその最初の直観がのちの推論を促す傾向がある」[8]。我々の道徳的判断については、「その場ででっち上げた、因果関係の逆転した判断がほとんどで、一つまたは複数の戦略的な目的へ近づくために作り上げられる」のだという。やはり我々の直観は、熟慮に基づいた慎重で合理的な選択を覆してしまう恐れがあるのだ。

二重過程理論は進化心理学者にある難題を突きつける。なぜ人間の脳は推論上の欠陥を持つに至ったのか？　精神的な便法、すなわち合理的な意思決定をたびたびむしばむバイアスは、人間にどんな強みを与えているのか？　認知科学者のダン・スペルベルとユーゴ・メルシエは、この難題を回避する方法として、人間が推論能力を発達させたのにはおもに二つの目的があると唱えている。その二つの目的とは、自分の主張を他人に納得させることと、自分の選択を相手に対して正当化することである[9]。この説によると、推論は社会的状況の中でおこなわれるものであって、主張の論理的有効性は説得力の高さに比べて重要度が低いという。いわゆるシステム1の思考のバグは、必ずしもバグではなく、同意に達する上で欠かせない社会的交流の持つ「特性」なのだ。言い換えると、高いレベルの協力関係を達成するには、人間の推論が不完全であることが必須なのだ。

このような形で謎が解消するとしたら、直観と推論の境界線は多少ぼやけているのだと認めるほかない。直観と推論は脳の別々の部位に収まっているのではないし、直観が必ず推論に優先されるわけでもない。この二つの思考モードを取りなすあらゆる力が働いており、その最たるものが情動である。哲学者のデイヴィッド・ヒュームは1739年に、「理性は感情の奴隷であって、そうであるべきである」とまで唱えている[10]。プラトンにまでさかのぼる西洋哲学者が人間の感情に対して抱いてきた不信感を、ヒュームはねのけたことになる。ヒュームにとって推論は、いわば情動の祭壇に祀られたものにすぎないのだ。

人間の思考や意思決定が情動によって左右される具体的なしくみが、現代の研究によって明らかになりつつある。神経学者のアントニオ・ダマシオが唱える「ソマティック・マーカー（身体信号）仮説」によると、我々の推論システムは自動的な情動システムが拡張することで進化したのだという[11]。ダマシオは、重い脳損傷を負った患者の症例を過去と現代とを問わず調べている。たとえば19世紀の鉄道建設監督者フィニアス・ゲージは、不慮の事故で鉄の棒が頭部を完全に貫通しながらも、一命を取り留めた。その事故以降、ゲージの性格や振る舞いは劇的に変化した。計画を立てたり責任のある決断を下したりすることができなくなり、社会的に振る舞うのにも苦労するようになった。左前頭葉が傷ついたことで文字どおり別人のようになってしまい、合理的な意思決定と情動的交流の両方にその影響が現れたのだ。ダマシオの説明によると、人間の身体は周囲の世界の様子を無意識かつ迅速に調べて、胃の締め付けや心拍数の上昇、冷や汗などさまざまな反応を引き起こす。そしてそれらの反応が「身体信号」として作用し、脳がそれをもっと意識的な形で解釈する。身体信号が脳に、このメニューを注文すべきかどうか、恋人にプロポーズすべきかどうかを知らせるのだ。ダマシオが観察した患者たちの脳は、身体から送られてくる信号を受け取る能力を失っていて、そのため合理的な判断を下すのに必要な入力を欠いていた。要するに、推論の中枢と情動の中枢は、かつて「二元論者」が考えていたのと違って別々に分かれてはいない。身体の底から湧き上がってくる反応がなければ、精神は機能しようがないのだ。

人間は情動に促されることで、さまざまな考えを一貫したストーリーにまとめ上げることができる。しかしときには、物語をでっち上げなければならないこともある。１９４０年代に実験心理学者のフリッツ・ハイダーとマリアンヌ・ジンメルが、人間は何もないところからストーリーを作り出す傾向があることをまざまざと証明した。[12]二人は、画面のあちこちで幾何学図形が動き回る短い動画を作成した。場面が進むにつれて、観ている人の心の中にはある不穏な物語が湧き上がってくる。大きい三角形が小さい三角形を攻撃し、小さい円が逃げ回っているように見える。二つの小さい図形は散々逃げ回った末に何とかその場を逃れ、大きい三角形は自分を取り囲む大きい長方形を壊す。家庭内暴力の特徴をすべて備えたこの動画を観ていると、恐怖感を覚えないではいられず、「被害者」が逃げ出すと安堵感が訪れる。我々は生きていない物体を擬人化し、残虐な行為にさらされる弱者であると認識する物体を応援してしまう。その情景はもちろん虚構であって、人間の情動によってでっち上げられたものだ。

同じく情動が影響をおよぼすケースが、自分のもっとも大事にしている見方にとって有利な証拠を都合良く選んでしまうという場合だ。心理学ではこれを「動機づけられた推論」という。[13]我々は自分の信念体系を守るように防護柵を張りめぐらせて、それに有利な証拠は信頼できるものとして扱い、自分の世界観とたまたま食い違ったデータは無視したり疑ったりする。たばこが健康に悪影響を与えることを示す証拠を多くの喫煙者が否定したり、人間が地球環境に影響をおよぼしているという科学的な統一見解を気候変動懐疑論者が否定したりするのも、動機づけられた推論によって説明できる。我々は自分がもっとも気に入るような結末を迎えるストーリーを語りたがるのだ。

以上のいずれの議論も、人間は不完全な推論をおこなう主体であるという認識へとつながる。我々はみな、意思決定プロセスに影響を与えるような経験や偏見、バイアスや情動を背負っており、その結果として必ずしも最大限に事実を生かせない。ストーリーやパターンをたやすく信じてしまうせいで、人を欺こうと企む者の餌食になってしまう。マジシャンは慎重に身振り手振りを重ねることで、各動作が一つ前の動作から論理的につながっているかのような印象を与える。[14] マジックショーが我々の日常生活に影響を与える恐れはとくにないが、もっと不埒（ふらち）なはったり屋、たとえば政治家や広告業者は、我々の思考や存在のありようを巧みに操ることで私欲を満たしている。それは、自分の思考が干渉を受けていることに、世間の人々が気づいていないからこそだろう。心理学者のロバート・エプスタインとロナルド・ロバートソンは、「自分が操られていることに気づかない人は、自分の意志で新しい考え方を受け入れたのだと信じようとする」と述べている。[15]

人間のバイアスを増幅させる

テクノロジーは人間の思考を増幅する存在であって、そこには醜悪な思考も含まれる。人間が機械に盛り込んださまざまな前提や仮定は、最終的に人間に跳ね返ってくる。２０２０年、新型コロナウイルス感染症の第一波の最中にイギリスの全国統一試験が中止され、教育政策担当者はどうやって学生の最終評定を付けるかという難題に直面した。学生は18歳になると、高校卒業資格を得るために上級学力試験を受けることになっている。進学するにはA評定が必須条件である。教育省は限られた選択肢の中から、各学生の評定を自動的に算出する予測アルゴリズムに信頼を置いた。その結果、困った事態に陥った。アルゴリズムの予測した評定のうち40パーセント近くが、各学校の予想した評定よりも低かったのだ。[16] 精査してみるとかなりおおざっぱなアルゴリズムで、同じ学校に通っていた学生たちの過去の評定など、ごく少数の因子に基づいて予測をおこなっていることが明らかとなった。そのアルゴリズムは設計上、通っている学校の過去の傾向を上回る学生を低く評価していたのだ。もしもこのアルゴリズムが20年前に採用されていたら、さほどレベルの高くない学校で飛び抜けた成績を収めた私はA評定を得られなかったかもしれない。このアルゴリズムの狭い世界観の中では、私のような学生は、同じ学校に先例がないという理由だけで、最高評定を得る術がなかったのだ。このアルゴリズムは公正で公平であるという主張を覆す一撃として、私立学校のように少人数クラスの学校が有利に扱われていることも明らかとなった。大学進学の機会を奪われる恐れに直面した多くの学生は、当然ながら教育省に詰め寄って、「アルゴリズムなんてくそ食らえ」と訴えた。『フィナンシャル・タイムズ』紙はこの事件を「アルゴシャンブル〔アルゴリズムの狼藉（ろうぜき）〕」と表現した。[17]

　猛抗議を受けて政府は方針を転換し、コンピュータの魔法を見限って、各学校が独自に評定を与えることを認めた。ボリス・ジョンソン首相は学生たちを安心させようと、「突然変異したアルゴリズム」の使用を中止すると明言した。[18] しかしそのシステムは完全に仕様書どおりに作られており、どんな意味から言っても突然変異などしていなかった。当然ながら人々の怒りの矛先は、コードの端々ではなく、それを作った人間、そして重大な結果を考慮せずにアルゴリズムを信頼した政策立案者たちに向けられたのだった。

　A評定を与えるこのアルゴリズムは、すべての規則があらかじめコードされた、時代遅れのシンボリックAIの一つである。今日のもっと高度な機械学習プログラムも、過去のデータの中からパターンを見つけ出すことで予測をおこなうため、それと同じくらいか、もしかしたらさらに著しく人間のバイアスを増幅させかねない。その動作のしくみを、コンピュータ科学者のジューディア・パールは「アソシエイショナル（連想的）な思考モード」と呼んでいる。[19] パールは「因果モデル」の開発に研究人生を捧げている。因果モデルとは、変数どうしがどのように関連していて、どの段階になればある出来事が別の出来事の「原因」であると言い切れるのかを記述するための枠組みのことである。機械学習の方法論はそれとは大きく異なる。厳密な統計学的モデリングではなく相関に頼っており、パールはその方法論を「カーブフィッティング（曲線の当てはめ）」と揶揄（やゆ）している。そのようなプログラムは、予測の土台となる世界モデルをいっさい持っていない。

歴史は繰り返すという格言のとおり、データに基づく多くの予測モデルも、先ほどの成績評定アルゴリズムと同じくらい偏見を抱えている。たとえば、就職志望者の履歴書を現社員や元社員のプロフィールと突き合わせることで、自動的に志望者をふるい落とすアルゴリズムについて考えてみよう。[20] もっとも業績を上げている社員とプロフィールの合致する志望者が、もっとも見込みがあるとみなされる（そして面接に進む）。人種や性別といった属性を考慮していないため、表面的には中立なアルゴリズムのように思える。しかし仮に、この会社には多様性が欠けていて、社員の大部分、そして結果的にもっとも業績を上げている社員の大部分が、白人中年男性だったとしよう。するとこのアルゴリズムは、まさにそのような属性を持った志望者に肩入れするだろう。この会社がこれまでに少数民族出身者や女性、若者をあまり採用してこなかったせいで、このアルゴリズムはそうした人々の潜在能力にはいつまで経っても気づかず、訓練に用いた特定の過去データに基づいて判断を下しつづける。たとえばＡｍａｚｏｎの履歴書ふるい分けアルゴリズム（のちに使用中止された）は、"women's"という言葉を含む履歴書を低く評価して、女子大学や女子スポーツチーム、女子チェス同好会に所属していた人をことごとく不当に扱っていた。[21]

機械学習アルゴリズムはパターン探しに終始し、統計学で何よりも重要な「相関関係は必ずしも因果関係を意味しない」という教訓をないがしろにする。[22] ある会社の中で白人中年男性の業績が良いというだけで、それらの属性が成功に不可欠だということにはならない。このようなアルゴリズムは、この会社の過去の人材採用方法、あるいは社風や労働慣習といった、それ以外の重要な要素をいっさい考慮しない。チェックしないまま放っておくと、自らの立てた予測を自らで達成するというサイクルを延々と繰り返し、自身の有効性を自身で立証することになってしまう。そのアルゴリズムの提案にただ従っていると、人口統計の中で狭い範囲の人材ばかりが採用されて、ますますその集団からしか業績の良い人が出てこなくなる。多様性の欠如を生み出したバイアス自体が、アルゴリズムによって永久に定着してしまうのだ。同様に、過去の記録を用いて訓練した機械学習アルゴリズムでは、2020年のアメリカ合衆国の選挙でカマラ・ハリスが女性として初めて、また少数民族出身者として初めて副大統領に選出されるなどとは、けっして予測できなかったはずだ。歴代の48人の副大統領と同じく、白人男性を推すしかなかっただろう。現状を打ち破って未来を切り拓く力を結集させ、この世界に関する予言を打ち立てることは、機械学習には不可能なのだ。

同様の悪循環は、大学入試や自動車保険、刑事裁判や治安維持など、ほかの社会活動でも延々と繰り返されている。[23] 政策や方針に関わるアルゴリズムをプログラマが作る際に、民族や性別といった因子を明示的にコードすることはほとんどない。それどころか、EUの一般データ保護規則第9条でそれは禁じられている。[24] 偏見はそれとなしに込められてしまう。居住地域や職業といった一見して中立的な因子が、慎重な取り扱いを要するさまざまな社会経済的属性の代わりに使われるたびに、偏見がひそかに忍び込んでくるのだ。

全体的に高い性能を発揮するシステムであっても、推論を用いていない限り、誤りの責任を負わせることはけっしてできない。囲碁プログラムが1000回に1回だけ説明のつかない過ちを犯しても、対戦の結果が変わることはないだろう。しかし、重大な事柄の懸かった現実世界のブラックボックスアルゴリズムではそうはいかない。

深層学習などの方法論は、外からではうかがい知れないところでひたすら数を処理するというメカニズムに基づいているため、システム1のような振る舞い、すなわち推論にいっさい基づかない衝動的な振る舞いを示す。テクノロジーが真理を歪める作用を引き起こすのは、それだけに留まらない。

ソーシャルメディアでは質の高さも信憑性もまちまちな投稿が飛び交って、自分の信念に合致する内容を鵜呑みにしたがるという我々の気性につけ込んでくる。[25] ２０１６年には「ポストトゥルース」という言葉がワード・オブ・ザ・イヤー（「今年の単語」）を獲得し、翌年には「フェイクニュース」が選ばれた。このような脅威は最近になって始まったものではなく、１９６７年には政治哲学者のハンナ・アーレントが全体主義体制に関する小論の中で次のように述べている。

事実に基づく真理が一貫して完全に嘘に取って代わられると、嘘がもはや真理として受け入れられて、真理が嘘として咎められるだけでなく、現実世界において我々が指針とする感覚――真偽の区別もそのための精神的手段の一つである――も破壊されていく。[26]

デジタル時代を予期したかのような戒めの言葉だ。現代において、誤った情報を拡散して真理に対する感覚を鈍らせるために好んで用いられるのが、ソーシャルメディアという武器である。新型コロナウイルスのパンデミックとの戦いは二正面で繰り広げられ、公衆衛生の専門家はウイルス自体に加え、猛威を振るう陰謀論の抑え込みにも腐心した。公正な選挙結果に激しい異議が向けられる一方で、明らかに不正な選挙結果が正当なものとしてまかり通る。はるか昔に科学によって否定された説がインターネットの中で生き長らえ、地球は平らであると信じる集団が順調に規模を拡大している。[27] ソーシャルメディアでは、クリック数や共有回数を稼いだ挑発的な投稿が報酬を得る。感情的な表現を込めるだけで、ネット上での拡散の程度が、挑発的な単語1個あたり20パーセント上がることが示されている。[28] 関心を惹くことをめぐって終わりなく繰り広げられる競争の中においては、事実は専門家のためのものでしかないのだ。

いまやさまざまな形式のメディアに嘘の情報が広まっている。深層学習の引き起こした思いがけない影響として、ＡＩが手を加えたりゼロから生成したりした画像や動画を含む偽のメディアコンテンツ、いわゆる「ディープフェイク」が台頭してきている。ディープフェイクは、素早く処理できる情報を好むという人間の傾向につけ込む。文章よりも音声や動画のほうが頭の中に入ってきやすい。たとえばマカダミアナッツの画像を見せられただけで、マカダミアナッツはモモと同じ科に属するという主張を受け入れる割合が高くなる。[29]

２０２３年には世界人口の３分の２、50億を超える人がソーシャルメディアにアクセスするようになると予想されており、「インフォカリプス（情報の大惨事）[30]」は計り知れない規模に達している。バイアスのかかったアルゴリズムが我々の目にする情報に対する支配を強めて、情報の本質そのものを牛耳るようになってきた。それと同時に人間には、さまざまな主張を自らの手で批判的に吟味して、真実と嘘を見分けることが、以前にも増して必要となっている。

具体的な経験や観察結果から適切な形で飛躍して一般的な真理にたどり着くには、もう一つ思考のツールが必要となる。幸いにも人間はデータをつなぎ合わせるだけに留まらず、因果モデルを作り出すしくみをもとから備えている。子供ですら、結果には必ず原因が伴うことを認識している。赤ん坊にとって、泣いて助けを求めることは、忠実な保護者に「こっちへ来て世話をしてくれ」と伝えるための信号となる。十分な経験を積むと赤ん坊は、自分が助けを求めることと、保護者がすぐにやって来ることとをあっという間に関連づける（泣くことが、保護者がやって来る「原因」となる）。歩けるくらいの歳になるとしきりに「なぜ？」と訊くようになるのは、物事を理解したいという人間の本能的欲求の証しである。何らかの結果を経験すると、その原因を突き止めたくなるのだ。なぜこんなに寒いの？　昼ご飯を食べるとなぜ決まって眠くなるの？　うちのサッカーチームはなぜ勝てないの？ 我々はコンピュータとは対照的に、多くの場合、数回経験しただけで因果関係に気づくことができる。自分のスマートフォンの機能をどうやって身につけたか考えてみてほしい。画面をスワイプしたら電話に出られた。ホームボタンをタップしたらメニューが小さくなって指が届きやすくなった。製品デザイナーが重々気づいているとおり、我々の精神は、たとえ入力データが限られていても出来事どうしを因果関係で結びつけることに長けているのだ。

機械に指示を出して同じ一連の出来事を実行させることはできるが、機械は自身の行動の前提となる世界に関する知識も持っていないし、ある行動をすると「なぜ」特定の結果が起こるのかという基本的な感覚も持ち合わせていない。人間は理解力を備えているだけでなく、自分の行動を説明するための言語も持っている。脳の内部のしくみがほとんど分かっていなくても、自分がどうやって決断にたどり着いたのかを他人と教え合うことはできる。

さまざまなパターンをつなぎ合わせて確実な言明を導き出すための結合組織の役割を果たすのが、「合理的推論」である。それは結果と原因を結びつけて、疑似相関に陥るリスクから守ってくれる。合理的推論と対極的なのが誤ったたぐいの推論で、これは人間がたびたび犯し、機械によって増幅される。機械に自身の選択の責任を負わせ、我々人間自身の偏見が機械に受け継がれるのを防ぐには、合理的な推論が欠かせないのだ。

この章の残る部分では、自分のバイアスを抑えて、どんな反論にも屈しない論理的主張を打ち立てるための枠組みとなる、「数学的推論」に目を向ける。数学的推論のツールを使って導き出した主張、すなわち「証明」は、もっとも厳しい厳密さの基準を満たす。未検証の仮定はいっさい残されない。パターンの誘惑に惑わされずに、「なぜ」そのパターンが成り立つのかを証明する。

我々はいま数学の岐路に立っている。今日のＡＩは数学に大いに頼っている。そのため、数学がアルゴリズムと計算だけに成り下がったら、結果的に我々人間の思考の過ちはますます増えてしまう。しかし数学的推論は、我々自身、ひいては我々の作る機械が、バイアスや偏見から脱するための手段となる。いまから、コンピュータ自体が数学的証明にさまざまな形で影響をおよぼしつつある様子を探っていく。推論の持つさまざまな特性の中で、そもそも人間特有のものは何なのかを考えさせられることになる。その答えは最終的には希望を持たせてくれるが、そのためには数学を、単なる真理の研究を超越したものとして認識する必要がある。

数学的な推論

数学者が数学という分野を褒め立てる際には、手始めにその永遠性に目を向けるものだ。ポール・エルデシュは数学を「不滅へ至るもっとも確実な方法」と形容し[31]、G・H・ハーディは数学的概念の「恒久性」について語っている[32]。二人が念頭に置いていたのは、数学的命題に確実性を与える「証明」の概念である。実験科学で導き出される結果は、物事の真の状態に徐々に近づいていった近似とみなされる。科学研究は絶えざる改善の営みであって、新しい結果が古い結果に取って代わっていく。しかし数学では、実験は頭の中の実験室でおこなわれ、物理的な物質でなく概念を使って進められる。数学における発見は、その真実性が異論の対象になりえないという意味で永久不変である。数学的証明は未来永劫にわたって成り立つのだ。

証明とは、ある命題、たとえば仮定や既知の真理から、別の命題へとたどっていくことである。どのような証明も矛盾のない論理に則って綱渡りのように進められ、大小問わずすべてのステップに説明がつけられなければならない。どのようにして命題Aから命題Bへつながるのかを説明できなければならない。途中で別の仮定を立てる場合もあれば、論理法則によって有効な演繹（えんえき）をおこなう場合もある。

論理学の父であるアリストテレスは、論証の「行為」を「特定の対象」から切り離せることに気づいた。アリストテレスの「三段論法」は一連の命題から組み立てられており、どの命題も一つ前の命題から必然的に導き出される。もっとも有名な三段論法が、ソクラテスは必ず死ぬことを証明したもので、それは次の三つのステップで進められる。

1　すべての人間は死ぬ。
2　ソクラテスは人間である。
3　ゆえにソクラテスは死ぬ。

最初の二つの命題は、当たり前の真理として示されている。三つめのステップで使われている「ゆえに」という言葉は、論理的な演繹をおこなうことで、ソクラテスは死ぬという結論が導き出されることを意味する。この有効な論証は、「前件肯定」と呼ばれる次の論理法則に基づいている。

命題Ｐが真で、命題（ＰならばＱ）が真であれば、命題Ｑも真である。

いまの例では、命題Ｐが「ソクラテスは人間である」、命題Ｑが「ソクラテスは死ぬ」となる。ＰとＱにさまざまな命題を当てはめれば、前件肯定からあらゆるたぐいの結論を導き出すことができる。これが論理のパワーと融通性である。一つの法則からさまざまな真理が導き出されるのだ。

もう一つ、「後件否定」と呼ばれる法則もあり、それは次のようなものである。

命題Qが偽で、命題（PならばQ）が真であれば、命題Pも偽である。

この法則も無数の真理を生み出す。シャーロック・ホームズは小説『白銀号事件』において、ロンドン警視庁のグレゴリー警部との会話の中でこの法則を利用する。

グレゴリー：ほかに注目しないといけない点はありますか？
ホームズ：あの晩の犬の奇妙な行動だ。
グレゴリー：あの晩、あの犬は何もしませんでしたよ？
ホームズ：それこそが奇妙なのだ。

後件否定の使い方を理解するために、「あの犬が見知らぬ人を見つけた」という命題をP、「あの犬が吠えた」という命題をQとしよう。右の会話の中でホームズは次のように推論している。

1　もしもあの犬が見知らぬ人を見かけたら、犬は吠えていたはずだ（PならばQ）。
2　しかしあの犬は吠えなかった（Qは偽である）。
3　ゆえにPは偽である。つまりあの犬は見知らぬ人を見かけなかった。

論理的な探偵であるホームズは、たった一度の演繹によって、あの犬と親しい人物にまで容疑者を絞り込んだ。そしていつものごとく見事に犯人を捕まえることができた。

論理体系の詳細に深入りするつもりはないが、これだけは言っておきたい。論理体系とは、仮定を明示することで厳密な論証をおこなうための土台、そして命題から命題へと揺るぎない厳密さでたどるための法則にほかならないのだ。

数学的命題も、これと同じ論理的ツールに基づいて証明を進めることで「恒久性」を獲得する。証明の中で出てくるどの命題も仮定のうちの一つにさかのぼることができ、論理法則が正しく当てはめられていればすべての推論が完全に有効である。

紀元前500年頃から350年頃、数学的証明が神聖視されていた古代ギリシアでは、数学者がこのような理論的観点から算術や幾何学のさまざまな問題に取り組んだ。そうして、とりわけ有名な書物の一つであるエウクレイデス（ユークリッド）の『原論』が生まれた。『原論』の冒頭には、点や直線、円などの厳密な定義が示されている。また、五つの公理（「公準」）が挙げられている。それらは、当たり前とみなされる基本的な真理、ほかのすべての命題を導き出すための前提に相当する（そのほかに五つの「共通概念」も挙げられており、それらも公理ととらえることができる）。こうして土台を固めたのに続き、一つめの結論、数学で言う「定理」へとそのまま進んでいく。その一つめの定理は、コンパスと直定規だけを使って正三角形を作図する方法を示すものである（ギリシア人はそのような作図を揺るぎない論証法ととらえて夢中になっていた）。『原論』全13巻にわたって465個の定理が証明されており、それらはすべて同じ五つの公準および五つの共通概念から導き出されている。対象の複雑さが上がるにつれて131個の定義を導入していかなければならないが、注意深く論理を当てはめることで、すべての定理を10個の基本的言明にさかのぼることができる。

このように、未証明の仮定や推測をいっさい残さないという数学的論証のスタイルは、杓子定規で融通が利かないように受け取られるかもしれない。日常のたいていの場面なら、言葉の端々まで調べ尽くさなくてもどうにかやっていける。しかし数学的論証にはそれと異なるレベルの正確性が求められるし、それを目指す価値がある。数学者のユージニア・チェンは、数学的証明を高地トレーニングにうまくたとえている。[33] 運動選手が極端な環境でトレーニングして身体を鍛えるのと同じように、我々は数学を、もっとも厳しい制約下に身を置くことで自分の論証スキルを磨く手段としてとらえることができる。数学に導かれることで、物理世界の支離滅裂で混乱した現実を無視し、厳格な論理と厳密に導き出された真理の支配するシステムの中で行動することができる。いっさい妥協のない論理的論証の世界を経験しておけば、我々の不合理な精神にはびこる、現実世界に関する誤った考えにもっと用心深くなれる。公的な人物が絶対的真理として押しつけてこようとする事実やデータ、未来予測に対して、もっと批判的になることができる。数学的証明によって誰しも、いつまでも批判的な目を持ちつづけられるようになるのだ。

数学的証明のスタイルは、歴史上非常に尊ばれているいくつかの文章にも反映されている。アメリカ独立宣言の冒頭には、「我々は以下の真理を自明のこととみなす。すべての人間は平等に作られ……」と、一連の公理が高らかに謳われている。それから数十年後にエイブラハム・リンカーンは、ボストンバッグに入れていつも持ち歩いていたエウクレイデス『原論』から着想を得て、一連の公理や命題、慎重に導き出された結論として、憲法に関する数々の主張を展開した。弁護士として、そして名高い雄弁家として、証明可能性の最高水準に達した議論のスタイルを追い求めた。[34]『原論』はその期待に応えてくれるものだったのだ。

日常会話における「証明」は、厳密な数学的証明と違って鉄壁の論理を誇ってはいないかもしれない。しかし数学的証明によって設けられた基準は、我々の会話のレベルを引き上げてくれる。人間の推論に欠陥があるのが進化的必然だとしたら、欠陥のない数学的証明は、我々の社会的交流にはびこる破綻した主張への対抗策となる。また、パターンばかりを追求するアルゴリズムの誤謬を見つけるための訓練にもなる。

証明と嘘

数学的証明が徹底して厳密であることを理解するために、数学の中でももっとも調べ尽くされた結論の一つに注目してみよう。「ピタゴラスの定理」という名前で知られているものだ。どのような直角三角形でも、「斜辺」の長さをc、残る2本の辺（呼び分けるとしたら「隣接辺」と「対辺」）の長さをaとbとすると、a、b、cは$a^2+b^2=c^2$という数式で結びつけられる。この定理はその使い道の一つとして、2点間の距離を、それらのあいだの「幅」と「高さ」だけから計算するための非常に便利な方法となる。

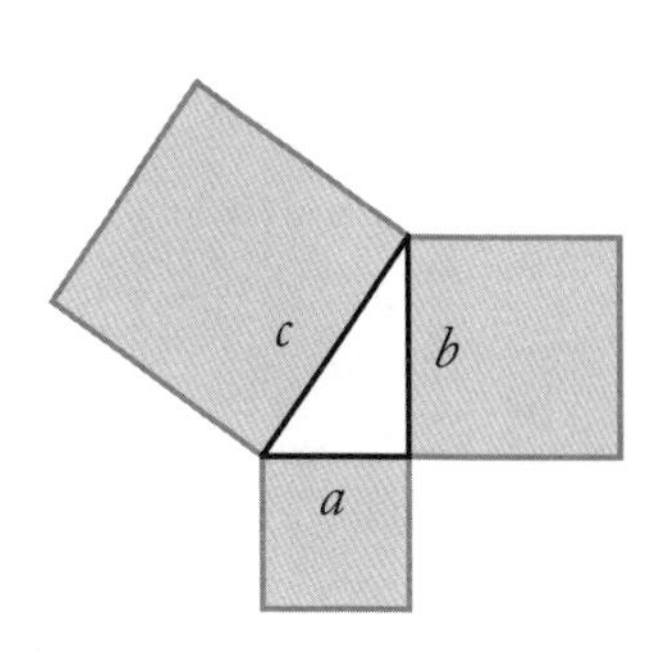

もっとも馴染み深い例が、各辺の長さが3、4、5である直角三角形で、$3^2+4^2=5^2$であることを確かめられる。ピタゴラスいわく、a、b、cが直角三角形の各辺の長さに対応していれば、つねに絶対確実に$a^2+b^2=c^2$が成り立つ。ピタゴラスの定理の重要な点は、大きくても小さくても、青色でもピンク色でも、無限個の直角三角形すべてに当てはまることだ。無限個の対象について何かを主張するとは、なんと大胆なことか。数学的推論は、有限の限界を突破することで、そのような主張をおこなう自信を与えてくれる。パターンや確率でなく、もっとも確実な論理的ステップにのみ基づいている。そうして得られるのは永久の真

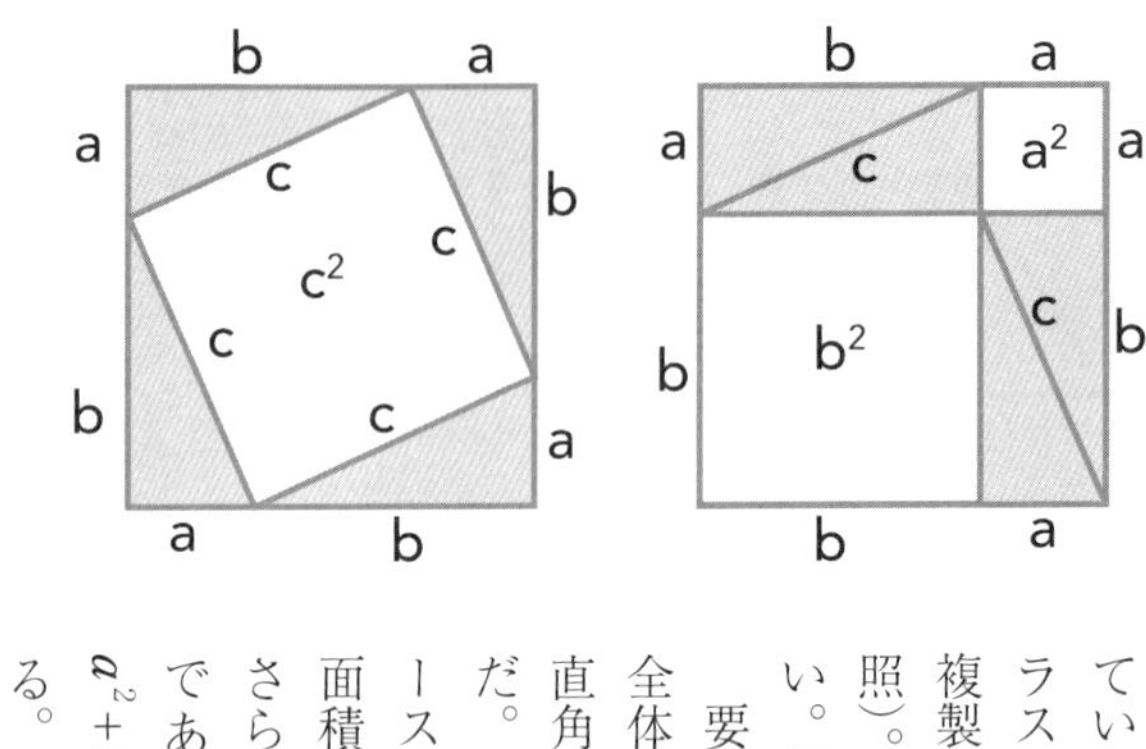

理である。現在未来を問わずどんな実験でも、完璧な論理を覆すことはできない。

この公式の実例はギリシア人が論争を始めるはるか以前から見つかっていたし、知られている中で初の証明を導き出したのもおそらくピタゴラスではないだろう。[35] ある証明法では、与えられた直角三角形を4つに複製して、それらを2通りの方法で並べ、2つの正方形を作る（上図参照）。何か特定の直角三角形に限定してはいないところに注目してほしい。以下のステップはどんな直角三角形にも当てはまる。

要点は次のとおり。「入れ物」である2つの大きな正方形はどちらも全体の面積が等しく（辺の長さが等しいから）、またどちらにももとの直角三角形が4つ収まっている。違いは4つの直角三角形の並び方だけだ。したがって、それぞれの大きな正方形の中の白い部分は、同じスペースを占めている（面積が等しい）はずだ。左側の正方形で白い部分は、面積 c^2 の小さな正方形になっている。右側の正方形では、白い部分はさらに小さい2つの正方形に分かれていて、それぞれの面積は a^2 と b^2 である。左右の正方形で白い部分は互いに同じ面積なのだから、$a^2+b^2=c^2$ であるはずで、これで証明したい式と同じものが導き出される。

この証明は数学的発見の本質を物語っている。この結論自体はどこからともなく湧いてきたのではなく、あれこれ探索することで（何度も繰り返し）発見されたものだ。証明についても同じことが言え、このような三角形の巧妙な並べ方は、自力で見つけるとなったらなかなか気づけない。数学者はけっして、命題を一つずつすらすらと繰り出しては、着実なペースで証明を導き出していくのではない。所在なくペンを走らせたりぼんやりしたりして、あえて袋小路に迷い込み、ほぼ決まって間違えては自己修正することで、ようやく鍵となるひらめきが浮かんでくるのだ。[36] 多くの数学的証明に込められている中心的な発想は、即座に明確な形を取るのではなく、考えに考えを重ねた末に（あるいはただの遊びを通じて）浮かび上がってくるものだ。いま説明した証明を進める上での中心原理は、「不変性」である。一つの事柄（大きな正方形の面積）を固定することで、残った部分どうしを等価にすることができる。直角三角形だけでなくほかのさまざまな証明も、その戦略で進めることができる。

単純な視覚的表現と、同じ面積を2通りの方法で計算するという巧妙な戦法とを組み合わせるだけで、学校数学の中でもとりわけ忌々しい結論の一つを手中に収めることができるというのは、なんとも意味深いことだ。視覚的な証明を使えば、厳密さを犠牲にせずに真理に光を当てることができる。*しかし右に挙げたピタゴラスの定理の証明は、その真理をとらえるための一つの方法にすぎない。オハイオ州の数学教師イライシャ・スコット・ルーミスは、生涯をかけて371通りもの証明を一冊の書物にまとめた。[37] 同じ基本的真理を371通りに表現できて、その中には視覚的なものも抽象的なも

*私のお気に入りの数学書の一つである『証明の展覧会』（原題 *Proofs without Words*）は、実は日本語版である。贈ってくれた友人は私の言語能力の中に日本語が含まれていないことを重々承知だったが、原題にあるようにこの本は、母語に頼らなくても数学的真理を証明できるという建前で書かれている。まさにそのタイトルどおりの本で、私は日本語の文字をいっさい理解できなかったが、視覚的な論法と標準的な数学記法に頼った証明の数々を理解する妨げにはならなかった。

のもあるが、いずれの表現も、三角形の持つこの特定の幾何学的性質を理解するためのそれぞれ異なるレンズとなるのだ。

数学者は証明のこととなると多元的で、幅広い表現を駆使して証明をおこなう。それぞれの証明は論理の力によって結びついている。それを踏まえてさえいれば、確固たる真理を築くために記号や図などどんな手段を使ってもかまわない。数学者以外の人にとっても一つ教訓になることがある。自分が真理とみなす事柄の根拠を固めるには、できるだけ多くの角度から探りを入れてみることだ。

数学的証明は厳密な論理に基づいて進められるため、一つ矛盾が現れるだけで論証全体が頓挫してしまう。推論がわずかに抜け落ちただけで、論証が脱線して、ときにばかげた結論にたどり着いてしまう。どれだけばかげた結論が導き出されるかを見せつけるために、いまから2＝1であることを「証明」してみよう。

1　誰もが真であると知っている、1＝1からスタートする。

2　この等式の両辺から1を引くと、

$$1-1=1-1$$

となる。

3　1は1×1に等しいので（1^2と書くことにする）、右の等式は次のように変形できる。

$$1^2-1^2=1-1$$

4　ここで、高校生ならよく知っているはずの式変形をおこなう。左辺は二つの平方数の差であって、$(1-1)\times(1+1)$と等しいので、次のようになる。

$$(1-1)\times(1+1)=1-1$$

5　次に両辺を1−1という同じ項で割る。

$$\frac{(1-1)\times(1+1)}{(1-1)}=1$$

6　最後に、分子と分母の同じ項を消すと（小学校で教わった）、次のようになる。

$$1+1=1$$

7　誰もが知っているとおり1+1=2なので、2=1でなければならない。

証明しようとしたとおりの結論が導き出された。ここであなたには二つの選択肢がある。大胆にも2=1という結論を受け入れるか、または私の論証に間違いを探すかだ。ある程度正気を保つには、後者の立場を取って、「なぜこうなるのか」、あるいはいまの場合には「なぜこうはならないのか」と批判的に問いただきなければならない。この論証はどこが論理的な論法にかなっていないのか？誤りを見つけて自ら修正するという、この骨の折れるプロセスが、数学者の営みの中核をなしている。

最初の主張に異議を挟む余地はない。1という数がそれ自体と等しいと言っているだけだ。そこからいくつか標準的な操作をおこなったが、ステップ1から4までが正当であることは容易に確かめられる（ステップ4については代数学に通じていることが必要だが、問題はない）。

$$(1-1)\times(1+1)=1-1$$

という式までは何事もなくたどれる。

ところがここからたったの2ステップで、とんでもない結論に至ってしまう。ここでは両辺を1−1で割っている。このステップも問題はないように思える。やはり標準的な操作を等式の両辺に施しただけだ。しかし「問題はないように思える」と、「絶対確実に100パーセント正当である」とでは雲泥の差だ。割るのに使った項、1−1を、いま一度見てほしい。これはもちろん、0を回りくどく表現しただけだ。

0で割るというのは数学では重大な罪であって、算術法則によって避けるべきと定められている禁断の果実である（それもまた「なぜそうなのか」と問うべきだ）。ステップ5と6において0で割っていることには、用心して見ていないと気づかない。この証明の邪悪な点は、不当な操作が記法によって覆い隠されてしまっていることだ（数を文字に置き換えればさらに邪悪にできるが、さすがにそこまではしないでおこう）。

何かが間違っていることは分かった。2=1というばかげた結論が出てきたからこそ、この論証の中に間違いを探したのだ。証明が破綻する理由はいくらでもありうる。仮定が間違っているか、推論が正しくないか、途中で適当にはぐらかしているか。証明を細かくチェックしていくと、論証の些細な欠陥を見つけ出す力が磨かれていく。

数学的証明が精神を鍛えるツールになることを踏まえれば、コンピュータがその取り組みにどんな

予想

データを生成してパターンを掘り起こし、仮説を立てる。

証明

例や反例を作り、自動化されたしらみつぶしの論証によって証明する。

検証

あらかじめ定められた概念に基づいて、証明の各ステップを自動的にチェックする。

役割を果たせるのかあれこれ考えてみるのも当然だろう。コンピュータ産業では何十年も前から証明に関心が向けられてきた[38]。ここでいう証明とは、ソフトウェアプログラムが計画どおり確実に動作して、肝心なときに破綻や暴走を起こさないと信頼できるかどうかを確認するための手段という意味だ。しかしいまやコンピュータは数学的証明にも手を出しはじめていて、我々は信頼や確実という概念を問いただす必要に迫られている。

永久の真理を探す我々の営みを、コンピュータはどのような形で助ける、または妨げるのだろうか？　コンピュータ自体でどこまで証明を組み立てることができるのだろうか？　推論をおこなう主体としてのコンピュータの可能性を無視するのは軽率すぎるのだろうか？

コンピュータによる証明

数学的真理は上の図のような三つの段階で組み立てられる。予想を立て、その予想を証明または反証し、その論証を何らかの方法で検証する（失敗したり誤解したり、新たな理解にたどり着いたりということを何度も繰り返しながら）。コンピュータはこのいずれの段階にも首を突っ込みはじめている。

まず、新たな真理を探すための手掛かりとしてコンピュータが無数の例を生成し、それを使って人間が洞察を深めたり仮説を検証したりする。たとえばあなたは、公正なコインを10回投げて表がちょうど5回出る確率を知りたいとしよう。駆け出しのプログラマでも、10回のコイン投げを１００万回繰り返すシミュレーションを作れるはずだ。すると、そのシミュレーションのうちだいたい25万回で表が5回出ることが分かるだろう（正確にその値にはならないだろうが、不思議なくらい近くはなるはずだ）。そこであなたは、表が5回出る確率は4分の1であるという仮説を立てる。実験データに頼らない厳密な証明を見つける必要はあるが、もっともらしい仮説が得られただけでも出発点としては申し分ない。コンピュータはこの問題だけに留まらず、データの解析によって、人間が気づかないかもしれないパターンを探し出すことができる。本書の冒頭で触れたとおり、幅広い数学分野の問題に機械学習のツールが使われはじめている。機械の出力する新たな証拠を手掛かりに、数学者が予想を改良したり、新たな予想を立てたりするのだ。

ここで注意すべきなのが、パターンだけを証拠として頼ってはならないということだ。それはコンピュータがどれだけ強力になろうが変わらない。コンピュータの計算はいつまで経ってもこの宇宙の物理的限界から制約を受けるため、非常に大きい数の真理を計算だけで完全に説明することはけっしてできない。非常に大きい数は独り歩きして、数直線のごく最初のほうで我々が真だと思い込んでいる事柄を覆すことも少なくないため、この制約はけっして些細なものではない。

その好例が素数で、その振る舞いはイギリスの春の天気と同じくらい予測がつかない。素数は無限個存在し、その魅力は、次の素数がいつ現れるかを正確に示すようなパターンが認められないことにある。素数は算術の構成部品といえる。すべての数はいくつかの素数の掛け算として表現できる。たとえば 30＝2×3×5、126＝2×3×3×7、13143123＝3×3×7×7×29803 といった具合だ。しかも「素因数分解」は必ず1通りしかない（掛け算の順序を無視した場合）。1919年にハンガリー人数学者のジョージ・ポリアが、偶数個の素数に分解される数と奇数個の素数に分解される数があることについて、あれこれ考えをめぐらせた。30は3つの素数に、126は4つの素数（3が2回出てくる）に分解される。ポリアはいかにも数学者らしく、次のように考えた。偶数個の素数に分解される数と、奇数個の素数に分解される数、どちらのほうが多いのだろうか？　1から10までの数で調べると、奇数タイプは6個、偶数タイプは4個だ。範囲を１００まで広げると、奇数タイプは51個、偶数タイプは49個となる。最初の１０００個の自然数では、５０７個が奇数タイプで４９３個が偶数タイプだ。

　こうして浮かび上がってきたパターンを踏まえてポリアは、どんな数を上限として数えても、奇数タイプの数は必ず偶数タイプの数と同じかそれ以上存在するという推測、すなわち「予想」を立てた。このポリアの予想は１００万に至るまでチェックされて裏付けられ、支持する証拠が積み上がっていった。ところが１９６２年、数学者のラッセル・シャーマン・リーマンが反例を見つけた。906180359までの数では、偶数タイプの数のほうが奇数タイプよりも（たった1個だけ）多いことを示したのだ。大きい数になるにつれて偶数タイプのほうへとバランスが傾いていたのだ。

　いまではポリアの予想をチェックするコンピュータプログラムを簡単に書くことができ、最終的に9億あたりで予想が成り立たなくなることが分かっている。しかしこのほかに、とてつもなく大きい数に至るまで成り立っている予想もいくつか存在する。[39] あまりにも大きい数まで成り立っていて、宇宙の全物質を紙とインクに変換してもなお、予想が破綻する肝心のポイントにたどり着く前に足りなくなってしまうほどだ。そのような場合、コンピュータプログラムによって巨大な反例が見つかるまで待つ必要なんてないと思う人もいるかもしれない（前に挙げた円の領域に関する予想は、たった5回で否定されたのだった）。それほどの圧倒的な証拠を目の当たりにしたら、厳密な数学的論証なんて時間の無駄だと決めつけて、間違った結論でも受け入れてしまいかねない。

　今日のコンピュータは指数的なスピードでパワーを向上させているが、それでもあまりに大きすぎて扱いようのない数というものもある。コンピュータはそうした数の圧倒的な大きさを切り詰めることはできないが、数学的論証ではそれができるのだ。

コンピュータは証明の構築においても頭角を現しはじめて、永久の真理を確立する方法を変えつつある。[40] 四色定理の証明が二つの部分から構成されていたことを思い出してほしい。アッペルとハーケンという二人の人間が地図の配置を約2000通りにまで切り詰めて、コンピュータがそれらのケースを力ずくで確かめていったのだった。[41]「しらみつぶし法」と呼ばれるこの方法は、完全に有効な証明法である。ハーケンの息子がある講演の場でその証明について説明すると、聴衆は二分された。40代以上の人は、証明の中の重要な部分がコンピュータによって片付けられたことをどうしても受け入れられなかった。一方で40代より下の人は、二人の人間の筆者が手作業で進めた700ページにおよぶ論証や計算に対して同じくらいの疑念を抱いた。込み入った証明を見せられると、それは正しいと信じるほかない。「他者」を信頼して最後まで細かくチェックしてもらうしかない。コンピュータを信頼することで間違いの可能性が大幅に下がるのであれば、仲間の人間に信頼を寄せるよりもまだましなはずだ。

コンピュータはまた、反例を生成することで予想を「反証」するのにも役立つ。1769年にスイス人数学者のレオンハルト・オイラーが、次の方程式に自然数の解は存在しないと主張した。[42]

$$a^5 + b^5 + c^5 + d^5 = e^5$$

オイラーは数学の歴史の中でもっとも数多くの業績を残した人物の一人だ。彼の遺した手稿を読み通すだけでも、成人してから死ぬまでの歳月がかかるといわれている。しかしこの予想についてはオイラーは証明を導き出すことができず、墓場まで持っていくこととなった。コンピュータが手元にある我々なら膨大な数の組み合わせをチェックすることができ、最終的に次のようなケースが見つかる。

$$27^5+84^5+110^5+133^5=144^5$$

オイラーが予想を示してからこの反例が見つかるまでに、200年ほどの歳月がかかった。墓の中でオイラーは、自分が甚だしい間違いを犯していたことにうろたえるだけでなく、自分のアイデアを反証するための計算道具を持ち合わせていなかったことを嘆いているかもしれない。今日の数学者はコンピュータを駆使して、算術に関する非常に手強いいくつかの問題に迫っている。[43]

コンピュータはさらに、証明を最初から最後まで構築するのにも活用されつつある。AlphaGoがさまざまなプレーをつなぎ合わせて達人の棋士や数学者を驚かせたのと同じく、当然ながら数学的証明も、囲碁の世界を征服したこのマシンのターゲットとなった。形式的な数学的証明と複雑なボードゲームのあいだには深い結びつきがある。証明を構築するには、出発点となるいくつかの仮定（「公理」）と、論理的演繹をおこなうための法則群が必要となる。数学をゲームに見立てるなら、土台となる真理は盤面の最初の状態、論理法則はゲームのルールに相当する。したがって数学における証明は、ボードゲームにおける正当な指し手の連なりと似ていることになる。

ボードゲームのたとえが腑に落ちたのであれば、次のような場面を思い浮かべるのもそう難しくはない。最初の状態、すなわち公理群を知っているコンピュータプログラムが、認められている法則を使ってさまざまな組み合わせを力ずくで試し、もっと複雑な別の真理にたどり着けないかどうかを確かめていくのだ。まさに数学的発見の自動化にほかならず、多くの数学者がそれに強い関心を向けはじめている。[44] さまざまな研究グループが結集して、定義や単純な結論、さらには主要な定理といった数学的概念を、コンピュータの理解できる形でコード化しようとしている。形式的な数学のデータベースが大きくなるにつれて、まったく目新しい真理が発見されるチャンスも広がりつつある。苦境に立たされた人間はこうした定理証明システムと協力することになるかもしれないが、この取り組み自体はまさにアルゴリズムにおあつらえだ。

たとえばＧｏｏｇｌｅのＤｅｅｐＭｉｎｄチームは、数学的証明のデータベースＭｉｚａｒに独自の機械学習手法を適用している。まったく新しい方法論で、そのアルゴリズム自体は推論はおこなわない。既存の証明の構造を真似てそれを拡張することで、完全に論理的な論証を再現し、新たな定理を証明するのだ。単に古い定理を新しい定理に焼き直すだけではなく、場合によってはまったく新しい結論を導き出すこともできる。[45] 古典的なＡＩ（データベースに収められた定理の証明に用いられる）と、現代の機械学習の方法論との融合である。

数学的発見のもう一つの側面が、「証明の検証」である。発表された数学的論証は入念なチェックを受けて、永久の真理としての地位を獲得しなければならない。従来、数学的証明が受け入れられるかどうかは、その分野の専門家による精査に委ねられていて、そのいわゆる「ピアレビュー」が学術出版を支えてきた。「権威による証明」と呼ばれることもあるが、はたして誰がその権威を持っているのか？　人類史の大半を通して、証明をチェックするのは人間の営みだった。しかし長ったらしい計算の負担をなくす道具が発明されたのと同じように、いまや数学者は、あらかじめ定められた法則や概念に基づいて証明の各ステップを検討するコンピュータプログラム、いわゆる「証明検証システム」に目を向けはじめている。ボードゲームのたとえを再び使えば、対戦中の駒の配置を見て、正当な対戦で実現しうることが知られている別の駒の配置にまでさかのぼれるかどうかを調べるようなものだ。

　２０１４年に数学者のトーマス・ヘイルズが、「ケプラー予想」と呼ばれる４００年来の問題に対する形式的証明を発表したことで、この手法が注目を浴びた。[46] ケプラー予想とは、球をもっとも密に詰め込む方法は「面心立方充塡（じゅうてん）」（もっと簡単に言うと、木枠の中にオレンジを積み上げるときにふつう使われる方法）であるというものだ。露天商が昔から感じていた事柄に、ヘイルズがようやく証明を与えたのだ。その証明は長く複雑だったため、一つ一つのステップが正しいかどうかがコンピュータで確かめられた。実はヘイルズは20年近く前にも証明を発表していた。その証明は、コンピュータをまた別の方法で用いて、膨大な数の具体的なケースを調べ尽くすというものだった（四色定理と同様のしらみつぶし法）。その最初の証明は学術誌『Annals of Mathematics（数学紀要）』に掲載されたが、編集者はすべての計算をチェックすることができず、「この証明は99パーセント間違いない」と言い切るに留まっていた。そこでこの隔たりを埋めるためにヘイルズは、疑問の余地をいっさい残さないような証明に没頭した。そうして２０１４年の改良版の証明では、コンピュータを使ってこの定理の具体的な例を次々に出力するだけでなく、命題の論理性をくまなくチェックした。

　このような「コンピュータ援用証明」が数学の最前線で利用されることが増えており、[47] 人間が容易には理解できない記号や表記を含んだ数百ページにおよぶ研究論文も発表されている。[48] 人間によるチェックを選ぶのは、現実的というよりも哲学的な姿勢といえる。確実性を最大限に引き上げることが目的なのであれば、人間は機械に比べて隠れた仮定を見落としがちだということを認めるほかない。

自動化された数学者

　証明の自動化に関するこのような話題は、証明をすることこそが自らの本分だと思い込んできたであろう数学者にとって心穏やかなものではない。しかし慌てふためく前に、Ｍｉｚａｒに収められた証明の数々をざっと眺めるだけで、この手の論証には何かが欠けていることが読み取れる。それらの証明は完璧に有効だし、たいていわずか数行で表現されていて、簡潔さも目を見張るほどだ。しかしコンピュータ特有のその素っ気ない表現を読んでも、我々人間の心には何も響いてこない。大量の記号が並んだそれらの短い証明を見れば、ピタゴラスの定理などの結論が正しいことは納得できる。しかしほかの数学分野にも当てはめられる巧妙なテクニックや賢い芸当、中核となるひらめきといったものは何一つ見られないのだ。

数学者で作家のマーカス・デュ・ソートイは、自動定理証明システムを、ホルヘ・ルイス・ボルヘスの小説に登場するバベルの図書館にたとえている[49]。その図書館には、文字がおよそあらゆる形で並んだ、長さ４１０ページの本がすべて収められている。標準的な（さらにはありふれた）文章と、真に創造的な文章とが区別されていないため、文学に対する我々の感性が逆撫でされてしまう。それと同じように数学者も、いわば定理製造工場の組み立てラインに並んで、見境なく次々に結論を吐き出しているわけではない。数学者が求めているのは証明のエッセンス、つまり、さらに深い真理やほかの観念との関連性を暴き出す核心的なひらめきだ[50]。自動化の脅威を感じている数学者にいまだ出会ったことがないのも、そのためかもしれない。１００年前にもアンリ・ポアンカレが、「機械はありのままの事実を把握することはできるが、事実の本質は決まって見逃してしまうだろう」と言っている[51]。

人間はそのような真理を、単なる抽象的な記号を超えたものとして理解する。ある研究では被験者に、「すべてのAはBである。すべてのBはCである、ゆえにすべてのAはCである」という三段論法が正しいかどうかを判断するよう指示した。前に紹介した「前件肯定」の法則である。同じ被験者にはまた、「すべてのイヌはペットである。すべてのペットは毛がふわふわしている。ゆえにすべてのイヌは毛がふわふわしている」という別の命題が有効かどうかを判断するよう指示した。これもまた「前件肯定」で、論理構造は最初の命題とまったく同じだが、もちろん言葉にもっと具体的な意味が与えられている。誰しも毛がふわふわのペットに対して先入観を抱いており、このような命題を評価する際にはその先入観に頼る。ｆＭＲＩイメージングによって調べたところ、それぞれの命題の真偽を判定する際に、脳の中の別々の神経ネットワークが用いられることが確かめられた[52]。我々はコンピュータと違い、この世界に関する自分の知識に当てはめて命題を評価することができる。そして数学者も、以前のあらゆる研究や、今後つながるかもしれないあらゆる研究を踏まえて定理を証明する。孤立した証明などというものは存在しないのだ。

証明をいかに表現するかは、その証明によって導き出される真理と同じくらいの重要性を帯びている。数学者のポール・エルデシュは、とりわけエレガントで納得のいく論証を集めた「神聖な本」というものについて語っている[53]。優れた証明は、ある特定の真理のエッセンスに命を吹き込むものでなければならない。説得力のあるストーリーになっていなければならない。良い物語を読むと目が開かれて喜びに満たされるのと同じように、とりわけ満足できて記憶に残る証明というのは、その紆余曲折に夢中になってしまうたぐいのものだ（前に述べたとおり、ストーリーはまとまりを作るメカニズムとして記憶の助けになる）。アガサ・クリスティーのミステリ小説でも、探偵が手掛かりを器用につなぎ合わせていくさまは、実際に犯人が特定されるのと同じくらい愉快である。一方で証明は、論理を採り入れることで、間違った結論に流されるのを防ぐ。前に見たとおり、物語を語るだけでは、さまざまなバイアスが作用してきて有効な結論から遠ざかってしまいかねない。数学的証明には、そのような失敗を防ぐために、いわば物語の筋立てとして論理が添えられる。数学的論証の基準を満たしているかどうかを監視する、いわば門番だ。

当然ながら、論理と心に響く表現とを調和させるこの能力が、「現実」の世界にもそのまま当てはまるとは限らない。数学者であっても、政治や宗教など、人間の非常に強い信念や価値観に関わる日常的なテーマについて論じる際には、けっして論理的誤謬と無縁ではない。不確かな基本的信念を受け入れたり（詳しくは次の章で）、バイアスが理性を圧倒したりすると、歪んだ世界観が生まれてしまう。しかし改めて言っておくが、証明は精神を鍛えるツールとなる。ヨガに時間を費やすと精神的感覚が目覚める（ついでに柔軟性が高まる）のと同じように、証明に時間を費やせば、数学でもそれ以外の分野でも、議論を立てたり人の議論を論破したりする能力が高まるのだ。

数学ではエレガントさという我々の主観的な概念に訴えかけるような証明が求められることから、多くの数学者は、数学は科学であると同時に芸術の一形態でもあると見ている。この特性を帯びているがゆえに、証明は無味乾燥な論理を超えた存在であって、記号を力ずくで処理していくという機械のやり方では手が届かない。コンピュータで生成した証明は、数学者のG・H・ハーディが見下した「醜い数学」の典型例といえる。ハーディにとって数学の第一のハードルは「美しさ」であった。彼の言う美しさとは、観念の「重大さ」、無駄のなさ、そして思いがけない必然性の感覚にあった。ハーディのほかにも、美という漠然とした概念に訴えかけるものとして無視されかねない特性を挙げている人たちがいる。[54]イェール大学で近年おこなわれたある研究によると、数学者でない人も数学的な美を芸術的な美と同じように直観することができ、美しい数学とは何であるかに関してみな同じ意見を持っているという。[55]Ｍｉｚａｒプロジェクトの証明法の欠点は、美しさを無視していること、つまりストーリーがなく、驚きや喜びに満ちた旅路へと我々をいざなう物語や登場人物、脇筋に欠けていることだ。ＡＩ研究者のあいだではコンピュータで生成した証明をもっと人間らしいものにしようという取り組みが進められているが、[56]現段階では血の通っていない論理の連なりからほとんど脱していない。

論理と情動の絡み合い

　ここまでの二つの章でたどり着いた事柄を振り返っておこう。どんな論証も社会的枠組みの中に存在していて、その目的は観念を伝えることだけでなく、観念を正当化して、それが正しいことを他人に納得させることにある。それをすべて一気に達成するには、論理と情動の両方に訴えかけるような論証でなければならない。論理は、その主張が客観的に真理となるようにするためのもの。情動は、人の信念が正しい方向に向くように、その真理を表現するためのものである。数学的論証は、実際の真理と見せかけの真理を峻別する厳格なメカニズムであって、論証の論理的な側面を対象とする。しかしきわめて強力な論証、単なる真理を超えて知恵や洞察を呼び覚ますような論証は、人間の精神に備わった豊かな表現にも基づいている。記号や図、物語や比喩など、説明に役立つツールを活用することで、結論だけでなく論証の大枠も見えてくるようなものである。そもそも混乱していて複雑なこの世界を理解するには、使える限りの表現を最大限活かすしかないのだ。

　ＡＩはいまだ真理の理解に手を焼いている。機械学習のパターンマッチング法は、そのしくみを外からうかがい知ることがほとんどできず、判断をおこなう上で状況を踏まえることがなく、推論のための主要な手段が記憶に限られている。ＡＩの回路にはいまだ論証は組み込まれていない。コンピュータが論理的に考えて行動するには、人間の手であらかじめ推論法則をコードした「古典的な」ＡＩシステムを組み込むことで、機械自身の推論能力を高めるほかないのだろう。

　今日の多くのＡＩシステムには、すでにそのようなハイブリッドな方法論が採り入れられている。自動運転車は、人間を１００万人轢（ひ）かなくても、それが悪いことだと認識する。その行為は人間のプログラマが設けたルールによって禁じられていることを「知っている」。数学的証明を自動化するためにＤｅｅｐＭｉｎｄが採用しているのは、ゼロからすべてを学習するという「タブラ・ラーサ（まっさらな石板）」の方法ではなく、古いＡＩと新しいＡＩをとりわけ新しい形で組み合わせることで、人間が導き出した既存の証明を利用するという方法論である。それと同様の方法論を中核として使っているのが、自動的にクロスワードパズルを解く「Dr. Fill」というＡＩである。深層学習によってパズルのヒントを読んで、考えられる答えをいくつも出した上で、「時代遅れの」アルゴリズムを使って各単語の長さや、同じマス目に違う文字が入ってこないかどうかなどを調べ、それぞれの答えをランクづけする。この組み合わせはきわめて有効で、全米クロスワードパズル選手権で優勝するほどだ。[57]このような形でＡＩシステムが知能の複数の側面を融合させたら、ＡｌｐｈａＧｏのような驚きの成功が数学や科学といったもっと奥深い分野でも実現する可能性は大いにあるだろう。

だがそうだとしても、人間にとってのよりどころはたくさんある。我々の認知システムにはさまざまなバイアスが組み込まれてしまっているのだから、論証能力を誇れる望みは薄い。人間が精神的な自己を機械に投影する際には、自身の欠点を忘れずに、機械システムが我々のごく微妙な偏見を増長してしまうのを防ぐことが賢明だろう。しかし人間の心には、論理と情動の両方を取り込んだ論証法が備わっている。人間の進める論証はエレガントであるとともに多様である。無味乾燥な真理だけでなく、知恵やひらめきももたらす。そのような特性をコード化するのはさほど容易なことではないのだ。

第4章　想　像

空気の読めない人のほうが信用できる理由
数学を再発明するには
コンピュータはけっして真理を発見できない

我が家ではボードゲームのモノポリーが禁止されている。私が妻の親戚たちとプレーするたびに口論が始まってしまい、それに妻がもう耐えきれなくなって、何年か前に禁止令を発布したのだ。口論の原因は決まってルールの解釈の不一致。このゲームの肝は不動産の売買だが、妻の親戚たちはピンチになるとゲームの最中に口裏を合わせて、一人が自分の持っている不動産を割安な価格で別の親戚に売るということがたびたびあった。少なくとも私が見たところ共謀しているのは明らかだが、彼らに言わせると、こうした「協力」もゲームの一環だという。そう言われてしまうと私は、このゲームの「精神」はその名のとおり、個人間の競争に基づいているではないかと訴えるほかない。協力も共謀もすべきではない。自分自身の利益につながるよう非情な決定を下すだけだ。しかしルールではあのような共謀戦術が明確には禁じられていないため、ゲームはそのまま続いていく。しばらくすると今度は、別の独自ルールをめぐって口論が始まる。たとえば、フリーパーキングに駒が止まったら、その時点で溜まっている罰金や税金をすべてもらえるといったルールだ。私がこのルールに腹を立てるのは、もとからスキルよりも運がものをいうゲームに、さらに不確定要素が加わってしまうからだ。しかしほかのプレーヤーは突っかかってくる。たまにはいい思いをしたいから、不確定要素を増やしたいというのだ。結局、互いに違うタイプのゲームをやっているようなものだと気づいて、ゲームを無効にするしかなくなったことも一度や二度ではなかった。ルールを示し合わせられないのであれば、ゲームで競争をするなんて不可能だ。だから禁止になってしまった。

モノポリーをめぐるこの一件がありありと物語っているとおり、土台となる真理がわずかに異なるだけで、状況の解釈のしかたが大きく違ってくることがある。* それはゲームだけの話ではない。人間の思考が多様である原因のほとんどは、核となる信念や価値観、つまり一人一人の従う日常の「ルール」の違いにさかのぼることができる。意見の違う二人の人物がどちらも論理的だということはありうる。主張の説得力はどちらも同じかもしれないが、互いに異なる信念や前提に基づいて主張が進められる。[1] 心理学者のジョナサン・ハイトは「道徳基盤理論」というものを編み出し、その中で、我々の政治的・宗教的分断は六つの中核的な信念体系に基づいて説明できると論じている。[2] その六つの信念体系とは、保護／危害、忠誠／背信、公正／不正、権威／打倒、高潔／堕落、自由／抑圧である。自分と相反する見方を突きつけられても、それはこれらの信念の解釈が自分と違うからだと理解すれば、もっと共感を持って受け入れられる。たとえばアメリカでは、左翼は「公正」の概念を平等の枠組み（誰もが裕福な暮らしを送る権利を有する）に基づいて理解しがちだが、右翼は同じ概念を相応性（つぎ込んだ分だけ得をする）に当てはめてとらえる。これらの公理的な定義を踏まえれば、リベラル派が社会福祉政策や増税を支持して、保守派が小さな政府や規制撤廃を訴える理由は容易に理解できる。いずれの見方も、核となる信念構造から自然に、もっというと論理的に導き出されるものだ。自分の信念を揺るぎない形で宣言して、反論を寄せ付けないという風潮が広がっているが、一歩下がって自分の前提に手を加えてみれば、もっと開放的になれるはずだ。

前の章では、与えられた一連の真理を組み合わせて新たな真理を導き出す方法に基づいて、人間と機械を比較し、人間はまぎれもなく美的な特性を自らの論証に組み入れるものだと論じた。しかし、二人のシェフに決まった材料からそれぞれ料理を作ってもらうのと、使う材料を変えてもかまわないから新たなレシピを考え出してもらうのとでは、話がまったく違う。この章では、与えられたルールを「破る」能力に重きを置くことで、知性のハードルをさらに引き上げることにしよう。

その点でコンピュータは力不足だ。コンピュータが高いレベルの創造性を発揮しているように見える場合でも、プログラマであるあなたがパラメータをどのように設定して、コンピュータにどこまでの動作を認めるかによって、その出力は制約を受ける。どんな制約条件が与えられたとしても、コンピュータは必ずその制約条件の範囲内で動作する。それに対して人間は、そのような制約条件を破ることで生まれてくる可能性に惹きつけられる。反抗的な本能はときにもっとも創造的になる。既存の世界観から派生したものではなく、まったく新しい世界観、あるいは新しい世界を生み出すのだ。

その意味で数学は、ルールに逆らうようけしかけてくることから、もっとも創造的な営みの一つということができる。「枠からはみ出して考える」という言い回しは、次の有名な数学パズルに由来し

＊実はモノポリーはもともと、資産の集中は社会正義に反すると訴える目的で作られた。「地主ゲーム」と呼ばれていて、地価税などの要素が採り入れられていた。しばらくしてようやく、資産家が賃貸料をもらうといった「独占主義（モノポリズム）」のルールが定着し、対戦相手を破産させることを目指すゲームになった。

ている（娯楽数学者のサム・ロイドが1914年のパズル本で初めて紹介した）[3]。紙（または端末の画面）に鉛筆の先を付けたまま、次の図のすべての点の中心を4本の直線でつなぐことはできるか？

答えを知っている人もいるかもしれないが、その答えはこの格子からはみ出さないと見つけられない。このパズルの売りは、標準的な方法を捨てざるをえないことにある[4]。

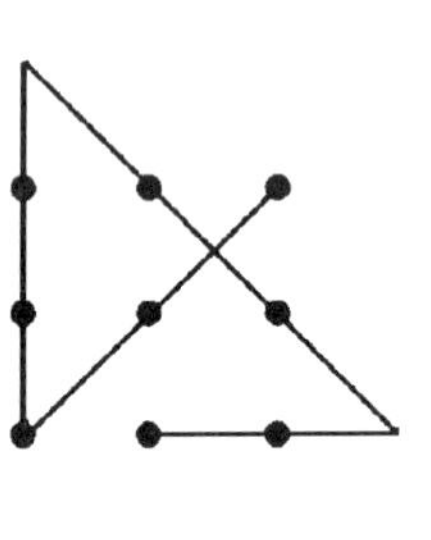

数学のどの分野も、ほぼ同じような形でとらえられる。どのような数学体系も、自明であると受け入れられる一連の基本的な真理、すなわち「公理」に基づいて構築されている。前の章で見たように、すべての証明は論理的論証を丹念につなぎ合わせることで組み立てられ、その論証は土台となる命題にさかのぼることができる。人の性格をその人の中核的な信念にさかのぼれるのと同じように、数学体系は公理によって形作られている。そして、信念や価値観を変えることで性格を改められるのと

同じように、当たり前とみなされることの多い数学を打ち破ることもできる。数学にいざなわれて我々は、ルールを設定することで自身の精神世界を構築することができるが、その精神世界を一新するにはルールを破るしかないのだ。

もしも……だったら

人類はかなり昔から、物理的現実の外側に存在する概念や生き物を考え出してきた。ドイツ南西部のローネ谷にある洞窟で発見された、知られている中で最古の具象的な芸術作品は、半分人間で半分ライオンの姿をした架空の動物の立像、ホーレンシュタイン・シュターデルのライオンマンである。いまから約4万年前に彫られたもので、目的は不明だが、人間の純粋な想像力の産物で、人間が「反事実的推論」という新たな認知能力を獲得したことを物語っている。人は日常生活における経験を理解しようとするだけでなく、ほかにどんな現実が存在しえたかを深く考えた。「もしも……だったらどうなるか」とあえて問うたのだ。表面的には単純な疑問だが、創造的な思考の前触れといえる。我々はある状況に直面すると、その状況を解釈するためにさまざまな表現を選ぶ。しかしそれらの表現の外側には、認知科学者のダグラス・ホフスタッターが「暗黙の反事実的領域」と呼ぶものが広がっている。つまり、この世界について我々の知覚している知識から、たとえわずかであってもはみ出した事柄の集まりということだ。[5]

歴史を通して創造的表現は、因習を破る能力によって生み出されてきた。ホフスタッターはそれを、「システムから飛び出すこと（jumping out of the system）」、あるいはむりやり縮めて「ジューツィング（jootsing）」と呼んでいる。[6] 芸術家の中でもとりわけ革新的な人というのは、とりわけ破壊的であるもので、確立された先例を大胆にも乗り越え、自らの作品をより大きな可能性へと開く。ベートーヴェンは九つの交響曲を通じて西洋音楽伝統の「古典的」な合理性を覆し、感情的なインパクトを吹き込んだ。カラヴァッジョは強い写実性と、写真を先取りしたような光と影(キアロスクーロ)によって、イタリア絵画を一変させた。ジェイムズ・ジョイスの『ユリシーズ』は、ありとあらゆる文体や視点、通俗文学を枠組みに採り入れることで、文学界に革命を起こした。このような芸術革命は時代の風潮にあまりにも背いているため、当初はたいてい嘲笑や混乱に見舞われ、のちになってからようやく完全にありふれたものとして受け入れられる。新たなルールが古いルールに取って代わり、その過程で新たなジャンルが生まれるのだ。

技術の進歩に後押しされた現代のエンターテインメントは、飛び抜けて突飛な想像の産物に命を吹き込むことができる。私の好きな映画のリストには、反事実的な思考をテーマにした作品がずらりと並んでいる(少なくともメアリー・シェリーの『フランケンシュタイン』にまでさかのぼるディストピア的な作品も含む)。もしも機械が意識を持って、人類を脅かすという目的を与えられたらどうなるか(『ターミネーター』、『マトリックス』)。もしも一部の人間が突然変異して並外れたパワーを手にしたらどうなるか(『X‐MEN』)。もしもタイムトラベルが可能だったら(『バック・トゥー・ザ・フューチャー』)。私の映画の好みに首をかしげる人もいるだろうが、これらの世界を生み出すには反事実的な思考が必要であることは理解していただきたい。いまではビデオゲームも非常に謎めいた世界への入口になっている。ゲームデザイナーは時間をかけてルールを作り、その選択に従ってリアリティーを追求する。そのような世界では我々の日常生活のルールが成り立たず、重力や運動の法則がデザイン上の選択として意図的に覆されている。[7]

科学においても、確立されたルールを破ることが、大きな飛躍的進歩、哲学者のトーマス・クーンの言う「パラダイムシフト」[8]のよすがとなっている。科学的思考や芸術的表現を打ち破るには、漸進

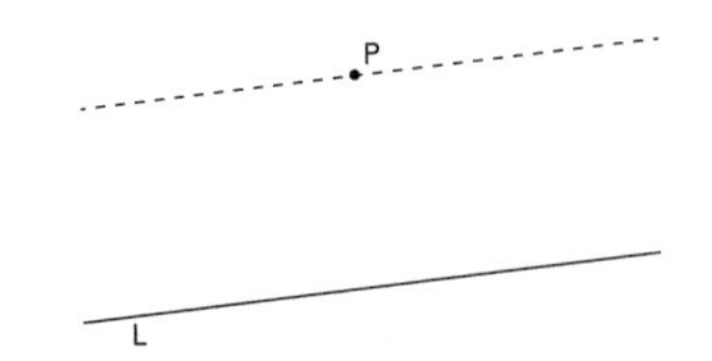

エウクレイデスの第５公準。破線で示した直線が、直線Ｌと平行である唯一の直線。

的な進歩を超えたものが必要だ。数学は科学の中でももっとも破壊的な学問、つまりどんなに突飛であっても新たな世界を作るための最古の手段の一つである。数学においては、我々は演劇監督の椅子にしっかりと腰を下ろし、ふさわしいと考える公理をもって舞台を作っていく。そうしてできあがるのは新たに考え出された世界で、それはこれまで学んできた数学や、受け入れるよう教えられてきたルールとはしばしば食い違っている。数学的知性の推進力は、思考領域を丸のまま作り出し、または作りなおす、その自由に潜んでいるのだ。

前に述べたとおり、エウクレイデスの『原論』は、厳密な数学的証明の基礎をなしている。『原論』に収められている幾何学の命題はすべて、冒頭に挙げられたいくつかの「公準」から導き出される。その公準のうちの五つめは、要するに次のようなものである。「任意の直線と、その直線上にない任意の点を取ると、その点を通ってもとの直線に平行である別の直線が１本だけ存在する」。込み入った言い回しを克服してしまえば十分に自明のように思えるし、エウクレイデス本人も、おそらく残りの公準から導き出せるだろうから、わざわざ公準として挙げる必要はないとすら考えていた。この命題は、三角形の三つの角を足し合わせると１８０度になるとか、平行線どうしが交わることはないといった命題と等価であって、それは証明することができる（これらの主張に論理的な反論を加えることはけっしてできないように思える）。

ところがエウクレイデスはこの第五公準の証明をどうしても導き出すことができず、それを「最後の公理」と呼ばざるをえなかった。それから何百年もの

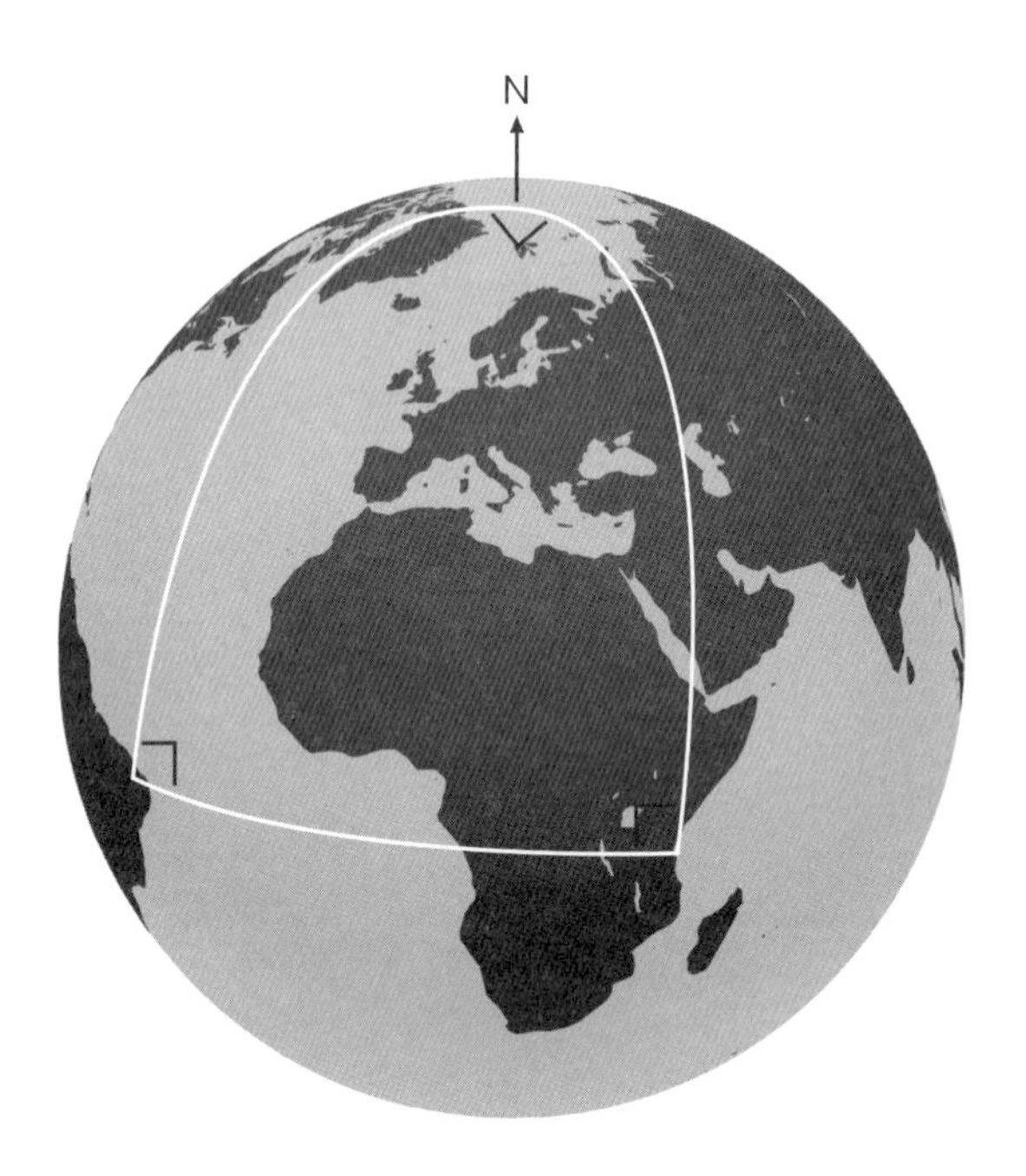

この三角形は３つの角が直角で、それらの和は 90° + 90° + 90° = 270° である。

あいだに数々の数学者が、エウクレイデスのにらんだとおりこの第五公準を残りの公準から論理的に導き出せることを証明して、この第五公準を取り除こうと、挑戦に挑戦を重ねた。ところが第五公準はそうした挑戦に抵抗しつづけ、最終的に19世紀の何人かの数学者が、もっとも大胆な「もしも」を考えはじめた。もしも、与えられた点を通ってもとの直線に平行な直線を2本以上引けたとしたら？もしも、三角形の三つの角の和が180度でないことも許されるとしたら？

おおかたの人はそうした可能性を視覚的に表現するのに苦労するが、それは何よりも、エウクレイデスの考え方が確実に成り立つ平らな面に我々が自然と頼ってしまうからだ。しかしもしも、代わりに曲がった面、たとえば（おおざっぱにだが）地球の形のような球面で考えてみたらどうだろうか？地球の赤道と垂直な2本の平行線を、（たとえば経線に沿って）北に向けて伸ばしていったら、赤道のところでは互いに平行だったはずなのに北極点で交わってしまう。赤道上の二つの点と北極点とで三角形を作ったら、二つの角が直角なのだから、三つの角の和は180度を超えてしまう。こうして明らかに「非ユークリッド的」な幾何学が導き出され、そこでは平行線どうしが交差して、三角形が通常の振る舞いを示さない。

「楕円幾何学」と呼ばれるこの独特の幾何学は、地球という既知の物理的構造を反映しているのだから、むしろこちらのほうがより理解しやすいと感じられるはずだ（地球平面説を信じる石頭は除く）。地球は平らだという考え方が否定されたことで、この世界に関する我々の理解は深まった。それと同じように数学は、平面の性質を超越した、より豊かな幾何学を我々に授けてくれるのだ。

創造的に思考するには、先入観や物理的規範を棚上げにする覚悟がなければならない。そもそも地球の表面に留まっている必要がどこにあるだろう？　最初に考え出された非ユークリッド幾何学である「双曲幾何学」は、さらに奇妙な世界を対象としており、その世界では第五公準が破られて、同じ点を無限の本数の平行線が通ることができる。双曲幾何学はさらに抽象的でさらに突飛だが、そのどの要素も独自の形で正当化できる。特殊相対論のいくつかのモデルでは、空間と時間の関係を記述する手段として双曲幾何学が姿を現すし、ソーシャルネットワークの構造を記述する方法にもなるとされている。探せば「有用な」応用法がいくらでも見つかる。

エウクレイデスの第五公準がどのような命題に置き換わったところで、『原論』は間違っていたなどということにはならない。単に我々の世界観に、幾何学研究のための等しく有効な枠組みが付け加えられ、さまざまな構成部品を使って楽しく探究できるようになったというだけだ。双曲幾何学を最初に考え出した一人であるハンガリー人数学者のヤーノシュ・ボーヤイは、父親に宛てた手紙の中で、「何もないところから奇妙な新しい宇宙を作り出しました」と言い切っている。[9]

はたして今日のコンピュータもそこまで言い張ることができるだろうか？　いまでは、実在しない人物のリアルな画像を生成できるプログラムが存在する。そこに用いられているのは、二つのモデルを活用した、「敵対的生成ネットワーク」と呼ばれる巧妙な手法である。「生成モデル」と呼ばれる一つめのモデルは、実際の人物に似た新しい例をいくつも生成するよう訓練される。次に「識別モデル」と呼ばれる二つめのモデルが、それらの画像を見比べて、どれが本物でどれが偽物かを判別しようとする。一種の追いかけっこのようなもので、生成モデルは識別モデルをだまして、自分の生成した画像を本物だと信じ込ませようとする（「敵対的」という言葉はここから来ている）。このプロセスを、識別モデルが2回に1回はだまされるようになるまで繰り返す。するとその時点で生成モデルは、本物と見分けのつかない偽画像を生成するまでになっている。この手法（ディープフェイクの肝でもある）は、写真編集や特殊効果、工業デザインを一変させようとしている。あなたもきっとすでに、コンピュータが作ったとは気づかないまま、目もくらむような印象的なマルチメディアコンテンツに接していることだろう。

コンピュータは、実在の人物の画像を与えられて人間に似た新たな画像を何十通りも考え出すことはできるかもしれないが、たとえばJ・R・R・トールキンの中つ国に暮らす妖精やこびと、魔法使いを創作することはできないだろう。敵対的生成ネットワークを使えば、我々の奇想天外な想像の産物を大きなスクリーンに合わせて微調整することはできるだろう。古い世界から新たな世界を作り出す（たとえば動画内のウマをシマウマに置き換える）よう仕向ける取り組みも、いくつか進められている。[10] しかしそうした世界はもっぱら人間の心によって考え出されるものだし、人間なら見慣れたありふれた世界と容易に見分けることができる。

数体系を何度も打ち破る

数学的真理は公理に縛られてはいるものの、石のように永久不変ではない。公理を変えたことを受けて新たに数学的論証によってたどり着いた真理は、最初は予想外で直観に反するかもしれないが、それ自体は完全に論理的で強力である。

誰もが慣れ親しんでいる（いくつかの部族民は除く）数体系は、実は概念的な障壁が繰り返し打ち破られることでできあがったものである。第1章で分かったとおり、正確な数に対する我々の本能的概念は4あたりまでしか通用しない。自然は我々に、正確な整数を片手で数えられるほどしか授けてくれなかったのだ。4以降の整数は、我々が自分で考え出した。人類は整数から今日の完全な数体系へとたどり着くために、自分たちの考えられる数の範囲を飛び出して、それまで理解のおよばなかった新たな拡張体系を我がものにしていかなければならなかった。数体系が段階的に進歩してきたのは、確立された因習から我々が何度も踏み出そうとしたからこそなのだ。

学生が授業で数の取り扱いに苦しむのは、使うよう求められる概念や手法が、数はこのように振る舞う「はずだ」という先入観を混乱させるからだ。分数がその典型例である。整数を学んだときには、数は数直線上に順番に並んでいるものだと理解する。1は2より小さく、2は3より小さく、……という具合だ。

ところが分数ではこの順番が逆転する。½は⅓より大きいと初めて教わると、ちょっと頭がくらくらする。お馴染みの整数が分数の分母に来ると、順番が文字どおり逆転してしまうのだ。分数の掛け算となると、我々の直観はさらなる一撃を食らう。（1より大きい）整数を掛けると、その答えはもとの数よりも必ず大きくなる。2を掛けると2倍に、3を掛けると3倍になる。ところが分数だとそうはならない。½を掛けるのは2で割るのに等しいため、数は小さくなってしまう。数の種類が細かく分かれるたびに、自分の観念的なモデルに予想外の新たな振る舞いを当てはめていくしかないのだ。

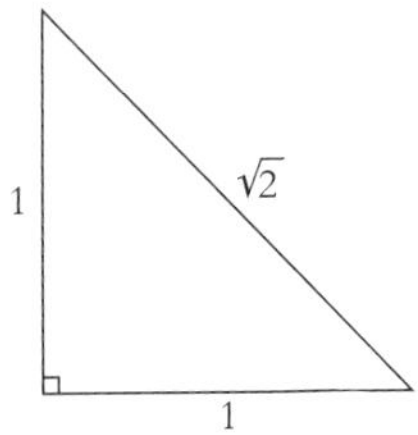

無理数に溺れる

ピタゴラス（直角三角形で有名なあの人物）の教団ほど数に強く心酔した集団はほかにない。その教団は、食事のしかたから就寝時の約束事、サンダルの履き方に至るまで、ありとあらゆる事柄を定めた規則に従って生活していた。また、数を信奉することを誇りにしていた。数学者でも哲学者でもあった彼らは、整数がこの宇宙の骨組みそのものを支えていると明言した。万物は数に由来するということだ[11]。この算術的宇宙論では、分数の存在は許されていた。一つの整数を別の整数で割ることで簡単に記述でき、また簡単に構築できるからだ。しかし分数で表現できない数が出てきたら、とうてい扱うことはできなかった（のちにそうした数も、繰り返されずに永遠に続く小数展開によって表現できることが示される）。ピタゴラス教団の信者が考える限り、それは異端同然だった。そんな「不合理な」怪物の概念が、彼らの秩序立った宇宙観に混乱をもたらすこととなる。

言い伝えによると、教団の信徒の一人であるヒッパサスが、「不合理な数」、いわゆる無理数の存在に偶然気づいた。ほかならぬピタゴラスの有名な定理をいじり回していたときのことだ。短い2辺の長さがどちらも1である直角三角形を考える（前ページの図）。ピタゴラスの定理によれば、斜辺の長さは2の平方根となる。ここでヒッパサスは、簡単に作図できるこの数を分数で表すことはできないと主張した。それはヒッパサスにとって最後の発見となる。教団は裏切りに等しい彼の発見を葬り去ろうと、ヒッパサスを溺れさせたらしいのだ。しかし数学の秘密が長いあいだ葬られることはなく、のちに同じくギリシア人のエウクレイデスが著作『原論』の第10巻にヒッパサスの主張の証明を収めることとなる。*

何百年ものあいだにそのほかにも数多くの無理数が見つかり、それらの風変わりな獣は有理数よりも個数が多いという仰天の事実が明らかとなった。数直線の上に適当にピンを落としたら、ほぼ確実に、分数でなく無理数、つまりあまりにも奇妙で最初は想像すらできなかった数の上に落ちる。無理数の発見によって、数は秩序正しく順番どおりに並んでいるという考え方は斥けられ、ピタゴラス教団にとってあまりにも野蛮である獣の存在を認めるしかなくなったのだ。

＊エウクレイデスが証明に用いたのは、まさに「もしも」に基づく論法、いわゆる背理法である。初めに「もしも$\sqrt{2}$が分数として存在したら」と問いかけ、そこから矛盾を導き出すことで、そのような分数の存在を否定するのだ。

ゼロ――無から何かを生み出す

言い伝えによると、アレクサンダー大王はインドを訪れたとき、岩の上で裸になって瞑想している一人の賢人と出くわした。天をじっと見上げるその老人に、世界の征服者は「何をしているんだ」と尋ねた。すると老人は、「無を体験しているのだ。お前さんこそ何をしている」と聞き返すので、アレクサンダーは「私は世界を征服している」と答えた。そして二人とも声を上げて笑った。どちらも互いのことを、人生を無駄にしている愚か者だと思ったのだった。

過去の数々の文明では、無の概念はさまざまな受け入れられ方をしてきた。それを数学的に表現した「ゼロ」は、数体系の一員として当たり前のように認められたわけではない。洗練された数学を編み出したギリシア人ですら、ゼロを表す記号を持っていなかった。

古代の文化はそれぞれ、ゼロの概念を表現するためのさまざまな記号を独自に考え出した。楔形文字で書かれたバビロニアの文書では、楔形を二つ並べた記号で無を表していたし、マヤの有名な暦では、何もないことを貝殻で表現している。ゼロの記号は、3世紀にサンスクリットで書かれた仏典にも登場する（点で表されていて、それがのちに変形して現在我々が採用している0の記号となる）[12]。いずれにおいてもゼロは数ではなく、そこに何もないことを表すプレースホルダーにすぎなかった。足したり引いたり掛けたりできる「数」としてのゼロ、単なるプレースホルダーでなくれっきとした存在であるゼロが使われるようになるには、さらに歳月を要した。マヤやバビロニアでは、プレースホルダーとしてのゼロは使われていたものの、数的な「対象」としてのゼロの概念は存在していなかった。

インドでは、ヨガなどによって瞑想を通じて心を空っぽにすることが勧められ、仏教徒もヒンドゥー教徒も教義の中に無を積極的に採り入れた。そうして、ゼロの概念が成熟するための土壌が生まれた。初めてゼロが数として扱われたのは、数学者で天文学者のブラフマグプタが紀元628年に著した文書『ブラーフマスプタシッダーンタ』においてである。ヨーロッパでは無の概念に文化的関心が向かうことはなく、ゼロが数として受け入れられるまでにさらに300年を要する。ヨーロッパのキリスト教圏における初期の宗教指導者たちは、神は万物に宿っているのだから、無を表す記号は悪魔のしわざに違いないとして、ゼロの使用を禁じていた。

今日では、ゼロという数のない世界なんてほとんど想像できない。中立性の概念から宇宙の起源に関する深遠な疑問まで、ゼロはあらゆる事柄の前提となっている。学校で初めてゼロと出会ってもほとんどうろたえることはない。かつての世代の疑念や怪しみはすでに消え去っている。

虚数

ここまで採り上げてきた数は、最初に考え出されたときには混乱を巻き起こしたものの、少なくとも具体的な形で理解することができる。2の平方根は小数展開すると扱いづらいが、作図するのは簡単だ。ゼロを受け入れるには無の概念を理解する必要があるが、ゼロは数直線の中心に鎮座していて、正の数と負の数を分け隔てている（負の数自体を受け入れるのにも観念的な飛躍を要する）。しかしいまから掘り下げていく次なる種類の数は、その範囲があまりにも変わっていて、現実の量の概念からあまりにもかけ離れているため、「想像上の数」、いわゆる「虚数」というレッテルを貼られている。

学校では、平方根は正の数に対してしか存在しないと教わる。5と-5の両方を25の「平方根」と考えるのが理にかなっているのは、どちらの数もそれ自身と掛け合わせると25になるからだ。しかし-25の平方根が何になるかはそこまで定かではない。我々のよく知る数は2乗すると必ず負でない数にな

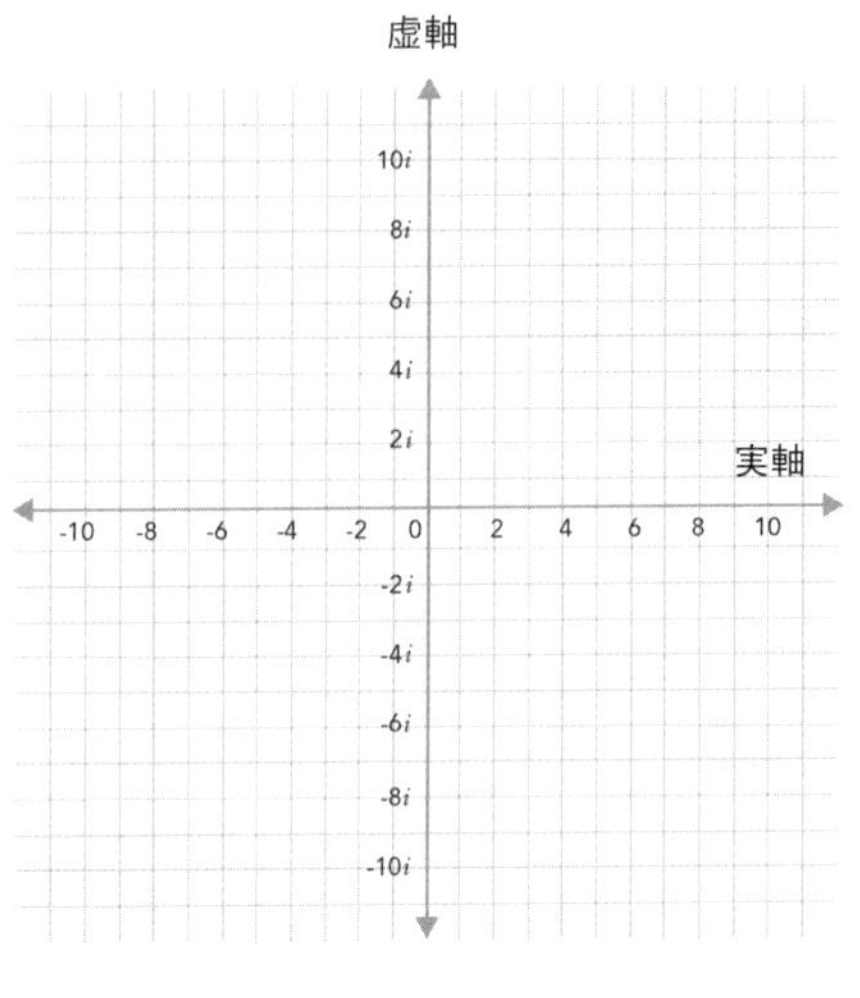

るのだから、候補が一つもないように思える。このことをもう少し専門的な形で表現すると、次のようになる。$x^2=25$ のような方程式は解くことができる（この方程式は、２乗すると25になる数 x が存在するという意味であって、x が5と-5のときに成り立つことが分かる）。しかし、$x^2=-25$ という形の方程式は一見したところ「解けない」。数学では長いあいだそれが一般常識として教え継がれ、単純に負の数の平方根は意味をなさないとされていた。この手の方程式を解くことは「許されていなかった」。ある時点までは。

古代ギリシア時代からすでに数学者たちは、現実離れしたそのような数が存在するかもしれないという考え方をもてあそんでいたが、それを既存の観念的枠組みに当てはめることはできなかった。そのような数を、たとえば整数や、さらには分数と同じ物質的な意味で理解することはできなかった。頭の中ででっち上げたものにすぎないように思われていた。そのような代物に強い不快感を抱いていたルネ・デカルトは、軽蔑の意味を込めて「想像上の数（虚数）」という言葉を作った。しかしイタリア人医師（および商人・賭博師・占星術師）のジェロラモ・カルダーノは、負の数にも平方根があるかもしれないという考え方を育んだ。1545年の書物『アルス・マグナ（大いなる術）』ではすでに、ある種の方程式を解くには通常の解法を逸脱して、途中で負の数の平方根を取る必要があることに気づいていた。解の中につかの間だけ姿を現すその新たなタイプの数を不意に突きつけられて、カルダーノは頭を抱えた。それからしばらくした1572年、イタリア人数学者のラファエル・ボンベリが著作『代数学』の中で、数の概念を拡張しさえすれば負の数の平方根にも意味を与えられることを示し、数の風景を一変させた。

そうして-1の平方根はれっきとした存在として認められ、imaginary（「想像上の」）の頭文字を取ってiという記号が与えられた。この数は標準的な数直線のどこにも収まらない。では一本の数直線で満足せずに、平面全体を考えたらどうだろうか？　実数を水平方向で表現するのであれば、虚数は垂直方向で表現できるはずだ。それらを組み合わせると2次元平面ができあがる（右ページの図）。

すべての実数と虚数を表現したこの図を、「アルガン図」という。1という数が原点から右に1目盛進んだ位置にあるのと同じように、iという数は原点から上に1目盛進んだ位置にある。$10i$は10目盛上、$-7i$は7目盛下だ。このアルガン図は座標平面の一種にすぎず、この平面上に任意の点を取れば、その点は水平方向の要素aと垂直方向の要素bを持つ。その数を$a+bi$と書き、aをその数の実部、bを虚部と呼ぶ。たとえば正の「実方向」に5目盛、正の「虚方向」に3目盛進めば、$5+3i$という数が得られる。このような数を「複素数」という。

学校で十分に数学を学んだ人なら教わったはずだが、複素数にも標準的な演算、すなわち加減乗除を施すことができる。たとえば複素数$5+3i$と$2+6i$を足し合わせるには、実部と虚部をそれぞれ足し合わせて、$(5+2)+(3+6)i=7+9i$とすればいい。実数に対しておこなえるほとんどの演算が、この2次元バージョンの数にも拡張される。重要な点として複素数は、その使用の禁止につながるような矛盾をいっさい引き起こさない。逆に複素数を従えることで、数学的にできることがはるかに増える。一例として、$x^2=-25$ のような方程式は解けないなどといった主張を笑い飛ばすことができる。*

ボンベリの想像の産物はルネサンスの精神を体現していた。現実世界へのあからさまな応用を考慮せずに追究される、もっと厳格で抽象的なたぐいの数学、いわゆる「純粋数学」が発展し、数学者はこの分野を、さまざまなアイデアを探求する遊び場として受け入れるようになった。もはや実用的応用は数学探究の最大の動機ではなくなった。数学者の精神がどんな創作物を生み出したとしても、そこから導き出される帰結を厳格に探究する意志だけが、数学研究に携わるための資格基準となった。とはいえ、人間の心の中で考え出されて、現実から完全に切り離される事態に陥った虚数も（そもそも物理世界に数 i をあからさまに表現した物体は存在しない）、のちに波動や電流、量子力学の方程式など、2次元的な変化の関わる幅広い現象を記述するのに理想的であることが明らかとなる。奇妙だが論理にかなった虚数という存在を認める数学の世界、そこに足を踏み入れることで、現実世界の非常に強力な表現法がいくつか浮かび上がってくるのだ。

きっと我々の祖先は、長い年月をかけて遠大な数の概念が構築されていくなどとはけっして想像もできなかったことだろう。数体系が拡張されるたびに、その当時は混乱や疑念、さらには抵抗に見舞われた。しかし我々は都合の良い真理から数学を構築するわけではない。人類は数に関する新たな考え方を、徐々にだが確実にまとめ上げてきた。従来の通念から外れた存在に対峙することで謙虚になり、それまで受け入れてきたルールや規則だけでは全体像は語れないと認める。新しい数の可能性を受け入れようとする意志が、この世界を見るためのもっと視野の広いレンズをもたらしてくれる。

19世紀の数学者レオポルト・クロネッカーは、「神は整数を作った。残りはすべて人間の創作物である」という名言を残した。[13] 厄介な数体系を受け入れたくないという気持ちが表れている一方で、

（おそらく期せずして）人間の創意を褒め称えている。我々は、可能とみなされる事柄と不可能とみなされる事柄の境界線で戯れると同時に、数学の地平の限界とされているものを広げようとするのだ。コンピュータはいつか、「残りはすべて人間の創作物である」などといった格言を我がものにするのだろうか？　しかしコンピュータは、人類が徐々に明らかにしてきた数体系の繊細さなどほとんど理解できない。たとえば無理数を取り扱うには、近似のための既知の公式を実行するほかない。多くの無理数は無限和として表現され、コンピュータはその各項を次々に計算していくことで精確な値に近づいていけるが、それだけでコンピュータが無理数の概念を理解することはない。まだ知られていないタイプの数へコンピュータが導いてくれるなどと考えるのは、飛躍が過ぎる。そのような創作力は、ルールに縛られた機械の範疇には含まれていないのだ。

数学の不完全性

人間の精神がいたずら好きであることを何よりも物語るのが、パラドックスに惹きつけられることである。哲学者のウィラード・ヴァン・オーマン・クワインはパラドックスを、「最初はばかげているように聞こえるが、実は論証によって裏付けられている結論」と定義している。[14] もっとも古くてもっとも有名なパラドックスの一つを生み出したのが、エレア学派に属していて、変化や運動を幻想とみなしたギリシア人哲学者ゼノンである。ゼノンのパラドックスを説明したある物語では、トロイ戦争の英雄アキレスがカメと競走をする。カメはハンデとして100メートル先からスタートする。ア

＊代数学の基本定理によると、どのような多項方程式（xの累乗からなる方程式）も、その最高次の次数と同じ個数の解を持つ。

キレスは一定の速さで疾走し、カメはやはり一定の速さでのろのろと歩く。すぐにアキレスは100メートルを走りきり、カメのスタート地点に到達する。しかしそれまでにカメは短い距離、たとえば10メートル歩いているだろう。そのためアキレスはさらに少し時間をかけて、その追加の10メートルを走らなければならない。アキレスがそこまで到達すると、カメはまた少し先へ進んでいる。アキレスがカメのいた地点にたどり着くたびに、カメはリードを保っている。したがってアキレスはけっしてカメに追いつけないということになる。この結論は明らかにばかげている。アキレスはカメよりも速く移動できるのだから、いずれ確実に追いつくはずだ。

このパラドックスの意義は、理にかなった論証にこだわるために、前提を考えなおしたり改良したり、さらには否定したりするよう仕向けてくることにある。パラドックスを解消するには、論証のどこが間違っているのかを明らかにしなければならない。ゼノンのパラドックスについて言うと、彼が示したような形で時間を不連続の塊に分割することはできないと気づく必要がある。この明らかな矛盾を回避する一つの方法がトマス・アクィナスによって示された。「瞬間は時間の一部分ではない。時間がいくつもの瞬間から構成されていないことは、すでに証明したとおり、広がりがいくつもの点から構成されていないのと同じことである。ゆえに、どの瞬間にも物体は運動していないという理由だけで、それらの瞬間を含む時間内にその物体は運動していないという結論が導き出されることはない」[15]（何百年ものちに編み出された、無限に小さい量を扱うための形式的方法、いわゆる微積分法の先駆けといえる）。

20世紀初頭は、とりわけ数学者のあいだでパラドックスの黄金時代だった。あるパラドックスが数学の論理的基礎を脅かした。しかしある体系が論理に根ざしたものであるためには、そのような脅威に屈せずに、見かけ上の矛盾をことごとく説明する術を見つけ出さなければならない。とりわけ大きな影響をおよぼすこととなるパラドックスが、数学者で哲学者、政治活動家でもあるバートランド・ラッセルによって示された。それは次のような「理髪師のパラドックス」として説明されることが多い。

　ある町の理髪師は、「自分でひげを剃らない人全員のひげを剃り、それ以外の人のひげは剃らない」。理髪師は自分のひげを剃るか？

可能性は二つに一つ。その理髪師は自分でひげを剃るか、または剃らないかのどちらかだ。もし剃るとしたら、この理髪師は「自分でひげを剃らない人」の一人でなければならない。もし剃らないとしたら、この理髪師は「自分でひげを剃らない人」の一人なのだから、自分でひげを剃らなければならない。いずれにしても、この理髪師は自分でひげを剃ると同時に、自分でひげを剃らないという状況に置かれてしまって、これはあからさまに矛盾だ。このパラドックスは自己言及によって生じた。この理髪師は自分自身に言及するような形で定義されており、絡み合ったこの状況を解きほどくことは不可能である。

　ラッセルがこのパラドックスを考えついたのは、数学者たちが数学に厳密な基礎を与えようと試みる、「形式主義」と呼ばれる運動のさなかだった[16]。形式主義運動を支えた一人であるドイツ人数学者のダヴィッド・ヒルベルトは、数学の堅固な公理的基礎を確立させる、のちに「ヒルベルト・プログラム」と呼ばれる計画を立ち上げた。形式主義者いわく、数学の真髄は侵すことのできない論理にある。数学的証明が細部に至るまで厳密であることを思い返してみれば分かるとおり、一見したところこれはさほど突飛な考え方ではない。もしも数学の基礎を適切に組み上げることができれば、数学全体をパラドックスや矛盾の横暴から守り通すことができるだろうと、形式主義者はおそらく直観的に信じていた。

早くも１８８０年代にはドイツ人論理学者のゴットローブ・フレーゲが、すべての数学的対象を「集合」として概念化することで、論理のみを使って数学を土台から構築しようという本格的な取り組みを進めていた。集合とは単なる対象の集まりのことである。３という数を考えてみよう。フレーゲの枠組みでは、「３である」という性質は、三つの対象を含むすべての集合に共通している。アメリカ合衆国の国旗の色の集合、三原色の集合、子守歌に出てくる目の見えないネズミの集合はすべて、この「３である」という性質を共通して持っており、３という「数」自体は、そのような三つの対象の集まりをすべて含んだ集合にほかならない。

この基本的かつ抽象的な対象を使ってすべての数学的命題を表現するという目標は、実は絶対に達成不可能だった。ラッセルはフレーゲの定義が杜撰（ずさん）すぎることに気づいており、彼のパラドックスはもともと集合を使って表現されていた。自分自身を含まないすべての集合を要素とする集合を考え、それを*R*と呼ぶことにする。そこで問題。集合*R*にそれ自体は含まれるか？　すぐに気づくとおり、これは自己言及に基づく理髪師のパラドックスを違う形で表現したものにすぎない。どちらの可能性からも矛盾が導き出され、集合論という形式主義者の理想にとっては悪夢といえる。フレーゲの枠組みでは、単に大きすぎて論理法則が成り立たないような集合も認められてしまっていた。ラッセルから誤りを指摘されたフレーゲは、著作『算術の基本法則』に急いで次のような追記を添えた。「科学作家にとって何よりも不幸なのは、著作を書き上げたのちに、自らの体系を支える土台の一つが揺るがされることだ。この書物の印刷が終わりに近づいていたちょうどそのときに、バートランド・ラッセル氏から一通の手紙を受け取ったことで、私はまさにそのような立場に置かれてしまった」[17]。

パラドックスによって形式主義は危機に陥ったが、ラッセル本人はいっさい動じなかった。ラッセルのパラドックスを受けて、彼をはじめとした数学者はいったん立ち止まり、何を「集合」と呼ぶべきで何を呼ぶべきでないかを考えなおした。先ほどの例で言うと、Rは単に「大きすぎて」集合としての資格がない。そのような可能性を排除することでラッセルは、そこから導き出される矛盾を一掃した。

形式主義者は歩みを止めず、無矛盾（矛盾をいっさい含まず）かつ完全である（すべての数学的真理を証明できる）公理体系が見つかることを期待して、定義や法則を改良していった。エウクレイデスの平面幾何学の体系はどちらの要件も満たすが、算術の体系についてはまだそれは証明されていなかった。ある数学体系が完全性と無矛盾性の両方を達成できれば、その体系は、たとえば直観のような全体論的な思考構造でなく、最終的に論理と厳密に結びつけられることになる。理髪師のパラドックスの不条理さにつながった直観は、そもそも数学の営みにはふさわしくないとみなされた。ラッセルは同年代のアルフレッド・ホワイトヘッドとともに、独自の方法論（「型理論」と呼ばれるわずかに異なる体系に基づく）を、極端なまでに詳細に展開した。二人の大著『プリンキピア・マテマティカ』は複雑な表記法で知られており、1＋1＝2という事実を証明するために、数百ページにもおよぶ容赦のない表記が用いられている。この著作の明快さと正確さを高く評価した一人であるT・S・エリオットは、「数学よりも我々の言語［英語］により大きな貢献を果たすものだろう」と評した。[18] いずれにせよこの大著は、欠陥のない包括的な数学に向けた、もっとも時間がかかるがもっとも確実な進歩である。そう二人は考えていた。

ところが1931年、オーストリア人論理学者のクルト・ゲーデルによってラッセルの形式主義的な理想は残酷な一撃を浴び、二度と立ち直れなくなる。ゲーデルの研究のきっかけは、同じく自己言及的なパラドックス、「この命題は偽である」という文である。理髪師のパラドックスとほぼ同じく、この命題は真でも偽でもありえない。ゲーデルが示したのは、算術の法則を含むほどに高度であるどのような体系でも、このパラドックスに似た次のような命題を導き出せるということである。

この体系内ではこの式は証明不可能である。

見方によればこの命題は真である。なぜなら、もしもこの命題が偽であれば、この命題は証明可能で、それゆえこの命題は真であるということになるからだ（何度か読み返さないと理解できないかもしれない）。ところが、この真である命題そのものから、この命題は証明不可能であることが分かる。この板挟み状態から抜け出せそうな一つの方法が、証明不可能であるこの命題を公理に変えてしまって、それが自動的に証明されるようにするという方法である。ところがゲーデルの論述によると、この体系の基礎となる公理をどのような形に変えたところで事態は改善せず、「この体系内ではこの式は証明不可能である」という形の真である別の命題が証明不可能なものとして必ず残ってしまう。絶対に完成しないジグソーパズルのように、どんなふうにピースを並べても必ず隙間ができてしまうのだ。

ゲーデルはいわば真理と証明可能性のあいだに隙間を作ったことになり、その隙間を避けるには体系から基本的な算術を排除するほかない。これはなんとも耐えがたい制約だ。数を定義して数の演算をおこなう方法を定めた算術法則は、主流の数学の基礎である。形式主義者の理想である完全かつ無矛盾な数学は、我々が通常理解する数から逸脱した「ごろつきの」体系に限られてしまう。それはまるで、この宇宙の大統一理論を探していたら、その理論が片手で数えられるほどの地味な銀河でしか通用しないことが判明してしまったようなものだ。ゲーデルは、基本的な算術を含むどのような体系も、先ほど示したように証明も反証もできない命題、いわゆる「決定不能命題」が必ず存在するために、無矛盾かつ完全な体系にはなりえないということを証明した。これはまさに形式主義の目指す目標とは正反対だ。ラッセルとホワイトヘッドの著作をなす壮大な体系全体が一瞬にして崩れ去ったのだ。

ゲーデルはさらに容赦なかった。のちに、基本的な算術を含むある体系が無矛盾だったとしても、その無矛盾性をその体系内で証明するのは不可能であることを示したのだ。数学者のアンドレ・ヴェイユがそれを次のように見事に総括している。「神が存在するのは数学が無矛盾だからで、悪魔が存在するのはその無矛盾性を証明できないからだ[19]」。

ゲーデルは当時の期待に反して、論理的に無矛盾な体系は小さくて退屈であることを明らかにした。数学が何らかの基礎的な体系に道を譲って、その体系からすべての真理を導き出せるなどということはない。真であるすべての命題を説明できるような無矛盾な体系は存在しないのだから、数学はその核心で破綻しているのだ。*

＊ゲーデルの示した命題は少々人工的で不自然だと感じた人に向けて言っておくと、ほかにも決定不能な命題がいくつも見つかっていて、中には具体的な数学的概念に対応しているものもある。まさに本書に関連した機械学習の分野に由来する例もある。機械学習の研究者は、ごく一部のデータ点を抽出することで大きなデータセットに関する予測をおこなう方法を探してきた。しかし実は、少数のサンプルだけでそのような推定をおこなえるかどうかという問題は、整数（可算無限）と実数（不可算無限）の中間の「大きさ」の集合が見つかるかどうかという問題と同値であって、この問題は何十年も前から決定不能であることが知られているのだ。

不完全性は知性にとって何を意味するか

この章では、ルールを破るという人間の本質的な特長を採り上げている。エウクレイデスの平面幾何学の公理を変えることで、それ自体正当かつ強力なまったく新しい幾何学が生まれたさまを見た。また数体系の歴史をいくつかたどることで、新しい数的な対象や振る舞いを受け入れるために人類は観念的な障壁を破らなければならなかったことを知った。さらに、どんな無矛盾な体系でもその体系内ですべての真理を証明することはできないため、算術を含む体系を形式化するという試みは失敗する定めにあるということを見た。数学は単なる演繹的な学問よりもはるかに奥深く、一つ一つ証明されるのを待っている真理の集まりに還元することはできない。真理はもっと複雑で、ときに証明不可能なのだ。

ある点でゲーデルの不完全性定理は、この章で唱えてきた、ルールを破れというスローガンが正しいことを裏付けている。あらゆる証明へ導いてくれる公理体系は存在しないのだから、我々は公理をあれこれいじり回してその帰結を調べることに頼るほかない。エルネスト・ナーゲルとジェイムズ・ニューマンは著作『ゲーデルは何を証明したか』の中で、不完全性定理は「人々を落ち込ませることはなく、創造的な理性のパワーを改めて認識する機会になった」と記している。[20]ゲーデルの主張は要するに、数学的思考は単なる正確で無味乾燥な論理を超えて働くものであって、ある程度のレベルの直観と創意が求められるということだ。ほとんどの場合、何かを考え出すには、新たな公理の種を蒔いて新たな体系を創造することが必要となる。そのような深遠な知的作業を機械に期待できるだろうか？ ナーゲルとニューマンも疑念を示しており、コンピュータは「固定された一連の命令」に縛りつけられているため、形式的体系と同じ限界を抱えていると論じている。人間は柔軟な推論をおこなって自身の「命令」を破ることができるが、コンピュータはどうしても課せられたルールにがんじがらめになっているのだ。

ゲーデルの論証の細部からは、コンピュータと人間の考え方を分ける境界線についても読み取れるかもしれない。ゲーデルが論理体系（算術の法則を含む体系）に合わせて設定した、「真であるが証明不可能」な命題について改めて考えてみよう。

この体系内ではこの式は証明不可能である。

ゲーデルは、この論理体系に関する真理でありながらも、その体系自体では証明できないような真理を巧みに導き出したことになる。言い換えると、その体系に関するこの真理を「理解」するためには、まさにその体系のルールから逃れるほかないということだ。哲学者のJ・R・ルーカスが提示して[21]、のちに著名な数学者・物理学者のロジャー・ペンローズが改良した[22]有名な論証によると、この命題からは、人間の思考体系は完全に「アルゴリズム的」ではありえず、一連のルールには還元できないという帰結が導き出せる。もしも人間の思考体系が完全にアルゴリズム的だとしたら、人間の精神は論理体系を構成していることになり、ゲーデルの論証ゆえ、我々自身がそれに対応する「ゲーデル的命題」の真理を理解することはできないということになってしまう。しかしそれは正しくない。明らかに我々は、何らかのメタ数学的な推論を使って、あらかじめ規定されたいかなる体系からも抜け出すことで、その命題の真理を実際に理解することができる。純粋にアルゴリズム的な構造の中では到達できない真理へと導いてくれる、何らかの知恵や洞察を備えている。したがって、そのような構造のみを基礎とした機械知能が、我々人間が採り入れているたぐいの思考を完全に真似ることはけっしてできないと、ルーカスとペンローズは結論づけている。

ルーカスとペンローズによるこの論証にも批判がないわけではない。[23] ある反論では、我々の精神は非常に複雑で、二人の示したようなゲーデル的命題を定式化する術を持っていないため、その命題の真理を理解する能力が機械に勝ることはないのではないかという。[24] 別の反論では、ルーカスとペンローズが置いた、人間の思考体系は論理的である（すなわち無矛盾である）という前提に矛先が向けられる。前の章で明らかになったさまざまなバイアスを踏まえれば、そのような楽天的な主張には少なくともある程度の疑念を抱いておくべきだろう。さらに悪いことに、たとえ我々が無矛盾な思考主体だったとしても、ゲーデルの第二不完全性定理ゆえ、我々自身がそのことを証明する術はない。要するに、我々は「無矛盾でない」機械であって、ゲーデルの定理はけっして当てはまらないのかもしれない。

ともかく、人間の知性を機械で再現するには、何か特定のルールや振る舞いに縛られないような設計が必要となるだろう。つまり、矛盾を受け入れるような機械だ。ダグラス・ホフスタッターはそこに問題はないと考えて、次のように述べている。「コンピュータに大量の間違った計算結果（2＋2＝5や0/0＝43など）を出力させるよりも、形式的体系における定理の数々を出力させるほうが明らかに難しい。さらに、コンピュータが数学的思考の世界を探索するための『固定された一連の命令』を考え出すのは、ますます難しいだろう」。[25]

ここでおそらく鍵となるのは、人間が機械をプログラムすることで、機械がそれ自体の体系を破れるようにすることは可能だろうかという疑問だ。人間の知性が満たすべき基準は、あらかじめ規定された思考モードを否定する人たちによって設けられてきた。論理的操作だけでは、けっして我々の信念体系に立ち向かうことはできない。信じていたことから外れた事柄に立ち向かう術はない。[26] 創造性は不連続性から生まれるものである。パラドックスについて深く考えて、既存の考え方に風穴を開けることから生まれるものだ。論理的な気質と破壊的な心的態度を組み合わせ、矛盾を見つけ出してそれを解決したときに、人は新たな考え方を生み出すのだ。

Ｄｅｅｐ Ｂｌｕｅに敗れたガルリ・カスパロフは不正があったと訴え（稀に負けると見苦しい行動に出ることが知られていた）[27]、うち一戦でＩＢＭのチームが干渉してきて判断を誤らせたと主張した。このいさかいは示唆に富んでいる。一人の人間が別の人間を、ルールに違反して対戦に干渉し、心理的弱点を突いてきたと非難したのだ。その非難はＤｅｅｐ Ｂｌｕｅの後ろに控える人間の技術者に向けられたものであって、コンピュータ自体に向けられたものではない。Ｄｅｅｐ Ｂｌｕｅ自体にルールを破る能力はなかった。Ｄｅｅｐ Ｂｌｕｅだけでなく、ＡｌｐｈａＧｏなどさらに現代的な機械学習を用いたマシンも、その創造性は固定されたルールや規制の世界に囚われたままだ。ＡｌｐｈａＧｏなどは与えられたルールや制約を見事に組み合わせることができるが、おそらく想像力の真の基準は、難なく習得したゲームのルールをねじ曲げて、「枠からはみ出して考え」、ごくたまに相手をだます能力にあるのだろう。モノポリーで自分勝手に振る舞う「空気の読めない人」は、私がこれまで考えていたよりも信頼に値するのかもしれない[28]。

第5章　問題

数学が遊びに似ている理由
コンピュータが答えられない問題
子供を賢くする単純な特性

生命と宇宙と万物の究極の答え（ダグラス・アダムズのファンに聞けば分かるとおり、その答えは42だ）が分かるだけでは十分でない。この疑問はもっとずっと重大な意味を帯びている。しかしいまから50年以上前にパブロ・ピカソが言ったとおり、計算機は「役に立たない。答えを出すことしかできない」。[*1]

どんなに熱烈なＡＩ信者でも、ピカソのこの辛辣（しんらつ）な言葉の後半部分は確かに正しいと認めざるをえないだろう。役に立たないことはないが、囲碁を打たせるにせよ、自動車を運転させるにせよ、病気を診断させるにせよ、コンピュータが調べる対象の範囲は我々人間が指定する。コンピュータは我々の問うた疑問に対する答えしか追求しない。機械が自身の目標を「決定する」には、そもそも知覚を持っている必要があるだろう。我々は文字どおり機械の目覚めを待ち望んでいるが、疑問を問うという行為は人間の領分に留まりつづけるだろう。

おおかたの考えによれば、人間レベルのＡＩを開発するには、初めに子供のような知性を持った機械をプログラムしておいて、まさに子供のように環境との触れ合いによって学習させる必要があるという（「誕生時」に何エクサバイトもの情報を詰め込むのではない）。アラン・チューリングもＡＩに関する先駆的な論文の中で同じように考えている。「大人の精神をシミュレートしたプログラムを作ろうとするのではなく、子供の精神をシミュレートしたプログラムを作ることを目指したらどうだろう？　そのプログラムに適切な教育課程を受けさせれば、大人の脳ができあがるだろう」[2]。

この大目標を真剣に受け止めるのであれば、コンピュータに疑問を問いかけるよう仕向ける方法を見つけ出すほかかない。子供の集団と数分でも一緒に過ごせば、疑問を問うことが人間のもっとも本質的なスキルであることにいっさいの疑念はなくなるだろう。幼児は生まれつきの探索者だ。運動能力を発達させる前から、環境中の視覚的手掛かりを吸収して、この世界に関するいくつもの仮説を立てる。そして言語能力を発達させると、観察した事柄をきっかけにあらゆる疑問を問うようになる。ハーヴァード大学の幼児心理学者ポール・ハリスはそれを数値で示している。彼の研究によると、子供は２歳から５歳までに約４万もの疑問を問いかけるという[3]。

大人もまた、尽きることのない知識欲、心理学で言う「知的好奇心」を持っている[4]。我々はつねに、知っていることと知らないことのあいだの領域、もっとも強く好奇心を掻き立てる絶好の探検地を歩

＊『銀河ヒッチハイクガイド』のさまざまな翻案物で明らかにされているとおり、この記述に続いて、地球はこの究極の疑問を見つけるために作られたスーパーコンピュータであると説明されている。

いているのだ。

外的な理由で情報を求めることもある。収入を増やすために最新の株式情報を入手したり、午後の散歩に傘を持っていくべきかどうかを判断するために天気予報をチェックしたりする。機械もまた、外的な報酬によって動機を与えられる。強化学習アルゴリズムをプログラムされたロボットは、数値的に定められた何らかの報酬が増えるような行動を取る。周囲をさまよいながら、次の行き先や次の行動を、それによって何ポイント得られるかを計算することで選択する。

しかし内的な理由で情報を求めることもある。[5] 人間は機械と違って、それ自体が興味深いと思うような疑問に惹かれる。たとえば実際上重要かどうかにかかわらず、因果的なメカニズムに強く心動かされて、ついつい探究にのめり込んでしまう。こっそり錘を仕込んだ積み木を積み上げるよう言われた子供は、あれこれ試して重心のずれを見極め、バランスの取れた形で積み上げる（シーソーのモデルを作るようなもの）。それに対してチンパンジーは、同じ課題を達成することに興味を示さない。おそらくそれは、そのような課題を興味深いと感じる推論能力が備わっていないからだろう。[6]

この章では、外から報酬が得られるかどうかにかかわらず、それ自体に興味をそそられるようなたぐいの疑問について見ていく。そのような疑問は好奇心を掻き立てるものと考えることができ、心理学者のジョージ・ローウェンシュタインによると、その中でももっとも直接的に作用するのが、「疑問を提起したり、なぞなぞやパズルを出したりする」ことだという。[7] だからこそ数学は、人間の精神を働かせる強力な学問といえる。

数学の起源である娯楽

何千年も前からパズルは、人と人が交流する上で定番の道具である。たびたび人気に火がついて、大勢の人の心をわしづかみにする。発見されている中で最古のパズル集は、紀元前1650年頃に書かれたリンドパピルスという長さ5メートルの巻物で、エジプト人が測定好きだったことを物語っている。算術や幾何学に関する広範なパズルが収められており、エジプト人特有の記数体系と問題の数々からは、彼らが単位分数*の扱いに長けていたことが読み取れる。全編にわたって実用性が意識されているが、問題79には遊び心が感じられる。「家が7軒ある。それぞれの家がネコを7頭飼っている。それぞれのネコがネズミを7匹殺す。それぞれのネズミがオオムギを7粒食べてしまった。オオムギ1粒からは7ヘカトのオオムギが実る（1ヘカトは約5リットル）。以上数え上げたすべてのものの合計の個数はいくつか？[8]」

その後もこの手のパズルは何度も採り上げられてきた（中でも有名なのがマザーグースに登場するセント・アイヴスのなぞかけ歌だが、それを解くには計算はいっさい必要ない）。これは組合せ論の問題で、実世界の実際のシナリオというよりも遊び心に基づいている。問題のための問題だ。

イングランドでは18世紀末から19世紀初めにかけてパズルが主流になった。印刷物が安価になって雑誌が広く普及するとともに、産業革命によって、趣味にふける時間のある「有閑階級」が誕生したことで、娯楽的な問題が流行するための条件が熟していた。この時期にルイス・キャロル（オックスフォード大学の数学者チャールズ・ドジソンの筆名）が著した『もつれっ話（ばなし）』には、数学のパズルに基づく滑稽な物語（本の中では「結び目」と呼ばれている）が10篇収められている。どこを取っても『不思議の国のアリス』と同じくらい愉快だ（『不思議の国のアリス』も注意深く読むと、数学から発想を得たなぞなぞが満載されていることが分かる）。20世紀になると娯楽的なパズルは海を渡り、

---

* 1/2、1/3、1/4など、1/nという形の分数のこと。

伝説的なマーティン・ガードナーが『サイエンティフィック・アメリカン』誌で1957年から82年まで「数学ゲーム」というコラムの連載を持った。ありとあらゆる数学者やパズル愛好家が、ガードナーの多様で愉快な創作物を揃って褒め称えた。おそらく最高の賛辞は、言語学者のノーム・チョムスキーからのものだろう。その幅広さと奥深さ、そして重要で難しい問題に対する理解における貢献である」[9]。「マーティン・ガードナーは現代の知的文化に二つとない貢献を果たしている。

娯楽的な問題のブームの中でもここ数十年で突出しているのが、日本発のものだ。日本人は格子状の形をした独特のパズルを世に広め、いくつかの難問を問いかけてきた。あなたもきっと知っているだろうし、挑戦したこともあるかもしれない。「数独」である。3×3のブロックが3×3の格子状に並んでいて、うちいくつかのマス目には最初から数字が入っている。解く人は、縦横どの列にも、またどのブロックにも、1から9までのすべての数字が入るように、マス目を埋めていく。実はアメリカ発祥だが、熱心なファンが付いたのは、日本の雑誌『パズル通信ニコリ』*に、読者の考案した300題を超えるパズルが掲載されたことによる。いずれのパズルも同じ格子を基本としている。作家でパズル愛好家のアレックス・ベロスによると、日本でこのパズルが大流行したのは、日本文化では小さくて簡素なもの、洗練されていて技巧を凝らしたものが好まれるからだという[10]。ルールは一見単純だが、論理的でエレガントな推論を進めないと解けない。巷の雑誌にはコンピュータに生成させた例がいくつも掲載されるのがふつうだが、ニコリのパズルはすべて人間の手作業で作られている。パズル愛好家であれば、マス目を埋めていきながら「作者の手さばきを感じる」ことができる[11]。

数学者にとって数学を研究するという経験は、世間の人々が抱いている形式的で堅苦しいというイメージよりも、パズル愛好家が数独に取り組んでいるときの経験に近い。ガードナーは娯楽的な数学を、「遊び心を持った何かしらの事柄を含む」数学の一分野と定義している[12]。おそらくこの定義は、数学のあらゆる面に当てはまるに違いない。実用的な目的を目指している人や、厳密な考え方を形式的に表現する人を含めてもなお、問題を解くのに喜びを感じない数学者を見つけるなんて相当難しいだろう。

今日当たり前のものとして受け止められている数学の大部分は、非常に堅い形式のものを含め、その由来は娯楽にさかのぼることができる。それ自体おもしろいと受け止められたたった一つの問題が、大量の新たな概念や、さらには数学の一分野全体を生み出すこともある。

ケーニヒスベルクの橋とグラフ理論

18世紀、プレーゲル川のほとりにあるプロイセンの小さな町、ケーニヒスベルクの住民は、日曜日に長々と散歩をしながらある疑問に考えをめぐらせていた。[13] この町は川によって4つの地域に分かれていて、それらの地域を結ぶように7本の橋が架かっていた（右上図）。そこで住民たちは考えた。すべての橋をちょうど1回ずつ渡って4つの地域をすべて訪れるようなルートはあるだろうか？　このパズルが生まれたきっかけは定かでないが、おそらく行商人のあいだで、もっとも効率的

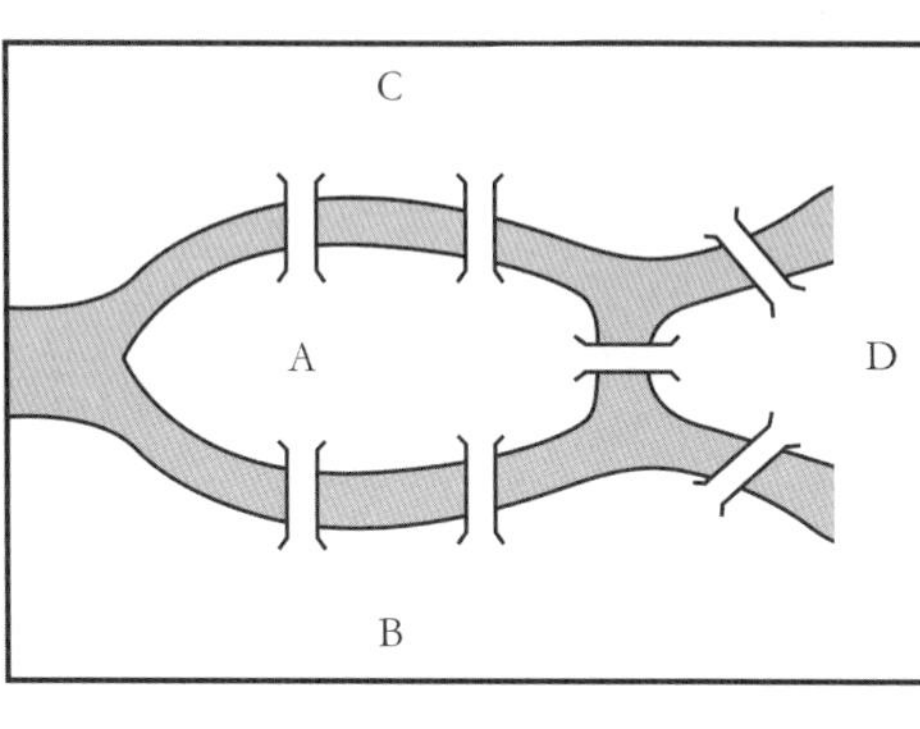

＊この雑誌を創刊した鍛治真起（かじまき）は競馬好きだった。創刊の年、１９８０年のエプソム・ダービーでニコリという名前の馬が人気を集めたため、そこから雑誌の名前を採った。

な道順をたどるという実用的な理由があったのだろう。ともかくこのパズルは問題を解きたいという住民の衝動に響き、答えが見つからないこともあって有名になっていった。住民たちは正解のルートを見つけられない一方で、そのようなルートが存在しないことも証明できなかった。

すると、近郊のサンクトペテルブルクの町に暮らす多作な数学者レオンハルト・オイラーが、このパズルに目を向けた。当初はつまらない問題であるとして無視し、ある同業者には手紙で「数学とはほとんど関係ない」と伝えている。しかし好奇心を振り払うことができず、それからまもなくして、「このパズルは注目に値するもので、幾何学でも代数学でも、さらには数え上げ術をもってしても、解くのに十分ではないと思われる」と打ち明けた。当時の標準的な数学の道具を使い尽くした末に、このパズルを解ければ新たな数学的概念が生まれるかもしれないと気づいたのだ。

オイラーが見抜いたとおり、このパズルは見た目こそ幾何学の問題のようだが、通常認識されているような、測定や計算をおこなう幾何学とは趣が違う。このパズルで鍵となるのは、4つの地域とそれらを結ぶ7本の橋の配置であると彼は気づいた。そこで、各地域を点（ノード）、橋を線として考えることで、この問題を新たな形で表現した（次ページ右上の図）。

オイラーの頭の中ではこのパズルは、点と線からなる次ページ左上のような図を、同じ線を2回なぞることなしに、しかも紙から鉛筆を離すことなしに描くことに等しかった。

このタイプのパズルにいくつか取り組めば、中にはどうしても解けそうにないものがあることに気づくだろう。ここでオイラーは、この特定の地図を指定された方法で描くことはできないのはなぜか、その理由を示すという難題に挑んだ（そうすればケーニヒスベルクの町を周遊できない理由も説明できる）。そこで、それぞれの点（地域）につながった線（橋）の本数に着目してみた。ルートの出発点でも終着点でもない点を考えよう。紙からペンを離さずに、しかも同じ線を2回たどらずに周遊す

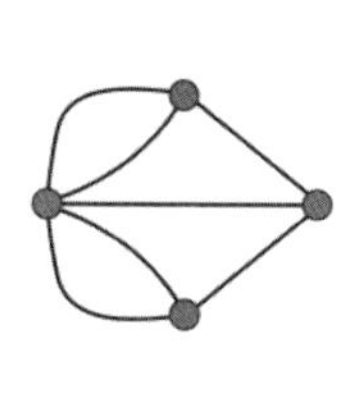

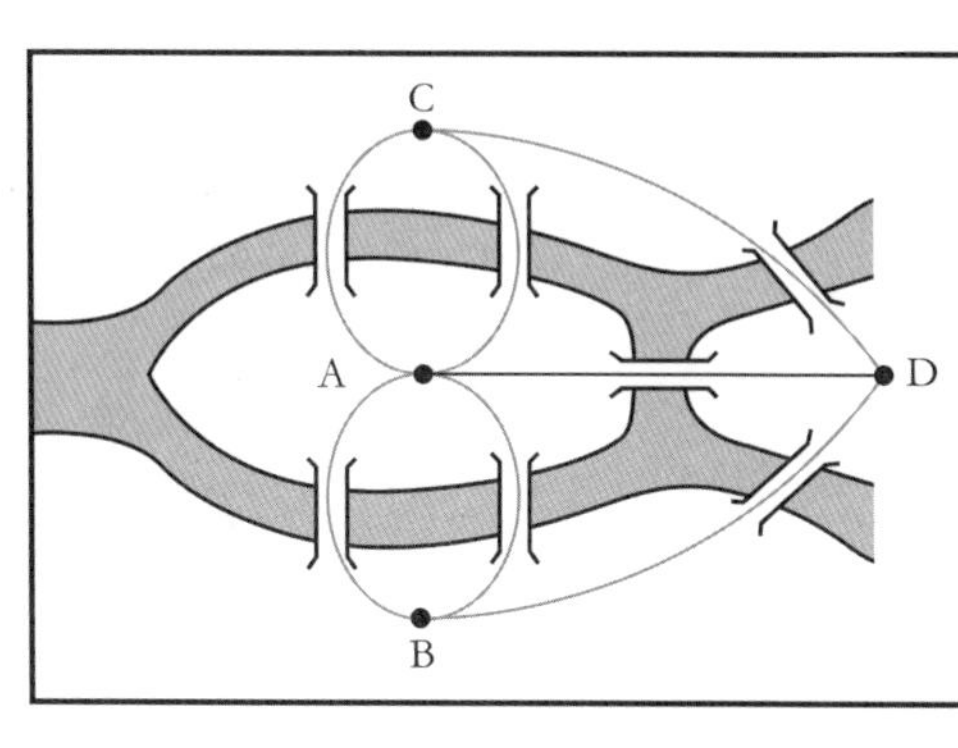

るには、その点に1本の線が入ってくるたびに、別の1本の線がその点から出ていかなければならない。したがって周遊を終えたとき、その点には偶数本の線がつながっているはずだ。2ずつ足していったら必ず偶数になるからだ。もしも奇数本の線がつながっている点が見つかったら、その点はルートの出発点または終着点でなければならない。

ここで改めてケーニヒスベルクの地図を見てみよう。4ついずれの点にも奇数本の線がつながっている。どのような周遊ルートでも出発点または終着点になりうる点は最大でも2個だけなのだから、これでは多すぎる。ケーニヒスベルクの住民が正しいルートを見つけられなかったのも無理はない。そのようなルートは存在していなかったのだ。

オイラーはこのような形で定式化することでこのパズルを解き、その結果として「グラフ理論」と呼ばれる新たな数学分野を誕生させた。ここでいう「グラフ」とは、学校でプロットしたようなグラフとは別物で、線と点をつないだものを指す。オイラーはケーニヒスベルクの住民のためにたった一つの問題を解いただけでなく、互いにつながった対象の集まりを研究するための新しい概念や道具を一揃え考え出したことになる。グラフは数学的観点から見て非常に興味深い代物であることが明らかとなり、ケーニヒスベルクの問題が解けないことが証明されると、オイラーやその後の何世代もの数学者が、ほかにも同様の問題に取り組もうと心に決める。実世界のあらゆる状況でも、さまざまなタイプのネットワークのモデルとしてグラフが姿を現す。グラフ理論のツールは、人間の脳の構造や結晶中の原子の配置、ハチの作る六角形の格子や、コンピュータからなる巨大ネットワークであるインターネット、ソーシャルメディアにおける友達グループや、感染症の流行について掘り下げるのにも使える。グラフ理論はいまや巨大で活発な研究分野へと成長しているが、その発端となったのは、日課の散歩をする質素な住民の想像力をつかんだ、単純な形で表現できる一つのパズルだった。住民たちの興味を惹いていたアイデアが、たった一人の数学者によって体系化されたのだ。

賭け事をめぐる問題と確率論

偶然の出来事に関する研究、いわゆる「確率論」の発展の引き金になったのも、一つのパズルだった。確率論は必ずしも数学の主流としては受け入れられていなかった。きわめて明確で予測可能な自然法則を重んじる人たちにとって、不確かさという概念は手を出しようのない厄介な代物だった。この分野が誕生したのは1654年、フランス人数学者のブレーズ・パスカルが同じくフランス人数学者のピエール・ド・フェルマーに宛てて書いた、一通の有名な手紙においてである。[14] パスカルは二面性のある人物で、賭け事と宗教活動を軽々と両立させていた。そしてその狭間で、ある同業者から示された次のような思考実験にただならぬ興味を持った。

君と僕とで公正なコイントスをしているとしよう。コインを5回投げ、そのたびに、表(おもて)が出たら君に1点が入り、裏が出たら僕に1点が入る。5回投げ終えたところで点数の多かったほうが賞金10ポンドをもらえる。最初の3回は裏、表、表だった。ところがこの時点で突然ゲームが中断してしまった（コインがどこかに行ってしまったのだろう）。

パスカルを悩ませたのは次のような問題である。このような状況になったとして、賞金をできるだけ公平に分けるにはどうすればいいか？　賭け事の場面に当てはめられた思考実験ではあるものの、そのシナリオは現実離れしているように感じられたはずだ。このようなゲームがこんなふうにして途中で中断することが本当にありえるだろうか？　娯楽的なパズルの香りがするし、パスカルも気になって、当時の数学では歯が立たないその答えを探しはじめた。賭け事に関する書物はそれまでに何冊も出ていたが、大胆にも未来を予測しようなどというものは一冊もなかった。そんな状況が、パスカルとフェルマーのあいだで交わされた一連の手紙によって一変する。賞金を分ける方法を導き出したのはフェルマーのほうだった。確率論に親しんでいる今日の我々にとっては、その答えは当たり前のように思えるかもしれない。しかし当時は、計算によって未来の出来事を推測するなんて誰も聞いたことのない取り組みだった。

フェルマーは、残る2回のコイン投げで表と裏がどのように出るかに応じて、未来のシナリオが4通りありえると推論した。そのそれぞれの可能性について、仮想的な勝者を決定することができる。

表表――表が4回で裏が1回――君が勝つ
表裏――表が3回で裏が2回――君が勝つ
裏表――表が3回で裏が2回――君が勝つ
裏裏――表が2回で裏が3回――僕が勝つ

君は4通りのケースのうち3通りで勝つのだから、賞金の4分の3（7・50ポンド）もらうべきで、僕は渋々残りの4分の1（2・50ポンド）で我慢する。

このパズルが解けたことで、確率論の分野が主流の地位に踊り出た。それから100年足らずのあいだに数学者たちは、あらゆるタイプの不確かさを扱うための学問的ツールを考案することとなる。ヨハン・ベルヌーイはそれらのアイデアを応用して、幅広い法的闘争、たとえば地主が行方不明になって死亡したとみなされたとき、地所をいつどのように分割するかという争いを解決した。その兄のヤコブは「確率」という用語を定め、ある出来事が起こる可能性を表すための計算を定式化した。それからまもなくして、この分野の中核をなすいくつかの概念が形をなした。たとえば、身長や体重、株価や試験の得点といった、実世界のさまざまな特徴の分布をモデル化するのに用いられる鐘型曲線や、ある出来事が起こったという前提のもとで別の出来事が起こる可能性を計算するのに用いられる、ベイズの定理といったものだ。そこに零細産業だった保険業界が目を付け、新たなリスク管理事業で収益を上げた。現代まで時間を早送りすると、ＡＩの分野全体もそれと同じ確率論的考え方を基礎としている。

実世界にこれほど数多く応用されている数学が、実はパズル本を埋めるだけで終わっていたかもしれない思考実験に根ざしていたのだ。ある数学が有用であることが明らかになるのは、のちの段階、さまざまな概念が確実に定着してからのことが多い。そこに大きな貢献を果たすのも、頭をひねるためだけに特定の問題に取り憑かれて、それらの概念を生み出す、好奇心旺盛な数学者たちである。

数学のパズル、または問題（数学者はこれらをほとんど区別せず、どちらも同じように楽しむ）に取り組んでいると、もっと幅広いテーマや原理が浮かび上がってくる。そしてそれがある基本的な分野の全体像の構築に役立ち、その過程でさらに多くの問題が生まれる。ピュリッツァー賞を受賞した歴史学者のデイヴィッド・ハケット・フィッシャーいわく、問題は「知性のエンジン、好奇心を制御された探究へと変換する大脳マシン」にほかならない。[15] 数学では問題は増殖的な効果を帯びている。一つの問題が解けると、さらに多くの問題が生まれてくるのだ。数学は多くの人が主張するほど絶対主義的ではない。ある問題が解決されても、単純にマルかバツかの答えが得られるとは限らない。優れた問題というのは発展性を備えているもので、新たな定義や概念、定理のきっかけを生む。グラフ理論や確率論のように幅広く奥深い分野は、複数の問題が共通の特徴によって結びつけられることで誕生するのだ。

そのため数学者は、一方では問題を解く者として、問題のための問題に頭を悩ませるが、それとともに理論を構築する者として、その分野のさまざまな問題を支配する潮流や原理を追い求める。[16] 数学者で物理学者のフリーマン・ダイソンは、この二つの取り組み方を動物界に当てはめて表現している。

鳥は空高く飛び上がって、遠くの地平線にまで広がる数学の広大な風景を見渡す。鳥が喜びを感じるのは、我々の思考を統一して、この一帯の各地域から現れる多様な問題を一つにまとめ上げるような概念である。一方、地上の泥の中に暮らすカエルは、近くに咲く花しか見ない。カエルは特定の対象の細部に喜びを感じ、一度に一つずつ問題を解いていく。[17]

カエルと鳥を使ったこの比喩のもととなったのは、哲学者のアイザイア・バーリンが人間を、視野の狭いハリネズミ（「一つの大きな事柄」を知っている）と、何でも屋のキツネ（「たくさんの小さな事柄」を知っている）の二種類に分類したことである。[18] ダイソンはカエルを自称しながらも、「数学の世界は幅広いと同時に奥深い」と盛んに力説して、どちらのタイプの動物も必要であると訴えた。「鳥は数学に広い見方を与え、カエルは込み入った細部を与える」。

コンピュータは鳥よりもカエルに近い。個々の問題と答えに集中するだけで、それらがもっと幅広い概念とどのように関係しているかは気にしない。予想外の見事な答えを出してくるかもしれないが、その答えを予想外の見事なものとして特別視したり、さまざまな答えを結びつけて統一的な理論を作ったりするための基本的な枠組みは持ち合わせていない。

また、コンピュータがいつかこの世界にまったく新たな問題を突きつけてくるかどうかも定かではない。ピカソは、コンピュータは「問題を解く」ことにかけて厳格に動作し、我々人間の与える問題に専念すると言ったが、その言葉は正しかった。ケーニヒスベルク問題においてさまざまなグラフをチェックする作業をコンピュータにやらせることはできる。しかし、そもそもロボットがとぼとぼと日課の散歩をしながら、あのような一見気まぐれな問題を思いついたり、一見解決不可能な事柄について調べる必要性を感じて、その過程で新たな数学を生み出したりするというのは、なかなか想像しづらい。現代のＡＩアプリケーションの基礎である確率論が、好奇心を持った人間の精神の思考実験から生まれたというのは、なんとも示唆に富んでいる。機械がどうにかして人間の探究心を真似られるようになるまでは、コンピュータがいつか数学自体のための数学を生み出せるなどとはけっして言い切れないのだ。

「望遠鏡と宇宙船」をどこに向けるか[19]

コンピュータは問題を考えつくことはできないかもしれないが、どんどん複雑になっていく問題を把握するための手助けにはなってくれる。大規模なデータセットと超人的な計算パワーがあれば、予算の制限内で最適な携帯電話を設計するといった些細な事柄から、気候予測といった大規模で重大な意味を帯びた事柄まで、この世界に関するより数多くの事象を、より素早く、より高い信頼性でモデル化することができる。人間が取り組むべきは、それらの現象に関する妥当なモデルを構築して、それをコンピュータに入力し、その出力に基づいて自分の置いた仮定を評価することである。

物理世界から計算世界へ、そして再び物理世界へというこの戦法は、非常に広い範囲に通用する。それを踏まえて数学者のコンラッド・ウルフラムは数学教育全体の改革計画を立ち上げ、それを「コンピュータベースの数学」と呼んでいる。[20] ウルフラムいわく、我々は「コンピュータ知識経済」の中で暮らしており、そこでは何を知っているかよりも、「知識から何を計算できるか」のほうが重要である。[21]

ウルフラムのカリキュラムでは、学生は次の4段階のモデルを通じて数学を学ぶ。（1）問題を設定する。（2）その問題をコンピュータで計算できる形式に変換する。（3）コンピュータで答えを計算する。（4）その結果を解釈する。これは循環的なプロセスで、一連の結果がきっかけとなってさらなる問題が導き出される。三つめのステップである計算は自動的で瞬間的なので、同じ問題にさまざまな手を加えたものを時間をかけずに試すことができる。認知作業の役割分担は明確である。人間は問題を設定して、それをコンピュータで計算できる形式に変換し、結果を解釈するが、計算のステップ自体はコンピュータに任せる。人間がある問題に意識を集中させて、それをコンピュータで計算できる形に表現できさえすれば、コンピュータは解決への道筋の途中できっと手を差し伸べてくれる。

ウルフラムのこの方法論には歓迎すべき点がたくさんある。数学的手順が適切な形で当てはめられた上で、人間には、実世界の場面にとってそれがどこまでふさわしいかを評価する作業が託される。

学生が数学的手順にある程度親しんで使いこなせるようになる必要性を否定しているわけではないが、標準的なほとんどのカリキュラムと違ってそこにしつこくこだわるわけでもない。それでも完全に実利本位であるように思える。ウルフラムは実用主義的な観点を取っていて、数学の有用性は実世界への直接的な応用からのみ現れると考えている。しかし物理世界からかけ離れた領域へとコンピュータを導いていくと、もう一つの恩恵が得られる。我々のもっとも深い好奇心が満たされるのだ。

あらゆる数学的対象の中でもとりわけ興味深いのが、πという数である。少なくとも紀元前2000年頃から、πは定数であることが知られていた。つまり円の円周と直径との比は、円の大きさにかかわらずつねに同じであるということだ。あなたのシャツのボタンでも、あるいは地球の赤道でも、正確に同じ比がはじき出される（大目に見てどちらも完璧な円であると仮定しているが）。

そのため数々の主要な文明が、πの近似値を計算することに没頭してきた。リンドパピルスにはπを256/81（約3・16）と概算する手順が記されており、この値は実際の値と1パーセント未満の誤差で一致している。ギリシア人数学者のアルキメデスは、辺の本数の多い多角形による円の近似を用いた反復的な方法を駆使することで、飛躍的な進歩を遂げた。中国では5世紀までにπの値が小数第7桁まで求められていた。そして20世紀初め、偉大なインド人数学者のシュリニヴァーサ・ラマヌジャンは、πを無限和で表現するとてつもなく奇抜な方法によって一躍先頭に立った。

コンピュータを使った現代の方法によって、競争はさらにスリリングになっている。1949年には初期の電子コンピュータENIAC*が、πを2000桁以上計算してそれまでの記録を2倍近く更新した。2019年3月14日にGoogleは、社員の岩尾エマはるかがπを驚愕の31兆4000億桁まで計算して、22兆桁というそれまでの記録を破ったと発表した。その31兆4000億個の数字を読み上げるだけでも約33万2064年かかるという。Googleはこの取り組みにとって絶好の場だった。岩尾はＧｏｏｇｌｅのクラウドコンピューティングテクノロジーを駆使して、１７０テラバイトのデータ（音楽ファイル約34万個に相当する）を25台のバーチャルマシンで分散処理した。計算には１２１日かかった。この記録も２０２０年1月に（50兆桁）、さらに２０２１年8月に（62兆8０００桁）破られ、今後も次々に破られていくのは間違いない。

どこまで進める必要があるのだろうかと思った人もいることだろう。現実的な観点ではけっしてそんなに多くの桁数は必要ない。たいていは小数第2桁、３・１４までで十分だ。アルキメデスは自らの手法で小数第3桁まで求め、アイザック・ニュートンは小数第16桁に来たところで計算をやめた。ＮＡＳＡのジェット推進研究所が惑星間飛行のための計算をおこなう際にも、15桁しか使わない。ごくわずかな誤差ですら妥協したくない情熱的な技術者であっても、πを小数第39桁まで近似すれば、天の川銀河の大きさを陽子1個の幅以内の誤差で表すことができる。

πを次々に多くの桁数まで求めようという努力は、明らかに何らかの実用的な目的ではなく、数学本来の動機に突き動かされている。πのもっとも魅力的な特徴の一つが、小数展開するとけっして途中で終わったり繰り返しが発生したりはしないこと、すなわち無理数であることだ。円を数値的に表現したπは、無限でとらえどころのない存在が形になったものだと言える。完全に把握することはけっしてできず、それだけにその尻尾を追いかけることがますます魅力的に感じられる。岩尾自身、「πに終わりはない。ぜひともさらに多くの桁数に挑戦したい」と言っている。[22] 頂上のないエヴェレスト山のようなもので、未踏のフロンティアに向かって永遠に登っていく。実用的な目的に留めるべ

＊ちなみにこの日付はたまたまではない。3月14日をアメリカの形式で書くと３・１４となり、この日は誰もが大好きなこの定数を讃える円周率の日と定められている。

きだと言い張る人に向けて言っておくと、πの近似計算はデバッグのためのツールとして使われているし（二つのプログラムで互いに異なるπの近似値が出てきたら、少なくともどちらか一方にはどこかにエラーが含まれているはずだ）[23]、2021年の記録を達成したスイスのチームは、「RNA解析や流体力学のシミュレーション、テクスト解析」への応用を見越している。[24]

機械はどんどん賢くなっていくにつれて、新たなタイプの疑問を生み出すようにもなっている。たとえば「ラマヌジャン・マシン」と呼ばれる機械学習プログラムは、既知の公式を使ってπ（およびいくつかの数学定数）の値を計算し、その最初の数千桁に基づいてまったく新たな近似公式を予想する。[25] 新たな公式を発見するというのは、単に既存の公式をゴリゴリ計算することよりも一歩先を行っている。予想された公式の中には、正しいものも間違っているものもあるだろう。このプログラムがいわば自動的に予想を生成し（ラマヌジャンの得意技だった）、それを人間がこつこつと調べていくのだ。

コンピュータの持つパターンマッチングの能力は、あまりにも複雑で視覚化すら困難な図形を扱うことの多いトポロジーなどの分野にも影響をおよぼしつつある。画像認識において有効であることが証明されている方法論が、図形の形状を推測するのにも応用されている。たとえば、ある人工ニューラルネットワークに数学的結び目（日常的な結び目と同じだが、ただし端がない）のリストを入力したところ、その一つ一つの結び目がより高次元の物体のスライス（その定義は非常に専門的なのでここでは説明しない）として現れないかどうかを、このニューラルネットワークは自信を持って正しく予測した。唯一の例外がコンウェイの結び目と呼ばれるもので、これについては確率½という答えを返した。[26] なんとも神秘的な結果だ。というのも、数学者はコンウェイの結び目もほかの結び目と同じく「非スライス」であることを証明しようと、何十年ものあいだ腐心していたからだ。この予想はのちに大学院生のリサ・ピッチリーロが斬新な手法を使って証明したが、このニューラルネットワークが判断に窮したのは、人間の数学者がこの特定の図形の解明にこれほど長いあいだ苦しんでいたこととちょうど符合しているようにも思える。この例から察するに、ＡＩは、研究に値するような対象に我々の目を向けさせてくれるようだ。また、我々から問題解決の舵取り役を奪い取るどころか、機械が判断に苦しむ事柄に我々がより詳しく注目することで、我々を新たな探究の道筋へと導いてくれるのだろう。

計算のおよばない問題

ＡＩの出現によって、コンピュータは全知の神の立場に近づきつつあるのだと考えたくなってしまう。コンピュータが我々の投げかけるすべての問題に答えられるかもしれないという発想は、ダヴィッド・ヒルベルトが１９２８年に提唱した「決定問題」の中核をなしている。ヒルベルトは、与えられた公理系に基づいて任意の命題が証明可能かどうかを決定できるような、単一のアルゴリズムは存在するだろうかと問いかけた。しかしのちにゲーデルの不完全性定理によって、算術法則を含むどのような体系にも、証明も反証もできない命題が存在することが示された。そうして、完全かつ無矛盾な数学体系というヒルベルトの当初の夢は骨抜きになってしまう。決定問題は証明可能なあらゆる命題を対象としている。もしもヒルベルトの言うようなアルゴリズムが存在したら、与えられた命題をそのアルゴリズムに入力するだけで済んでしまう。その命題が証明可能であれば、アルゴリズムはそうだと答えて、その証明を出力する。証明可能でなければ、そのとおりに判定する。すると、人間の数学者は重大で恐ろしい影響をこうむることになる。数学者のＧ・Ｈ・ハーディは開き直って次のように憶測をめぐらせた。「もちろんそのようなアルゴリズムは存在しない。それは非常に幸運なことだ。もしもそのようなアルゴリズムが存在したら、あらゆる問題を解ける機械的な法則群があるはずで、数学者としての我々の活動は終わってしまうからだ[27]」。

ハーディのこの予想が裏付けられるまでに長い時間はかからず、その裏付けはコンピューティングの先駆者アラン・チューリングのおかげで得られた。実はチューリングは、決定問題を掘り下げていく中でコンピューテーションの概念を定式化した。現代のコンピューティングの基礎は、抽象的な数学問題がきっかけとなって築かれたのだ。「アルゴリズム」や「プログラム」、「機械」といった概念を丹念に定義していったチューリングは、数学をすべて残らず解くというヒルベルトの夢に致命的な一撃を加えることとなる。

フリーズしたコンピュータの画面を凝視して、あの忌々しい砂時計（あるいはアップル信者であれば虹色の車輪）をじっと見つめ、もう少し待つべきか、それともシステムを再起動すべきかと途方に暮れたことのある人も多いだろう。そういう人であれば、どちらにすべきかを教えてくれるプログラムがないのだろうかと思ったことがあるかもしれない。１９３６年にチューリングは、ゲーデルの不完全性定理に似たアイデアを使って、任意のプログラムが永遠に走りつづけるか、あるいは停止するかを判定できるようなプログラムはけっして存在しないことを、以下のような方法で証明した。まずそのようなプログラムが存在すると仮定し、それを用いて、次の四角の中に記したようなプログラムを書く。

> この四角の中のプログラムが終了するならば、永遠に走りつづける。
> この四角の中のプログラムが終了しないならば、停止する。

可能性は二つに一つ。四角の中のプログラムが終了するか、あるいは終了しないかだ。しかし四角の中の命令に従うとしたら、このプログラムが終了するのであればこのプログラムは終了しないし、終了しないのであれば終了することになってしまう。どちらにしても矛盾に行き着いてしまう（ゲーデルが理髪師のパラドックスをヒントにして、真であるのに証明不可能な命題を考え出し、それをチューリングがコンピュータプログラムの場合に当てはめたことになる）。矛盾に行き着いたのだから、最初に置いた仮定、すなわち、任意のプログラムが永遠に走りつづけるか停止するかを判断できるようなプログラムが存在するという仮定は、偽であるはずだ。砂時計が止まるかどうかに関する限り、あなたは「いっさい分からない」状態で我慢するしかないのだ。

「停止問題」という名前で呼ばれるこの問題は、数学に直接的な影響をおよぼす。停止問題は整数に関する数学の命題として表現することができる。そしてチューリングが証明したとおり、任意のプログラムが停止するかどうかを判断できるアルゴリズムは存在しないのだから、任意の数学命題が真であるかどうかを判断できるアルゴリズムもけっして存在しないはずだ。個々の数学問題や、ある種の数学問題をまとめて解くことのできるアルゴリズムは存在するが、数学全体を解決できる単一のアルゴリズムは存在しない。決定問題はそもそも決定不能であって、すべての問題をたった一つの方法で取り扱うことはできないのだから、数学者は創意工夫を凝らして、問題の新たな解法を考え出しつづけていかなければならない。[28] これが、全知のコンピュータという理想に対する最初の一撃となる。

次なる一撃はもっと間接的なもので、コンピュータの物理的限界と関係している。宇宙に存在する物質は有限なのだから（10^{54}キログラム相当）、利用できる計算パワーにも限界がある。機械で解けるはずの問題の中にも、処理があまりにも膨大になってコンピュータでは扱えないために、答えが出せないものが存在するのだ。

旅嫌いの私は、あちこちを転々とする出張旅行が嫌でたまらない。身体の負担と旅費の立て替え分を減らすために、旅程全体をできるだけ短くしようといつも苦心している。たとえばイングランドのあちこちにある5つの都市をめぐって、最終的に出発地の都市に戻ってこなければならないとしよう。見つけたいのは最短ルートだ。各都市間の距離が分かっているのであれば、考えられるすべてのルートをチェックして、それぞれのルートの長さを計算するアルゴリズムを思いつくのはさほど難しくない。最初に訪れる都市の選択肢は5つ、次に訪れる都市の選択肢は4つ、さらに3つ、2つ、1つとなる。考えられるルートは合計で5×4×3×2×1＝120通りだ。そうしたらそれぞれのルートをチェックして、距離に応じて順位づけすれば、問題解決。取るべきルートが決定される。

では次に、私がアメリカ合衆国に住んでいて、50州すべてをめぐるメガツアーに出発しなければならないとしよう。この場合、考えられるルートは50×49×48×…×1通りある（50!と略記する）。けっして小さな数ではないと言うだけで十分だろう。3のあとに0が64個続く数におおよそ等しくなるのだ。スーパーコンピュータの中でも一番スーパーなものが使えて、光が原子1個分の幅を通過する時間で一つのルートを計算できたとしても、このプログラムが答えを出してくるまでに、この宇宙の年齢のおおよそ1兆倍の1兆倍のさらに数千倍の時間待たなければならないことになる。考えられるすべてのルートを列挙するというこの方法は、地点の数が多くなると計算が追いつかないため、現実的にあまり先までは役に立たないのだ。

「巡回セールスマン問題」と呼ばれているこの問題は、関係する数が大きくなるにつれて急激に計算が困難になっていくことが知られている問題群に含まれる。この問題の興味深い点は、与えられたあるルートが決まった予算内に収まるかどうかは比較的素早く確かめられることだ。しかし、答えが正しいかどうかを確かめるのと、そもそも答えを見つけるのとではわけが違う。どこかに紛れ込んだ家の鍵を見つけるのは恐ろしく難しいが（誰でも経験があるはずだ）、渡された鍵が正しい鍵であることを確か**め**るのは、鍵穴に差し込んではまるかどうかをチェックするだけなのでもっとずっと簡単だ。

そこで、問題を二つのカテゴリーに分類することができる。一つめのカテゴリーには、無理のない時間内に「解く」ことのできるすべての問題が含まれ、これをクラスＰと呼ぶ（"polynomial time〔多項式時間〕"の略で、その意味は、アルゴリズムを走らせる時間が入力の大きさの何乗かに比例するということ）。二つめのカテゴリーには、答えを簡単に「確かめる」ことのできるすべての問題が含まれ、巡回セールスマン問題や、紛れた家の鍵を見つける問題はこのクラスに属する。このカテゴリーをクラスＮＰと呼ぶ（"non-deterministic polynomial time〔非決定性多項式時間〕"の略で、このように呼ばれる理由は先ほどよりも少し専門的である）。

ここで核心を突いてくるのが、クラスＰとクラスＮＰは実は同じなのかどうかという悪名高き疑問だ。[29] クラスＰに含まれるすべての問題がクラスＮＰに含まれることは容易に理解できる。比較的素早く解ける問題であれば、その答えの候補が正しいかどうかも比較的素早く確かめられる（ほかに手がなければ、問題を解いてその候補と一致するかどうかを確かめればいい）。もっと興味深いのは、すべてのＮＰ問題がクラスＰに含まれるのかどうかという疑問だ。要するに、ある問題の答えが正しいかどうかを簡単に確かめられるのであれば、その問題を解くのも簡単なのだろうかということだ。もしそうであれば、巡回セールスマン問題を素早く解く方法も、紛れた家の鍵を毎回素早く探すための方法も存在することになる。

これは一般に「Ｐ対ＮＰ問題」と呼ばれていて、決着をつけると大金持ちになれる。というのも、その難しさと重要性ゆえ、クレイ数学研究所が、１００万ドルの賞金の懸かった七つのミレニアム問題*の一つに挙げているからだ。不完全性定理を証明したあのクルト・ゲーデルが、この「Ｐ対ＮＰ問題」に大きな役割を果たした。1956年にゲーデルが伝説の大学者ジョン・フォン・ノイマンに宛てて書いた一通の手紙によって、この研究に火がついたのだ。すでにゲーデルの不完全性定理によって証明されていたとおり、数学ではすべての問題を解くことはできず、証明不可能な命題が存在する。さらに、クラスNPに属するがクラスPには属さない問題が存在することをもし証明できれば、解くことのできる問題の中にも、「素早く」答えを見つけることができずに、実用的に利用できないものが存在することになる。

クラスPとクラスNPが同じ（P＝NP）であるかどうかという疑問に対する答えは、そのどちらであるかによって世界を変える可能性がある。もしもこの二つのクラスが等しければ、複雑であるとされている膨大な種類の問題が、突如として、実用的に利用できるアルゴリズムの手に落ちることになる。それは世界にとって良い知らせでも悪い知らせでもあるだろう。良い面としては、いくつか例を挙げるだけでも、がん治療や腎臓移植が進み、犯罪捜査が向上し、物流コストが大幅に下がるかもしれない。それと同時に、サイバーセキュリティにとっては大惨事となるだろう。あなたのオンラインバンキングのデータは、巨大な数を素因数に分解するのが難しいことのおかげで守られており、この問題はクラスNPに属することが知られている（二つの素数が与えられれば、それらを素早く掛け合わせて、その結果が目標の数と等しいかどうかを確かめることができる）。P＝NPである世界では、どんなに安全なデータでもあっという間にハッキングの餌食になってしまう。数学者自身も災難を免れられないかもしれない。ゲーデルが見逃さなかったとおり、もしもP＝NPであれば、「イエスかノーかの問題に関する数学者の知的活動が完全に機械に取って代わられる可能性がある」のだ。

とはいえ、そもそもクラスPはクラスNPと等しくはないだろうというのがおおかたの見方で、もしそうだとしたらいままでと何ら変わらないだろう。指数的に大量の計算を実行できる量子コンピュータが登場したら、複雑さの新たなカテゴリーが生まれて状況は変わるかもしれないが、[30] 全体像はきっと同じままだろう。力業で適切な時間内に解くことのできないNP問題を解くには、さらに創造的で全体論的な方法論が必要となるだろう。

数学は未解決の問題によって発展するものだ。答えを簡単に確かめられるのに解くことが難しい問題は、たとえ単純な形で表現されていたとしても、実際に取り扱うのは容易ではない。数学とコンピュータ科学の分野全体が、正確な計算ツールでは歯が立たない問題の近似的な答えを効率的に見つけることに充てられている。決定論的で正確な答えに手が届かなくても、多くの場合、近似解で十分だ。そもそもあなたの勤める会社は、絶対的にもっとも費用のかからない旅程を必要としているのだろうか？　それとも比較的安上がりであれば十分だろうか？

「P対NP問題」は、問題を考え出す我々人間の能力と、その答えを出すコンピュータのパワーとのいたちごっこを引き起こす。もしもいくつかのNP問題がクラスPに属さないことが明らかとなったら、我々の想像力が果てしなく広がって機械の計算力を悠々と凌ぐことが、この上なく示されることになる。

数独に話を戻そう。9種類の数字を使った標準的な形式は、ほとんどのコンピュータにとって恰好の餌食だ。答えの候補が合っているかどうかは、縦横各列と各ブロックをチェックするだけで簡単に確かめられるので、これはNP問題である。また、数字の並べ方が比較的限られていて、力業の手法でも無理のない時間内に片付けられるので、クラスPにも含まれる。しかし数独をたとえば25×25の

＊本稿執筆時点ではその中のポアンカレ予想だけが解決されているが（2003年）、よく知られているとおり、それを証明したロシア人数学者のグリゴリー・ペレルマンは賞を辞退した。

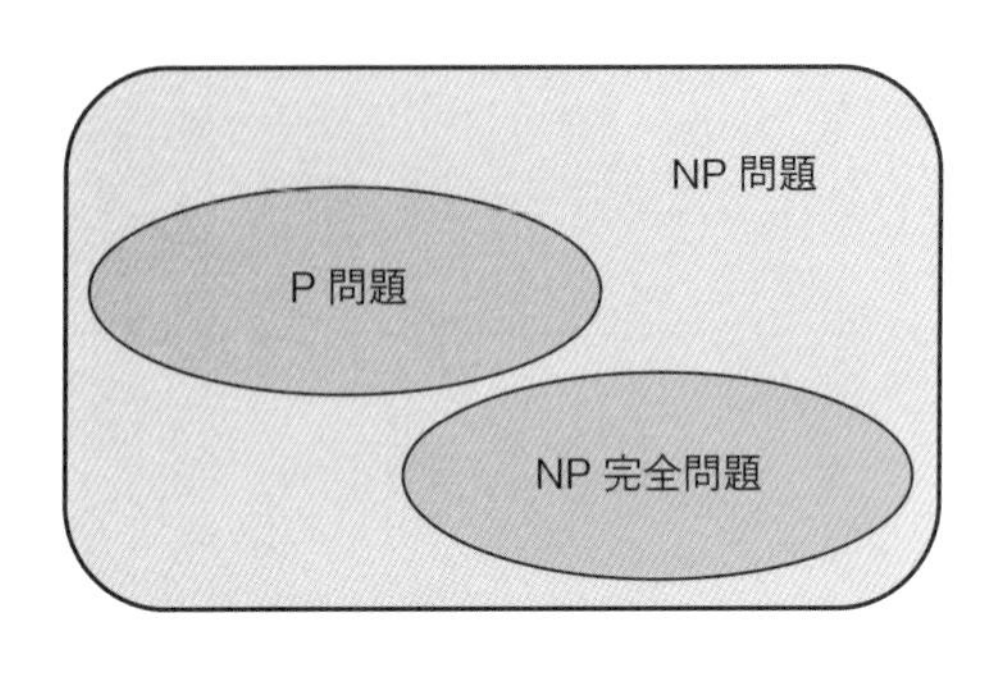

P、NP、NP 完全の各クラスを図示したもの。NP 完全問題のうちのどれか一つがクラス P に属することが証明されれば、この 3 つのクラスはすべて同じだということになる。

大きさに拡張すると、話はもっとおもしろくなってくる。ルールは前と同じだが、今度は縦横すべての列とすべてのブロックに1から25までのすべての数を入れる必要がある。この場合、クラスNPに属していることには変わりないが、コンピュータは計り知れない種類の解候補をこつこつと調べていって、見る限り際限なく走りつづけることになる。この「メガ数独」はほぼ間違いなくクラスPには属さないだろう。標準的な数独ですら我々の精神鍛錬にはふさわしいが、力業の処理では歯が立たないこの拡張バージョンとなると、我々に深く根ざした好奇心が機械の計算能力を上回って、人間の思考が真の勝利を収めることになる。

メガ数独のもう一つの変わった点は、NPの中でももっと限られた、NP完全と呼ばれるクラスに属することである（巡回セールスマン問題もNP完全である）。この呼び名は、すべてのNP問題を無理のない時間内にそれらの問題に還元できることから来ている。もしもNP完全問題のうちのどれか一つを無理のない時間内に解ければ、すべてのNP問題を無理のない時間内に解くことができて、結果的にP＝NPであることが証明される。メガ数独をマスターできれば、その副産物として、ほかのあらゆるNP問題を素早く解く方法が見つかったことになるのだ。

　メガ数独が近いうちにコンピュータの手に落ちることはなさそうだし、数学も同じだ。たとえそうなったとしても、人間が不安になる必要はない。数学者のジョーダン・エレンバーグは次のように言っている。「我々はコンピュータにできないことを見つけ出すのがとてもうまい。現在知られているすべての定理をコンピュータで証明できるような未来を想像したとしても、我々はほかにコンピュータでは解けないことを見つけ出し、それが『数学』になることだろう[31]」。

　コンピュータが新たな知識の最前線に向かって着実に歩みを進めるにつれ、人間にはその複雑さを手なずけるという難題が突きつけられることになる。コンピュータが答えを探すことしかできないのであれば、我々人間には、どの問題がもっとも興味深いか、どの問題を人間の縄張りに留めておくべきか、どの問題を拡張する必要があるかを判断する役割が残される。コンピュータは我々の探検に同行して見事に手助けをしてくれるが、その旅の計画を立てるのは我々人間だ。

子供の頃の習慣を甦らせる

「ネオテニー（幼形成熟）」という不思議な用語は、成体が幼体のいくつかの特徴を保ちつづけることを指す。我々は大人になるまでのどこかの時点で、しつこく疑問を問う習性を失ってしまうらしい。与えられた問題に正しく答えることばかりに焦点が当てられる正規教育は、なんとも罪深いといえる。社会評論家のニール・ポストマンはいまから数十年前にそのことに気づき、修辞的ではあるがいかにも彼らしい次のような疑問を問うた。「人間が身につけられるもっとも重要な知的スキルが学校で教えられないというのは、なんとも奇妙なことではないだろうか？[32]」20世紀のブラジル人教育者で活動家のパウロ・フレイレはさらに辛辣で、銀行のたとえを使って次のように訴えた。「教師は学生の精神に知識を『預金』することを求められることが非常に多く、学生のほうもその預金を渡されるがままに受け取り、蓄え、管理することを求められる」[33]。活動家であるフレイレにとって、それは「抑圧のイデオロギー」にほかならない。フレイレいわく、学生が質問をすることを阻み、探究を進めることを妨げるのは、「人間を独自の意思決定から遠ざける暴力行為である」。自分で考え、自分なりの疑問を生み出し、自分の選んだ世界観を育むという活動を、学生から奪っているというのだ。

大人にとってはありがたいことに、我々は自分自身を変えて、好奇心を持った子供のような自己を取り戻すことができるが、ただしそのためには何らかのきっかけが必要だ。人は「若々しく考える」術を身につけられることが、研究によって明らかになっている。ある研究では、成人の二つのグループに創造性を測るテストを受けてもらった。一つめのグループには、「自分は休日を楽しむ7歳児である」と考えるよう誘導し、もう一方のグループには、自分はそのまま大人であると考えさせた[34]。すると、誘導された第一のグループのほうが、より独創的なアイデアを考えつき、「より柔軟で流動的な思考」を示した。ビジネスの世界では、IQなど従来の知性の指標よりも、「好奇心指数（CQ）」のたぐいのほうが重んじられ、雇用主は「目新しい事柄をおもしろがる」人材を欲しがる[35]。もしもマーティン・ガードナーが生きていたら、ぜひ彼を雇い入れたいと思ったことだろう。

進歩主義教育を訴える人たちは、知識の「消費」と知識の「創造」の違いを盛んに力説する。学校で進歩主義教育を進めるには、探究を学習経験の中心に据えるのが良い。フレイレは、学生と教師が互いに質問しあったり考えたりすることで着々と現実を解き明かしていく、「問題提示型教育」を提唱した。この考え方はけっして新しいものではない。ソクラテスにまでさかのぼる哲学者たちも、説教でなく対話に基づく教育によって、学習者が批判的に、つまり自力で考える力を身につけることを目指すよう唱えた。しつこく質問をすることで、学生が自分の持つ知識について深く考えなおすよう促すことが、ソクラテス流の対話の基礎となっている。

ＡＩが我々の日常生活に進出しつつある中で、消費と創造の区別は誰にとっても重要な事柄になっている。フレイレの言う銀行型モデルは、計算を重視する学校数学の方法論に沿ったもので、それに代わるものとして彼が目指した方法論が、本書で論じているたぐいの数学の道しるべとなる。我々は、ＡＩに服従して、アルゴリズムに基づく自動化された意思決定のなすがままになり、検討もせずにそれらのテクノロジーを消費するという選択肢を選ぶこともできる。あるいは、そのテクノロジーがどのように動作しているか、どんなリスクを伴っているか、平等や正義をどのように脅かすかを問いただすこともできる。要するに、生まれながらの好奇心を断固として持ちつづけ、どうすれば我々人間の目標に資するようなＡＩを設計できるかという疑問を問う能力を、けっして手放さないこと。そうすることで、いわゆる「機械の時代」をともに作り出していくという選択肢を選ぶことができるのだ。

それゆえ、数学が娯楽的な性格を帯びているのは非常に重要なことである。パズルや問題は解くのが楽しいだけでなく、そもそも興味深い問題を「問う」能力を磨いてくれる。町の中を指定されたルートでめぐることができるかや、中断したゲームの賞金をどのように分けるかなど、どんなにたわいもない疑問ですら、その共通要素をつなぎ合わせていけば、一つの分野が丸のまま誕生することがある。ＡＩの分野（およびその多くの小分野）はまだ生まれたばかりで、その発展は我々がどんな疑問を問うかによって非常に大きく左右される。絶対的に重要なのは、この分野はこう発展するしかないといった決定論的な考え方をきっぱりとはねつけた上で、人間には行動力があって、それらのテクノロジーの設計や実装の方向性を決めるパワーがあることを認識することである。たとえばある予測モデルの有効性を評価する場合、その全体的な正確さについて問うてもいい。あるいは、そのモデルが間違いを犯した部分に焦点を絞って、その間違いの影響を探り、もっとも影響を受けるのはどんな人で、どのように自動化と公正さの折り合いを付ければいいかを問うてもいい。そうして最終的にたどり着くモデル、導き出される結論、そして社会におよぼす影響には、我々の疑問が非常に強く反映されることになる。[36]

コンピュータは、我々の示した疑問を膨らませたり、同様の疑問を次々に生み出したりすることで、好奇心を持った人間の味方になってくれる。前に述べたとおり、ニコリは読者コミュニティにおもしろいタイプの新たな穴埋めパズルを考え出してもらった上で、そのパズルの実例を生成する作業をコンピュータに任せている。また、どのようなパズルやゲームを「おもしろい」とみなせるかを我々が判断する上でも、コンピュータは手助けをしてくれる。チェスのルールは1500年にわたる歴史を通して変遷を繰り返してきた。たとえば、クイーンをどの方向にも好きなだけ移動させられるようになったのは、1400年代になってからのことである。チェスや囲碁といったゲームをマスターしたDeepMindのテクノロジーは、いまでは別のルールセットを探索するのに用いられている。ルールを変えた何千万通りもの変形版のチェスをそのプログラムにプレーさせるのはいともたやすい。我々はそれらのゲームのパターンを評価して、どのルールの組み合わせのときにもっとも刺激的なゲーム展開になるかを見ていけばいい。[37]

しかしコンピュータが答えられないような疑問もいくつかある。この章ではここまで、数学の問題というレンズを通して、コンピュータの本質的な限界と、いくつかの実用的な限界を探ってきた。全知全能の機械を追求する上で障害となるもう一つの要因が、この物理世界の現実が混沌(こんとん)としていることだろう。たとえば自動運転車を普及させるには、命に関わる状況に直面したときにアルゴリズムがどのような選択をすべきかを解き明かすために、哲学や倫理学から知恵を借りる必要がある。哲学者はいわゆる「トロッコ問題」という思考実験に考えをめぐらせてきた。これは、あるグループの人たちを犠牲にして別の（たいていもっと大きい）グループの人たちを救うことが、どのような場合に正当化されるのかという問題である。しかし、白黒はっきりした答えが求められることはほとんどない。グレーゾーンを相手にした非常に手強い問題だ。生死や倫理、道徳や宗教、法律に関わるさまざまな難題に人類は何千年も前から苦しんでいるのだから、近いうちに機械がそれらの問題を片付けてしまうことはないだろう。コンピュータの正確な二進言語では扱えないような疑問もあれば、コンピュータでは意味のある答えを出せないような疑問もある。恐ろしいのは、我々が自分たちの疑問をコンピュータが処理できるような形に変えてしまって、さらには薄っぺらいものにしてしまって、その答えをやみくもに受け入れてしまうことだ。

非常に重要な疑問というのは、往々にして非常にあいまいなものだ。そのような疑問を突きつけられると我々は、自分たちの世界観を振り返り、核をなす信念や価値観を吟味し、あいまいさや不確かさを受け入れられるようになる。コンピュータに答えを尋ねることは、たとえできたとしても絶対に避けなければならないときもあるのだ。

パートⅡ　取り組み方

第6章　中　庸

スピードを重視しすぎてしまう理由
フロー状態に入る
「一晩寝かせる」知恵

計算能力をめぐる人間とコンピュータのスピード競争において、あえて力を入れようとする人はほとんどいないだろう。しかしアーサー・ベンジャミンは例外だ。自称「数学マジシャン」のベンジャミンは、数に関する並外れた技を発揮して、観客の期待にほぼ決まって応える。TEDxトークの動画では、電卓を相手にものすごいスピードで掛け算の暗算をやってのけるさまが見られる。[1] 志願した観客が電卓に入力し終える前に、2桁の数どうしをあっさりと掛け合わせてしまう。しかしその程度では終わらない。次々に大きい数を2乗していって、最後には極めつきの技を見せつける。5桁の数を2乗してしまうのだ。さらに興味深いことに、暗算中のベンジャミンは自分の考えていることを声に出していく。おそらく計算の各ステップが終わるたびに、「明るい明日」といった謎めいたフレーズをつぶやくのである。答えの数を早口で答えると決まって正解で、彼はお辞儀をして意気揚々とステージを降りる。しかしよく見ていれば気づくとおり、最後には電卓との競争はしていない。ショーの最後に披露する複雑な離れ業では、そこそこの電卓にも負けてしまうことをわきまえているのだ。1秒間に20京回の計算を実行できるＩＢＭのスーパーコンピュータSummit[2]と対戦したら、端から勝負にすらならないだろう。

このデジタル時代、急速な変化をめぐるストーリーがあふれかえっている。人間にはスピードアップして付いていくことが求められている。しかし計算のような意識的な処理作業にかけては、コンピュータに追いついていける望みはない。たとえば証券市場ではコンピュータがマイクロ秒もかけずに取引を実行していて、どんな人間も、たとえアーサー・ベンジャミンでも、けっして太刀打ちできない。人間の脳は一つの刺激に反応するのに4分の1秒かかるし、画面上の情報を処理して売買実行のボタンを正しくクリックするにはさらに時間がかかる。自動計算がすさまじいスピードで進められているせいで、それによって起こりうる悪影響を分析する時間が我々にはない。２０１０年のフラッシュクラッシュ（瞬間的な株価急落）では、わずか36分間でアメリカ合衆国の株式市場から1兆ドル近い資産が消えた。[3]それを受けて、このような急激な暴落が起こった経緯に関する推測や分析がおこなわれた。そして規制当局は何か月もかけた末に、投資信託会社のワデル・アンド・リードが仕掛けた売り注文に非難の矛先を向けた。暴落の日、午後2時32分に同社は自動アルゴリズム取引を発動して、E-miniという先物証券を売りに出した。一日あたりの売り注文としてその年最大規模で、それを受けて投資家たちは先を争って株式を売りはじめた。すぐさま市場は反発して始値の3パーセント足らずの下落で引けたが、この一件は、スピードのみを理由にアルゴリズムを信頼する人たちに釘を刺す結果となった。

脳をコンピュータにたとえるというのは、我々人間を過度に持ち上げているようなものではないだろうか。我々は短いセンテンスなら一気に（1秒あたり約40から60ビット）処理できるが、せいぜいそこまでだ。コンピュータと同じスピードで計算できたらどんなにいいだろう。実は作業の種類によっては、人間も互角以上の能力を発揮する。我々は周囲の世界を処理するのに驚くほど秀でていて、その作業はあまりにも自然におこなわれるため、意識的な注意はほとんど向けられない。ある光景を見たときに我々は、物体の相対的な明るさといったいくつかの細部には気づくかもしれないが、全体の正確な明るさなどは無意識に処理される。

脳は並列に動作する何千ものプロセッサを用いていて、その一つ一つのプロセッサが脳内の何千万本もの神経線維にデータを送っている。網膜（先ほどのたとえをさらに突き詰めれば、脳の「ウェブカメラ」と考えることができる）だけでも、その0・5ミリの厚さの中に、1平方センチあたり1億個ものニューロンが詰め込まれていて、100万ピクセルの画像を1秒あたり10枚処理できる。[4] 脳全体の処理パワーはおおよそ1ペタフロップ、つまり1秒あたり1000兆回の処理が可能だと推計されている。[5] それを考えると、脳はスーパーコンピュータにたとえたほうがよりふさわしいだろう。[6]

脳がこの処理をすべておこなう際の平均エネルギー消費率は、わずか12ワットである。それに比べてあなたのノートパソコンの消費電力は100ワットほど。脳はこれほどまでに多才かつ効率的に作られていて、力業任せの処理装置とは比べようもないのだ。

コンピュータは比較的単純な代物である。遅いコンピュータはどうも我慢ならず、例外なしに速ければ速いほどいい。[7] さらに、ソフトウェア開発者がシステムを評価する上で何よりも重視する指標が一つある。稼働時間である。システムが動作している（「生きている」）時間の割合を表す値で、開発者はこの指標を理想の100パーセントに少しでも近づけようとすさまじい努力を傾ける。稼働時間の概念の前提にあるのは、コンピュータにはいまのところ無意識のレイヤーは存在せず、覚醒度の異なる複数の段階を移り変わることはないという暗黙の認識である。しかし人間の場合、状況はもっとずっと複雑だ。ここまでの章で何度も述べてきたとおり、人間は複数の思考モードを持っている。おおざっぱな数感覚も持っているし、正確な計算をおこなう能力も持っている。秩序立ててゆっくりと推論できる一方で、素早い直観や衝動も備えている。人間は速くもゆっくりも、意識的にも無意識的にも、それらの中間の謎めいたレベルでも思考するものだ。

脳を一つの会社にたとえると、その本部は両半球の前頭葉の中に位置していることになる。「前頭前皮質」と呼ばれるその脳部位は哺乳類にしか見られず、人間の場合には行動を指令したり制御したりする中枢となっている。もしも前頭前皮質がなかったら、我々は環境の刺激に対する自動的な反応のなすがままになってしまう。この前頭前皮質は、思考を司り、行動を計画し、意思決定をおこない、目標から逸れたときに誤りを見つけることを担う主要な脳領域の一つで、これらの機能はまとめて「指揮機能（実行機能）」と呼ばれている。いずれの機能も非常に秩序立っていて、トップダウンでおのおのの観念が操られているように思える。しかし指揮機能を発揮させるには、その前に、そもそも何らかの方法で観念をしっかりと把握する必要がある。我々の無意識の奥深くでは、さまざまな観念が渦巻いている。一個のニューロンが活性化するたびに観念が形作られ、意識的注意に上ることを懸けてそれらが競い合う。その競争がどのように繰り広げられるのか、また、とりわけ斬新な観念が認知のフィルターを通ってどのように心の最前線に上ってくるのかは、まだ解明が始まったばかりだ。

人間はコンピュータと違って、メタ認知的な意識を持っている。つまり、自分がどのように思考しているかを考えて、自分の精神活動を制御することで、12ワットから最大限の出力を引き出すことができる。できるだけ創造的な成果を生み出し、非常に手強い問題を解き、せわしないコンピュータを手なずけるには、デジタル時代に代わるストーリー、複数の思考モードを考慮したストーリーを生み出さなければならない。どのような場合にスピードよりも忍耐や抑制を優先すべきかを学んだ上で、我々の脳にとって「非稼働時間」が欠かせないことを認識しなければならない。自分の思考のしかたを振り返って微調整するこの能力を、私は「中庸（テンペラメント）」と呼んでいる。数学という学問では往々にしてスピードが能力と混同されるが、それだけにこの中庸は特別な重要性を帯びている。

素早さへの崇拝を破る

とりわけ計算技となると、我々はスピードに魅了されてしまう。アーサー・ベンジャミンが尊敬されているのは数の扱いが速いからだし、一部の筋では暗算がカルトのごとく信者を惹きつける。忠実な信者には「数学の天才」という栄誉の称号が約束されるたぐいの数学だ。[8]

そのような数学はテレビ受けもする。イギリスでは究極の天才児を探すテレビ番組『チャイルド・ジーニアス』が放映されていて、[9]子供がステージに上がるたびに、期待に胸を膨らませた親の大げさな応援の声や、過剰演出のドラマが場を盛り上げる。数学の対戦は予想どおり単刀直入な形式。早押しの計算問題に挑戦して、出場者の子供はたびたび涙を流す。２００８年には私も、イギリスの長寿クイズ番組『カウントダウン』のシリーズ優勝者として早押し問題に挑戦した。1問あたり30秒が与えられて、あの有名な時計が動き出し（そしてもちろん「ダダダダン、ボン！」というあのいらつく音楽が流れ）、刻々と時が進む中でプレッシャーを感じながら、アナグラム（綴り換え問題）や計算問題を解く。[10]楽しい経験ではあったが、自分の数学のスキルを見せつけるには最悪の方法で、友人や家族は、私が込み入った計算に一日中没頭しているのだという認識をさらに深めてしまった。

我々が高速計算にこだわるさまは、世界中で素早い暗算のための体系が普及していることからも読み取れる。インドでは、スリ・ブハラティ・クリシュナ・ティルタージの１９６５年の著作によって、「ヴェーダ数学」と呼ばれる数遊びが爆発的な人気を集めた。この暗算法を指南する塾は、「もっとも洗練されていて効率的な数学体系」を身につけられるとの触れ込みだ。[11] 大胆な宣伝文句だが、その中身はよくある方法に手を加えたにすぎず、スピードを重視して、選り抜きの計算問題で技巧的な練習をしているだけのように思える。何に役立つのか分からないテクニックの中には、平方根を小数第19桁まで計算する手順などというものまである。ティルタージいわく、彼が編み出した計算法は、古代インドの経典に収められている、言葉で説明された16の公式（スートラ）をもとにしているのだという（この主張は完全に否定されている）。[12] しかしそのような計算法は、古代のヴェーダの伝統に見られる豊かで多面的な数学を著しくおとしめている。ヴェーダの文章には多数の数学研究が収められていて、その中には、直角三角形に関する初期の取り組み（のちにピタゴラスの定理と呼ばれるようになるもの）や、円の正方形化の幾何学的近似法（これもギリシア人の功績とされている）も含まれている。[13] ティルタージの計算技法よりもはるかに奥深い数学だ。

それとほぼ似たようなものに、トラハテンベルク法がある。[14] この呼び名の由来となったロシア系ユダヤ人の工学者ヤコフ・トラハテンベルクは、ナチスの強制収容所に囚われている最中、何かに没頭していようと思って、この計算法を編み出した。このように由来こそ目を惹くものの、残念ながら手法自体は込み入った抽象化の罠にはまっていて、プロの工学者でもなければその意義は理解できないだろう。映画『gifted／ギフテッド』でマッケンナ・グレイス演じる7歳の架空の少女メアリー・アドラーは、このトラハテンベルク法を使って数に関する才能を見せつける。

素早い計算で文字どおり稼ぐことのできた人間コンピュータの時代であれば、これらの方法も世に広まっていたかもしれない。しかしテクノロジーが自動化の方向へ向かい、人間コンピュータが労働市場から姿を消したいまとなっては、ヴェーダ数学やトラハテンベルク法、アーサー・ベンジャミンなどの数学マジシャン、さらには『カウントダウン』の優勝者ですら、単に珍しがられるだけでそれ以上は何もないはずだ。数学的知性の原則を明らかにする上で、概念体系としての暗算はほとんど役に立たない。最悪の場合、数学的知性は計算スピードによって決まるという誤った考え方が尾を引いてしまう。そのような見方は人間には当てはまらないのだ。

スピードをいっさいないがしろにすべきだと言っているわけではない。どんな技術をマスターするにも、そのもっとも基本的な要素はすらすらとこなせるようになる必要がある。私がもっとも習得に苦労したのは、ハンドルを握る技術である。いつまで経ってもシフトレバーを把握（文字どおりの意味でも比喩としても）できないように思えた。ギアチェンジをしようとするたびに、現在のスピード、前方の道路の継ぎ目、右足でアクセルを踏む力、シフトレバーに書かれているギアの番号の並び方など、あまりにもたくさんの事柄を気にしなければならなかった。何時間も嫌というほど練習してようやく、ほとんど意識せずにギアチェンジできるようになった。その基本的スキルの自動性が高まったことで、ほかの細々したことに注意を向けられるようになった。

このように注意を「解放する」必要性は、誰にでも当てはまる。認知心理学の分野によって、人間の脳の持つある重要な特徴が明らかになっている。おおざっぱに言うと我々の脳は、長期記憶と作業記憶という二つの形式で観念を扱う。* 長期記憶に関わるのは、無意識の中に埋め込まれていて、自分の意志で呼び起こすことのできる観念である。このおかげであなたは、各単語を構成する一つ一つの

＊重要な注意として、この説明を文字どおりには受け取らないでほしい。我々の脳ではコンピュータと違って、記憶はそれぞれ別々の保管場所に物理的に保管されるのではなく、分散した形で存在する。

文字に意識的な注意を向けなくても、このセンテンスを難なく読むことができる。作業記憶はその正反対で、指揮機能と密接に関連しており、我々の思考の意識的側面に訴えかけることで、情報を操ることを可能にしてくれる。作業記憶は短期的な問題解決のためのいわばポストイットのようなもので、重要なのはその容量の小ささである。人間が同時に操ることのできる意識的思考は、最大でも4つから7つに限られる（私が初心者の頃に運転に四苦八苦したのも当然だ）。我々の脳が一度に扱うことのできる「認知的負荷」の量には限りがあり、それだけに、何段階もの計算を頭の中で難なくこなせる人には驚かされてしまう。どんな分野の達人でも、膨大な練習を通じて神経連結をつなぎ直すことで、自分のスキルを支えるプロセスを使い慣れた当たり前のもの、つまり、意識的注意を向けるほどでなく、作業記憶を駆使する必要のないものとして感じられるようにする。運動能力に関してたびたび耳にする、「マッスルメモリー」と呼ばれるものに相当する。

多くの教育者は、このように認知的負荷を踏まえた考え方に基づいて、あらゆる手順を学生の頭の中に叩き込むという教育法を正当化しようとする。もしもその狙いが、我々の精神を解放して問題の複雑な側面に集中させることだとしたら、長期記憶の奥深くにさまざまな事実や手法を埋め込んで好きなように呼び出せるようにすることにも、新たな意義があると言えるだろう。学校で厄介な掛け算の表を片っ端から覚えさせられるのは、ことあるごとに計算の労力を費やしていたら作業記憶があっという間にいっぱいになって、もっと深い観念を扱えなくなってしまうからだ。

そこで、デジタル計算機が手元にあるのであれば、そのような作業を完全になげうってしまってもいいのではないかと考えたくなる。理屈で言うなら、計算の負担をコンピュータに押しつけてしまうのが、我々の精神を解放する何よりの方法ではないだろうか？　しかし、電卓に数を入力するだけでも意識的な労力が必要なので、それでは我々の認知的負荷はたいして軽くならない。本書で何度も繰り返し触れているとおり、自動化の皮肉な点をまたもや思い起こさせてくれる。機械に責任を負わせるには、その中核をなす能力に我々が関わりを持つ必要がある。[15] ある程度のレベルで計算に熟達しておくことが賢明なのだ。

ただし、スピードにこだわりすぎることには慎重でなければならない。あらゆる学習が個々の事実を詰め込んで素早く思い出すことに行き着いてしまったら、ここまでの章で採り上げた五つの原則など、知性の持つそのほかの側面が往々にして脇へ追いやられてしまう。自動的に答えを出すことを求められると、しばらく考えなおすこともなしに、最初に頭に浮かんだ答えに飛びついてしまいがちだ。前に見たとおり、何も考えずに計算を進めると無意味な答えが出てきてしまう。そのため、暗算に対しても多少の意識的注意を残しておかなければならない。いくらスピードを追求したくても、優れた数感覚や、さまざまな概念を多様な形で表現する能力、論証を通じて推論する力を犠牲にしてはならない。逆に、特定の事実や手順がどのように関連しあっているかをもっと柔軟に理解すれば、その副産物としてスピードは得られるものだ。

高速数学の副作用

以下の三つの問題にできるだけ速く答えてみてほしい。

バットとボールで総額1・10ポンド。バットはボールよりも1ポンド高い。ボールの値段はいくらか？

湖の一部がスイレンの葉に覆われている。覆われている面積は1日ごとに2倍になる。湖全体がスイレンの葉に覆い尽くされるのに48日かかるとしたら、湖の半分が覆われるまでに何日かかるか？

医者から、ある稀な病気の新たな検査を受けるよう勧められた。約２・５パーセントの人がその病気にかかり、その検査は80パーセント正確である。用心深いあなたがその検査を受けると、何と陽性だった。以上の情報を踏まえて、あなたがその病気にかかっている確率は？

いまあなたが挑んだような高速数学を進める際には、思いがけないさまざまな影響に警戒しておくべきだ。第３章でそのうちの最初のものを採り上げた。認知バイアスである。そのときに述べたとおり、素早い思考（「システム１」の思考、それと相対するのが「システム２」の遅い思考）は、とくにとらえがたい真理を扱う場合には、論理的矛盾を生み出しかねない。数学にはとらえがたい事柄があちこちに転がっているため、たとえ論証をほとんど必要としない問題であっても、時間を競うのは往々にして好ましくない。

最初の二つの問題は「認知反射テスト（ＣＲＴ）」で出題されるもので、２００５年にこれを用いた心理学研究によって、人は細かいことをあまり考えずに問題を解いてしまいがちだということが示された。[16] 追い詰められると多くの人は（もしかしたらあなたも）、それぞれ10ペンスと24日と回答してしまう。正解は５ペンスと47日で、いずれも、ある程度よく考えて推論したり、最初に浮かんだ答えをしばし考えなおしたりすれば簡単に導き出せる。

三つめの問題は、確率に関する数々の驚くべき真理の一つを物語っている。正解はわずか９パーセント強で、ほとんどの人が思いつく値よりもはるかに低い（そもそもこの病気は稀なので、たとえ陽性になっても恐れる必要はないが、我々はその事実を無視しがちだ。この認知バイアスは「基準率の無視」と呼ばれる）。確率のこととなると、人は決まってシステム1のバイアスに傾いてしまう。確率に関する真理は我々の直観と食い違うことが多く、そのため教育者で作家のスニル・シンは確率論を「悪魔の数学」と呼んでいる。[17]

ほかの認知バイアスと同じく、このような思考の誤りも、知識や知性だけではある程度しか防げない。ハーヴァード大学やＭＩＴの卒業生でもバットとボールの問題は半数以上が間違えるし、かなり気がかりなことに、保健医療の専門家の85パーセント以上が三つめの問題を解くことができない。[18]しかしバットとボールの問題は、正しく考えさえすれば比較的単純な計算問題であって、引き算を少々工夫すれば解くことができる。湖の問題は指数増加の基本的な応用だ。確率の問題はベイズの定理に基づいており、その公式は、ある出来事に関する情報が与えられたときに別の出来事が起こる確率を計算するのに用いられる。数学は幅広い問題を解くための道具を提供してくれるが、大慌てで答えを出そうとするとその力が無駄になってしまう。人間の脳は、正確な計算や指数増加、ベイズの定理*といった概念を直観的に把握するのが得意ではない。それらの世界モデルを習得して活用し、とりわけ欠陥に満ちた直観を黙らせるには、自らの思考プロセスを減速させることである。数学者のイアン・スチュアートは、「確率に関して一番大事なのは、直観的に理解しないことである」と忠告している。[19]言い換えると、用心深い慎重な推論に思考の舵取りを任せなさいということだ。スチュアートのこの忠告は数学のたいていの分野に当てはまる。システム1のエラーを防ぐためにもっとも効果的

＊新たな情報を踏まえて確信を改める「ベイズ的推論」と、確率の推計値を与えるベイズの定理の正確な公式とは、はっきり区別しておかなければならない。我々はおおざっぱな意味で言うベイズ的推論を四六時中使っているが、特定の出来事が起こる実際の確率を直観的に把握するのは苦手だ。

なのは、ゆっくり思考する能力なのだ。

この忠告は、数学に触れることを異常に怖がる、いわゆる「数学不安症」を患っている人にとって、ありがたい指針になるはずだ。ほかのどの学問と比べても数学にもっともよく見られる悩みで、成績の悪い学生だけに留まらない。ある研究によると、数学不安症の学生のうち4分の3以上が「成績は平均から優秀」であるという。[20] 数学不安症のおもな原因の一つが、スピードにこだわりすぎていることである。数学が制限時間内の作業に成り下がったら、競争ですべてが決まって、スピードが成績や順位と直結してしまう。学校では、スピードと正確さを前提とした計算ドリルがしばしば数学離れの原因になる。計算ドリルには残酷な皮肉が込められている。計算ドリルは長期記憶に事実を埋め込むための手段として作られており、先ほど見たように、それによって限られた作業記憶が解放されて、じっくり考えた上で問題を解けるようになる。しかし計算ドリルを解くのがストレスになると、逆にその作業記憶の働きが妨げられてしまう。側頭葉の奥深くにあるアーモンド形の神経核の集合体である扁桃核（へんとうかく）は、情動のフィルターとして作用し、感覚入力を脳の各部位に振り向けて処理させる。ところが、間違えるかもしれないという考えに襲われると、扁桃核は感覚入力を反射的な「闘争・逃走・凍結」領域に振り向けてしまう。さらに、脳はストレスを受けるとコルチゾールを生成し、この物質が、情報を記憶する際の入口となる海馬に干渉する。

脳の持つこのストレス反応メカニズムが働くと、その最終的な影響として、意識的思考の限られた容量があっという間に満杯になって、目の前の問題を処理するための余地がほとんどなくなってしまう。最悪の場合、心理学者のシアン・バイロックのいう「窒息感」にたびたび襲われかねない。[21] 間違えることを恐れながら学びつづけていると、創造的に思考する能力が窒息感によって麻痺（まひ）してしまうのだ。

素早く答えを出すよう強いていると、不必要に恐怖を煽り立てるだけでなく、プロの数学者の思いもよらないような形に数学を歪めてしまう。チェスの早指しではもっと思慮に富んだ指し方が軽視されてしまうのと同じように、数学を立てつづけに問題に答える学問へとおとしめると、数学的知性の本質が失われてしまう。時間制限が設けられると、問題を解く行為はまったく新たな性格を帯びてくる。使い慣れたテクニックを思い出して実行することだけに数学的知性が絞られてしまい、それだけではここまでの章で触れてきた数学の広い風景を見渡すことはできないのだ。

前のいくつかの章で示したとおり、人間にとって知識とは、互いに結びついていると同時に深遠であり、厳格な手順で定められると同時に制約のない自由なものである。人間の脳がただの処理マシンになってしまったら、探究して理解する学問としての性格が数学から奪われてしまう。

数学者は時間をかけることをいっさい厭わない。故マリアム・ミルザハニは、自分がゆっくりと考えるたちで、何年もじっくり味わうことのできる深遠な問題に惹きつけられることを誇りにしていた。「何か月も、あるいは何年も経つと、問題のまったく違う側面が見えてくる」と述べている。[22] 10年以上考えたのに答えの見つからなかった問題もいくつもある。同じくフィールズ賞を受賞した数学者のティモシー・ガワーズは、「数学に対するとりわけ重要な貢献は、ウサギでなくカメによってなされるものだ」と言う。[23] 数学の中でもとりわけ奥深くて得るところの大きい問題は、ゆっくりと解かれていくものなのだ。

意識を逸らす

コンピュータは数学不安症には陥らない。計り知れない量の計算を要する問題でない限り、情報過多が懸念とみなされることはほとんどない。スピードダウンをすると生産性が落ちるのは、コンピュータが情報を処理したり問題を解いたりする方法がそれによって変わることはないからだ。人間の脳の場合は生物学的な癖を埋め合わせるのにかなりの努力が必要だが、コンピュータにはそれは当てはまらないだろう。それと同じ理由で、我々は思考のスピードを劇的に変化させることで恩恵を得られるが、コンピュータは得られない。人間にとって思考のスピードを遅くすることは、不安やバイアスから身を守る手段であるだけでなく、我々のもっとも生産的な功業への道を敷いてくれるものでもあるのだ。

一瞬のひらめきで思考が降りてくることがある。その瞬間、啓示を受けて、それまで歯が立たなそうだったアイデアが突如としてぴたりと収まる。ひらめきの瞬間というのは単なる偶然ではなく、作り出すことのできる状態だ。

数学者はかなり以前から、創造的な問題解決には何か謎めいた要素が関わっているのではないかと考えてきた。フランス人数学者のアンリ・ポアンカレは、自身の創造的な思考プロセスを選択に基づいて説明している。

私は以前から、創造は選択であると言ってきた。しかしこの言葉は完全には正しくないだろう。このように聞かされると、買い物をする人の前に膨大な数のサンプルが並んでいて、その人がそれらのサンプルを一つずつ順番に吟味した上で一つを選ぶのだと考えてしまう。しかしいまの場合は、そのサンプルの数があまりにも多くて、一生涯をかけても調べ尽くせない。実際の状態はこれとは違う。創造する人の心の中に、何も生み出さない組み合わせは現れることすらないのだ。[24]

断片的な情報をつなぎ合わせる方法は無数に存在し、その中にはほかよりも有用で興味深いものもある。新たなひらめきに達するつなぎ合わせ方の中でももっとも目立っていて、ときにもっとも予想外なものを抜き出してくることで、創造的思考というものが生み出される。それは意識的な心の役割だけで実現できるものではない。ポアンカレは先ほどの言葉に続いて次のように述べている。「数学的創造においてこの無意識の作用が役割を果たしていることは、私には疑う余地がないように思える」。

創造的に思考する人は、無意識の思考のパワーをありがたがることが非常に多い。[25] グラフィックデザイナーのポーラ・シェアいわく、創造的思考とは、ごたまぜの思考を首尾一貫した配列にまとめるスロットマシンのようなものだ。T・S・エリオットいわく、詩人の心は断片的な思考を美しいアイデアに変える。そしてドイツ人大学者のゴットフリート・ライプニッツは、音楽の楽しさを「無意識に数を数えること」に当てはめて語っている。

ポアンカレの考えをさらに突き詰めるように、同じくフランス人数学者のジャック・アダマールは、意識と無意識のあいだを行き来する、問題解決の四つの段階について述べている。[26] 初めに、意識的に心の「準備」をする。次の段階である「培養」では、無意識のメカニズムが働き出して、観念どうしの新しい奇抜な結びつきを探す。無意識の思考の大部分は埋もれたままだが、ときに意識に向かってひらめきが染み出してくる。それをアダマールは「啓示」と呼んでいる。最後に再び意識が作用して、その新たなひらめきを「検証」する。簡単に言うと、意識的取り組みによって興味深い問題を問えば、自分の脳を信頼して、手に入りづらい答えを見つけるという無意識の取り組みを進めることができる。かのアルベルト・アインシュタインはアダマールへの手紙の中で、「生産的な思考には組み合わせ的な遊びが欠かせない」と指摘した上で、次のように締めくくっている。「あなたが完全な意識と呼んでいるものは極限的なケースであって、完全に達成するのは不可能であるように思われます[27]」。

ポアンカレとアダマール、そしてアインシュタインの三人を同時に敵に回すなんてよほど向こう見ずな話で、彼らの言っていることは神経科学によって裏付けられている。浮かび上がってきた見方によれば、我々の脳はある問題(数学でも何でもいい)に直面すると、さまざまな候補をふるい分けるという。左脳と右脳が意識の外のどこかでいくつもの観念を生み出し、それらの観念が意識に上ることを懸けて競い合う。[28] 左脳はできるだけ明白な関連性を探し、右脳はもっと斬新な答えを追い求めると考えられている。脳には裁定を下す何らかのメカニズムが必要で、それによって両半球を仲裁し、明白な観念や漠然とした観念の中からどれを意識に上げるべきかを決定する。その役割を担う脳部位の一つが、大脳皮質の下にある襟のような形の領域、前帯状皮質(ぜんたいじょう)である。

無意識を作用させる直接的な方法の一つが、睡眠である。ハンガリー人数学者のジョージ・ポリアは数学専攻の学生に、問題に取り組んでいて手も足も出なくなったら「枕の助言に従いなさい」とアドバイスした。[29] 心理学者のハワード・グルーバーはこのアドバイスをさらに発展させて、創造的に思考したい人は三つのB、すなわちBed(ベッド)、Bus(バス)、Bath(風呂)を活用するよう勧めている。[30] いずれも心をリラックスさせて、問題から意識を逸らし、無意識の思考レベルの奥深くで斬新な結びつきを作れるようにしてくれる。トーマス・エディソンはこのようなアイデアを非常に意図的な方法で実践した。もっとも深遠なひらめきは無意識の状態から現れると信じており、意識状態と無意識状態の中間のちょうど良いポイントを探すことで、パワーナップ(短時間の仮眠)を一つの技術へと高めたことが知られている。それは次のような方法である。ベアリングのボールを何個か手に握っておく。すると完全な睡眠状態に入る直前にボールが音を立てて床に落ち、絶妙な瞬間に目が覚めるのだ。

「一晩寝かせよ」という格言には、神経学的に強い根拠がある。[31] かけがえのない睡眠中には、身体は休んでいても脳は活動したままで、前日の出来事をリプレイしては記憶に変えている。経験した事柄よりも記憶できる事柄のほうが数が少ないため、前日に活性化したすべての神経回路を二種類の脳波の作用が活動的にふるい分ける。一方の脳波は特定の記憶を強化させ、もう一方の脳波はそれ以外の候補を取り除く。記憶される事柄の量は、睡眠の量および質と相関している。得られる記憶の「タイプ」に関して言うと、深い睡眠は知識（「宣言的知識」と呼ばれるもの）を強固にするのに役立ち、もっと覚醒度の高いＲＥＭ（急速眼球運動）睡眠のフェーズは、所定の手順や運動能力（「手続き的知識」）を強化する。また、脳の中にさまざまな観念が浮かんできて、それらのあいだの非常に斬新な結びつきが見つかるのも、もっぱらREM睡眠のフェーズにおいてである。

睡眠と学習の関係は非常に広く知られていて、「一晩寝かせる」という言い回しはほとんどの言語に存在する。精力的に成果を上げるカリスマ的人物が、自分は徹夜をして、日が昇る前にできることを片付けてしまうのだと自慢しているのを聞くと、私はいつも戸惑ってしまう。午前6時よりも前に、非常に役に立つことを意識的にこなすのはふつうできない。何人かの哲学者が（聖書の記述に反して）述べているとおり、「求めなければ汝は知るであろう」。

インスピレーションが欲しいときに私が学生や自分自身に与えるべきアドバイスは、たいていただ一つ、「一晩寝かせよ」だ。必死になって考えてもどうしても思い出せない事柄が、思いがけないときにふと頭の中に甦ってくる、いわゆる「舌先現象」を経験したことは誰にでもあるはずだ。さまざまな心理学研究によって証明されているとおり、なかなか答えの見つからない問題やパズルを何とか解きたいのであれば、精神的な袋小路にはまることも厭わないのがときに最良の行動指針である。ぼんやりしていると、あなたが思うよりも頻繁にひらめきへの道が開かれるのだ。[32]

創造的な心は、意識状態と無意識状態のあいだを巧みに渡り歩くものだ。意識状態によって課題に集中することができ、無意識状態によって、自由に考え、さらには気を逸らす時間が得られる。ここで鍵となるのは、没頭と内省というこの二つのステージを交互に繰り返すことである。まずはさまざまな観念を根づかせ、次いでそれらをかき混ぜることで、新たな結びつきを築くのだ。

そのようにして発見にたどり着くと、言葉では表せないような喜び、あるいは少なくとも安堵感が訪れる。統計学の教授トーマス・ロイエンは次のように言う。「それはいわば恩寵のようなものだ。一つの問題に長いあいだ取り組んでいると、ふいに天使――ここでは我々の謎めいたニューロンを詩的に表現している――が素晴らしいアイデアをもたらしてくれるのだ[33]」。

苦しみを受け入れる

数学に関するどんな逸話にも、苦しみのエピソードが何かしら含まれているものだ。苦しみの何たるかをたいていの人よりも知っているアンドリュー・ワイルズは、多くの人が手が届かないと決めつけていた問題の解決に断固として研究人生を捧げた。そしてフェルマーの最終定理*を証明する中で、新たな数学分野を打ち立て、複数の分野をそれまで考えられてもいなかったような形で結びつけた。ワイルズはその秘訣を次のように述べている。

年上の子供や大人が数学をやりはじめる上で向き合わなければならないのは、行き詰まった状態を受け入れることである。人はそれに慣れていない。強いストレスを感じる。……しかし行き詰まることは失敗ではない。プロセスの一環だ。……我々［数学者］も、3年生の数学の問題に苦しむ人と何ら違わない。……もっとずっと大きいスケールでその苦しみと向き合う心構えができているだけだ。我々はそうしたつまずきに対する耐性を鍛えている。[34]

セドリック・ヴィラニは、数学者が汗を掻いて苦しんだ末に非常に奥深い洞察にたどり着く経緯をリアルタイムで文章に残しており、[35]その洞察を道しるべとして証明した主要な定理によって２０１４年にフィールズ賞を受賞した。その文章には、複雑な数学（ヴィラニは研究内容を端々まで遠慮せずに書き記している）と、深遠なブレークスルーにたどり着くための非常に人間的な苦闘とが見事に並行して描かれている。ヴィラニは暗闇の中をさまよいながら、共同研究者とのあいだで、いらだちをあらわにした、ときにあきらめ気味のEメールをやり取りし、一緒に失敗の可能性に立ち向かった。数学者のシルヴィア・スルファティはもっと短い考察の中で、数学の研究をハイキングにたとえている。スルファティにとって数学に挫折は付きものだが、解決した数学の問題を頂上から振り返って見た光景は、そこにたどり着くために汗を流すのに十分に値するものだ。[36]

苦しみに立ち向かうメカニズムを学習の心理に基づいて論じた文献が数多くある。心理学者のキャロル・ドゥエックは、知性は流動的であって自分自身でかなりコントロールできるものだと信じること、いわゆる「グロース・マインドセット」という概念を世に広めた。[37]それと相対するのが、知性は変えられないと信じること、「フィックスト・マインドセット」である。ドゥエックは30年におよぶ研究によって、学校でのテストの成績から運動選手の試合中のパフォーマンスまで、人生のあらゆる面における能力が、グロース・マインドセットによって高まることを証明してきた。それに関連する「グリット（気概）」という概念は、「非常に長期的な目標に興味を持ちつづけ、それに向かって努

＊この定理は、2より大きいどんな自然数 n においても、方程式 $x^n+y^n=z^n$ を満たすような0以外の自然数は存在しないというものである。数学者は３５０年以上にわたってその証明を見つけられないでいた。

力しつづける傾向」と定義される。[38] 要するに、つまずいてもあきらめないということだ。グリットの研究はマインドセットに比べて進んでいないが、この特性もまた、学校の成績を含め人生のさまざまな成果につながるという証拠がある。

心理学に基づくこれらの見方は、解明が進む脳の働きに関する知見とぴたりと対応している。問題を意識的に操ることをやめて、見えざる思考プロセスに信頼を置く能力は、マインドセットやグリットといった心理学的特性と密接に結びついている。これまで気づかなかった結びつきを見つけ出して育む自分の能力を信じれば、思考をスピードダウンさせて問題から距離を取ることがたやすくなる。苦しみはまったく新しい考え方やひらめきを育む。苦しむことによって、無意識の思考のメカニズムが働いて、非常に独創的な観念が表に出てくるための余地が生まれるのだ。

グロース・マインドセットは、自分の「神経可塑性」にも気づかせてくれる。学習とは詰まるところ、脳の構造を配線しなおすことに行き着く。すなわち、ニューロンを作ったり、シナプス結合を強化したり、新たな経路を築いたり、使われなくなった経路を取り除いたりする。ロンドンのタクシードライバーが長い時間をかけて街なかのルートを記憶すると、海馬が大きくなるという話を思い出してほしい。グロース・マインドセットを持つというのは、自分の脳は自分で作っているという考え方を受け入れることにほかならないのだ。

しかしコンピュータは、そのように自らを配線しなおす自由を持っていない。今日の人工ニューラルネットワークは、ニューロン間の連結強度を大きくしたり小さくしたりするという発想に基づいている。そのため、連結を切ったり、まったく新たな連結を作ったりするという考え方とは相容れない。しかも、致命的な欠陥を抱えたモデルや手順にコンピュータが従ってしまうと、どんなにうまくいこうが答えには手が届かないかもしれない（いわゆる「局所最適点」にはまってしまうことが多い）。

コンピュータは非稼働時間に学習したり成長したりすることはいっさいないため、スイッチをオフにしても何ら変わらない。スイッチを入れた途端に、再び袋小路に向かって進んでしまう。無駄な取り組みからコンピュータを救い出すには、土台となるモデルを考えなおすしかない。人間の介入は避けられず、決定的な方向転換のためには我々の側が一晩ぐっすり眠る必要があるのだろう。

数学が癖になるとき

ギリシアの科学者アルキメデスに関して人々にもっとも良く知られているのは、科学的な啓示と浴槽、無意識の公然猥褻物陳列に関係したある出来事である。しかしその「エウレカ」の瞬間は、アルキメデスの日常生活のごく一部を切り取ったにすぎない。もっと興味深くて、おそらく数学に対するアルキメデスの信条をもっと良く物語っているのが、彼の死に様である。歴史家のプルタルコスは、紀元前212年にローマがシラクサを包囲した際の記述の中で、その決定的場面を次のように記している。

> 彼は一人きりで、一枚の図の助けを借りてある問題に取り組んでいた。思考も視線も研究対象に釘付けになっていたため、ローマ人が襲撃してきたことにも、町が奪われたことにも気づいていなかった。突然、一人の兵士が現れ、マルケルスのもとに連れていくからついてこいと命じた。するとアルキメデスは、この問題を解いて証明を完成させるまではだめだと断った。かっとなった兵士はすぐさま剣を抜き、彼を片付けてしまった。[39]

アルキメデスのほかにも、何らかの問題に取り憑かれてしまった人は歴史を通して大勢いる。必ずしもここまで劇的な結末には至らないが、*問題を解こうとする人は決まって周囲のことにいっさい気づかず、目の前の課題に没頭してしまう。２００４年11月の『タイムズ』紙の投書欄に、次のような短い苦情が掲載された。「拝啓。数独には警告文を添えるべきです。まだ1日目なのにもう地下鉄を乗り過ごしてしまいました。敬具。イアン・ペイン、ブレントフォード在住」。数独の犠牲になったのはイアン・ペインだけではない。２００８年6月にオーストラリアのある裁判所で、12人の陪審員のうち5人が証言を聞かずに数独をやっていたことが明らかとなり、麻薬事件の審理が中断された。[40]いる。数独は新たなブームの初期段階を乗り越えて、いまでは世界中で日常習慣としてしっかりと根づいている。気軽にパズルに手を出すだけの人でも、数の虜(とりこ)になっている人と同じくらいたやすく惹きつけられてしまう。数独を楽しむ何千万もの人が、自分の推論能力だけが頼りのゲームに夢中になっている。

前の章で見たとおり、人間がパズルに惹かれるのは、知っていることと知らないことのあいだに横たわるじれったい情報の欠落を埋めてくれるからだ。では、パズルを解いている最中に没頭しつづけるのはなぜだろうか？　『ニューヨークタイムズ』紙のクロスワード欄の編集者で、数独依存症であることを自ら公言するウィル・ショルツは、数独について次のように語っている。「ルールは非常に単純で、10秒もあれば覚えられる。ところが、解くために必要なロジックはとても難しい」[41]。魅了されたファンにとって数独は、明らかに解けそうでありながら、苦労しがいのある程度の難しさなのだ。

ある問題がどれほどの重みを持っているかは、ブレークスルーの瞬間までにどのような経験や感情が訪れるかによる（アルキメデスの死の状況のほうが、彼の「エウレカ」の瞬間よりも多くを語っていると言ったのも、それが理由だ）。答えを探す道のりは長く曲がりくねっていることもあり、不完全なものを完全にしようと努力する中で、失望や興奮、喜びの感情が、しばしばいっせいに押し寄せてくる。非常に魅力的な問題に接すると我々は答え探しに没頭してしまい、心理学者はその状態を言葉で表現したり、そこに意味を当てはめたりするのだ。

至高の経験とフロー状態

何らかの活動にあまりにも没頭したせいで、空間や時間の感覚を完全に失ってしまったことはないだろうか？　小説を読んだりハイキングをしたり、友人とディナーをしたりしていると、ふと気づいた頃には何時間も経っている。このような「至高の経験」は、良い人生を求めて誰もが目指すところだ。心理学者のミハイ・チクセントミハイは、「何らかの活動にあまりにも熱中して、それ以外のことがどうでもいいように思える」没頭した状態を、「フロー状態」という言葉で表現している。[42] フロー状態はどんな人でも起こる。チクセントミハイが挙げているのは、髪で風を感じている船員や、完成した作品を眺めている画家、自分の子供が初めて微笑み返してくれた父親である（最後のものは私もそう遠くない昔に体験して、人生経験から得られるのと同じくらい至高であることを確信できた）。パフォーマンスについていうと、人はフロー状態に入ることで最高の自分を手にできる。バックハンドでボールを打ち返すロジャー・フェデラーや、優雅なストライドで駆け抜けるマラソン選手、一

＊19世紀の医師パウル・ヴォルフスケールの場合、ある数学の問題に心奪われたことで命を救われた。いくつかの記述によると、ヴォルフスケールは若い女性にプロポーズして断られ、自殺を決意した。そして決行の日を定め、午前0時の鐘に合わせて自分の頭をピストルで撃ち抜くことにした。その晩、図書館にいたヴォルフスケールは、フェルマーの最終定理（当時はまだ証明されていなかった）に関する一本の論文をたまたま見つけた。そしてその論文に心奪われ、時が経つのも忘れて、その証明とされるものの込み入った論証にじっくり思考をめぐらせた。すると、あまりにも没頭したせいで時間の感覚を失い、自ら定めた死の時刻を過ぎてしまったのだった。

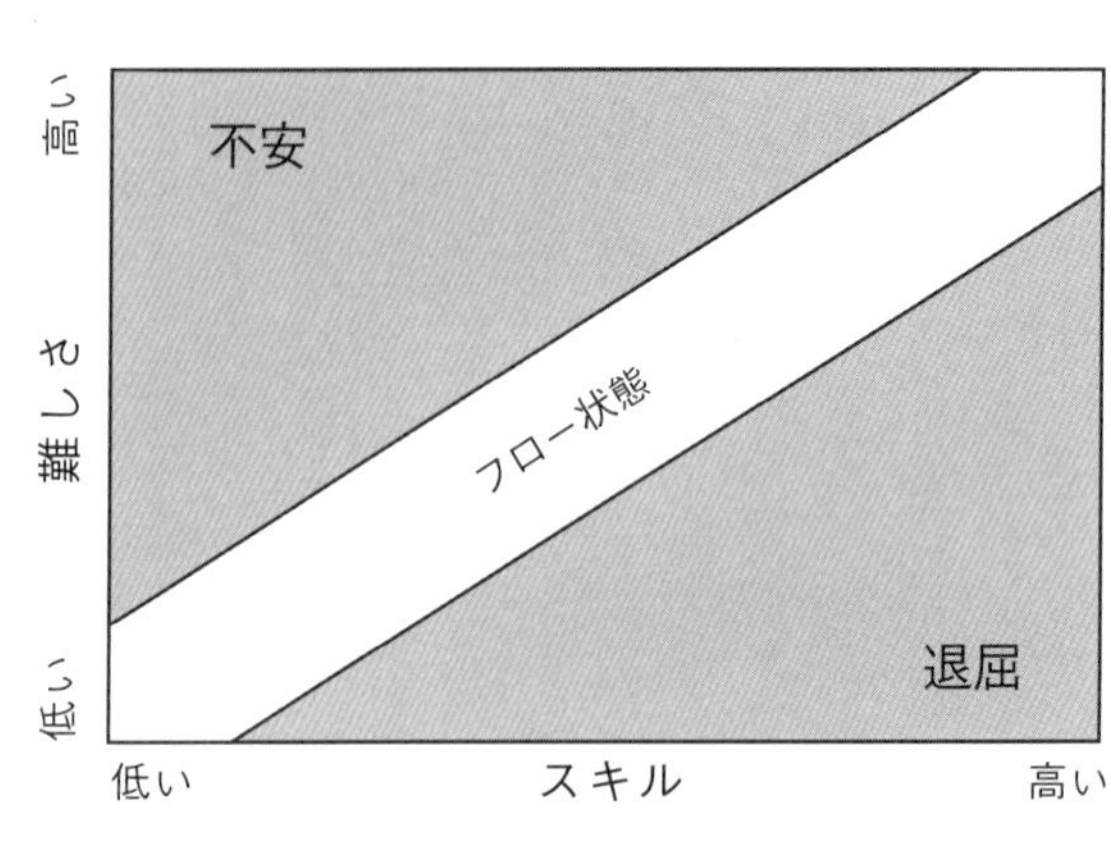

糸乱れぬ動きを見せるダンスチームなど、本領を発揮している人を見ると、彼らが非常に複雑な動きを自在に操っていることに驚かされる。彼らにとってフロー状態とは、世界中の力が自分の意のままになったかのような興奮状態だ。

チクセントミハイが言うには、至高の経験が得られるのは「意識の秩序」が存在するときだという。この章ですでに見たように、人間の創意は、相異なる意識の層どうしを行き来することで生じる。フロー状態は、パフォーマンスを最大限に高めるために、非常に集中して非常に意識的に取り組んでいることの証しである。我々がもっとも没入的な経験をするのは、外部の刺激を締め出して、目の前の課題に意識のエネルギーを最後のひとしずくまで注ぎ込めるときだ。チクセントミハイいわく、「あまりにも強く集中していると、無関係な事柄について考えたり、さまざまな問題に気を揉んだりすることにいっさい注意が向かない」。チクセントミハイは徹底的な楽観論者で、我々は自分自身をフロー状態へ導くことができると信じている。「最高の瞬間が訪れるのはたいてい、困難で価値のある何かを達成しようと自発的に取り組んでいる中で、身体や精神を限界まで押し広げたときだ」。

フロー状態に達することができるのは、課題の難しさが自分のスキルに完璧に見合っているときに限られる。現在の自分の能力から少しだけ引き上げてくれる、つまり挑戦的だが達成可能であると認識した課題には、より積極的に没頭できるだろう。それに対して、自分のスキルが課題の難しさをはるかに上回る場合には、取り組み甲斐がないと感じる。そのような課題が多すぎると「退屈」に陥るだけで、同じことを何度も何度も片付けることには誰も喜びを感じない。同じ課題に繰り返し取り組んでいると、表面的には熟達したと感じるかもしれないが、居心地の良い領域に留まっていては喜びは得られない。一方、自分が扱えないほど難しい課題だと認識した場合には、「不安」を覚える。つまり、自分には取り組みようがないと感じる。そのような場合には、問題と答えを橋渡しするのに必要な知識やスキルが自分には欠けているため、生産的なことは何も手に入らない。

この難しさ＝スキルの枠組みは、数学における両極端な経験を理解する上でも役に立つ。数学の知識は複雑に絡み合っているため、ある項目に小さなほころびがあると、時とともにそれが拡大してさまざまな方向へ広がっていく。たとえるなら、ブロックを引き抜くにつれてジェンガが不安定になっていくようなものだ。たとえば「約数と倍数」の知識に抜けがあると、「分数」の基本を理解するのが妨げられ、さらに分数で表現される「確率」などのテーマを学ぶ段階になると、苦しみは増すばかりだ。カオス理論によると、小さな行動が時間とともに巨大な影響をおよぼすことがあり、チョウのちょっとした羽ばたきが地球の反対側で竜巻を引き起こしかねない。知識の重大な欠落をそのまま放っておくと、学習もカオスに陥ってしまう。知識の小さな欠落が爆発的に拡大して、苦しみをますます重く感じてしまう。その一方で、もともと面白みのない反復的な計算にひたすら取り組んでいると、少なからぬ学生が、数学は退屈極まりないと言い放つようになる（機械に任せるべきもう一つの理由だ。機械は退屈を感じない）。人間は好奇心と能力が高すぎるため、面白みのないことには耐えられないのだ。

数学には重層的な概念や難問が豊富に存在するため、数学専攻の学生も、また趣味で数学を学ぶ人やプロの数学者も、たびたびフロー状態に入る。新たな観念についてじっくり考えたり、一歩ずつ概念を飛躍させたりすることには、喜びが伴う。問題解決のための新たな戦法や思考のためのモデルを身につけるにつれて、自分はどんどん賢くなっていると感じられる。

しかしそれは簡単な話ではない。フロー状態に入れるかどうかは、自分の苦しみをいかに御するかでもっぱら決まる。問題につまずくのには二通りの場合がありうる。必要な予備知識が欠けている場合か、または、深い洞察によって何か斬新な形で知識を組み合わせる必要がある場合だ（もちろん両方の場合もある）。フロー状態を達成するには、自分の知識やスキルのレベルを評価しては、その両方にちょうど合った問題を見つけるという、フィードバックループが必要となる。心理学者のアンダース・エリクソンはさらに、熟練技を身につけるには何千時間にもおよぶ「限界的訓練」が必要で、その際にはフィードバックが重要な要素の一つとなると論じている。「限界的訓練には、フィードバックと、そのフィードバックに応じて取り組み方を修正することが必要である。訓練プロセスの初期においては、教師やコーチがそのフィードバックのほとんどを提供し、進捗状況をチェックし、問題点を指摘し、その問題点を解決する方法を示す[43]」。

教育の場合、そのコーチは個人教師という別の呼び名で呼ばれる。マンツーマンで個人指導する昔ながらのモデルは、アレクサンダー大王を指導したアリストテレスによって確立された。アリストテレスがリュケイオンに図書館を建てたとき、そこに収められた指導法に関する多くの書物には、個人教師は教え子の学識を把握した上でそれを高めさせ、誤解を正すことが重要であると説かれていた。もっと最近になると、１９８０年代にベンジャミン・ブルームがおこなった研究によって、「各個人に合わせた」マンツーマンの教育を受けた学生は、従来型のグループ指導を受けた学生よりも有意に成績が良いことが証明された[44]。要するに個人教師は、学習者が体系的に知識を身につけ、それを組み合わせてさらに学習を進めるのを後押しする。学生が自らの間違いを見つけて修正し、小さな失敗の一つ一つを成長のチャンスに変えるのを手助けする。注目すべきことに、ＡＩ研究の中でもっとも有望な分野である深層学習も、この自己修正の発想を基礎としている。深層学習アルゴリズムは、自らの間違いを知らされ、その情報を用いて自動的にパラメータを調節する。人間も自己修正をすることができるが、ときには、頼りになる個人教師やコーチに間違いを指摘してもらって、次のレベルに引き上げてもらう必要がある。個人教師は励ましたり促したり、刺激したりすることで、学習者がつねに没頭して最適な難しさの課題に取り組めるようにする。学習者の能力の限界を押し広げるような問題を選び、獲得したばかりの知識をできるだけ創造的な形で応用する機会を豊富に提供する。

ビデオゲームには何年も前からこのモデルが採用されている。とりわけ夢中になれるゲームは、最適な難しさになるよう設計されている。最初は基本的スキルはほとんど必要ないが、レベルが進むにつれてプレーヤーに徐々に新たなスキルを身につけさせ、さらに野心的な挑戦に取り組ませる。夜中に何時間もバーチャルゲームの世界を冒険してしまうのは、ことあるごとに次のもう少し高度なブレークスルーに達しようとするからだ。

良いコーチの特長の一つは、学生が自立するための手助けをすることである。エリクソンも、「時間が経って経験を重ねるにつれて、学生は自分自身を監視して間違いを見つけ、それに応じて修正することを身につけていかなければならない」と言っている。初心者から達人への道のりはそのように理解することができ、我々は自分のスキルに慣れるにつれて外部からのフィードバックループにあまり頼らなくなっていく。自己分析して自分の学習の道筋を設定し、適切な難しさの課題を見つけることを身につけていく。そうして知識の獲得を自らで統制する。それは規律に従った行動であって、何をいつ学ぶかを賢く選択することが求められる。ときには新たな知識の獲得を控えていったん立ち止まり、すでに学習した事柄を振り返って、それを使って問題を解くことが必要となる。ビデオゲームや個人教師は、学習者がいつ何をできるかにそれとなく適切な制限を掛けることで、最大限の学習効果が発揮されるようにしているのだ。

神託に縛られる

未解決の問題に挑むプロの数学者の苦しみは、その答えが手の届かないところにあるかもしれないという可能性に由来する。数学者のエドワード・フレンケルは数学の問題を、完成図が分かっていないジグソーパズルにたとえている。そもそも何かしらの絵ができあがるかどうかすら分からない不確かさが、苦しみの根源であるということだ[45]。その苦しみは、すでに答えが見つかっている確立された問題に取り組む場合とはかなり異なる。

一昔前に問題を解いていた人は、世界中の情報を瞬時に得られるなんて想像もできなかった。しかし、何もフィルターを通さずに知識を得られることには難点もある。創造的な思考は制約の中から現れるものであり、自らの知識を奪うことで知的な恩恵が得られる場合もある。答えが最初から示されていると、パズルは思考訓練としての価値（そしてもちろん楽しさ）を失ってしまう。インターネットはほかのどのテクノロジーとも違って、知識へのアクセスを大衆化した。その功績の大部分を主張できる立場にあるのがＧｏｏｇｌｅだ（企業もサービスも）。Ｇｏｏｇｌｅ社は「世界中の情報を整理する」ために創設され、そのサーチエンジンは今日のインターネットユーザーにとって神託同然のものである。ニコラス・カーは、「Ｇｏｏｇｌｅは我々を愚かにしようとしているのか？」という挑発的なタイトルの記事の中で、インターネットのせいで注意持続時間が短くなっていると非難している。[46] 情報がもたらされるのは「天の賜物（たまもの）」であると認める一方で、その情報が容易に把握できるようなサイズの断片として瞬時に提供されることを嘆いている。そのせいで我々の精神的習慣が変化して、没頭する代わりに次々に課題をこなすという傾向が植え付けられている。話のツボだけを安易に素早く把握しなければと急かされることで、忍耐や内省といった、フロー状態につながる何よりも重要な事柄を犠牲にしてしまっているのだ。

厄介な問題に挑んでいると不確実な状態に置かれてしまうが、インターネットがあれば、素早く検索するだけで瞬時に答えが得られる可能性がある。精神を鍛える訓練として問題を解きたいのであれば、出来合いの答えを拝借したいという衝動は何とかして抑えなければならない。Ｇｏｏｇｌｅは知識がスムーズに伝わるよう設計されている。コーチのような存在ではなく、あなたがどのように学習しているかなんていっさい気にしない。答えを提供するという唯一の目的を冷徹かつ正確にこなすだけだ。

実はこの問題はインターネットの登場前から存在していた。ほぼどんなパズル本でも答えは末尾に載っていて、読者が最後まで完全な形で問題を解く経験ができるよう工夫されている。しかし問題と答えを隔てている障壁が軽率にも外されると、パズル作家のそのような意図はないがしろにされてしまう。読者は答えをちら見するのを控えてくれるだろうと期待すると、そこに「自制心」という新たな要素が付け加わることになるが、多くの人は発揮できる自制心に限りがある。[47] そのため私はたいてい、パズル本からは答えのページを破り取ることにしている。多少のハードルを設ける私なりの方法で、努力して苦しむことで問題を解く経験を豊かにするにはそれが欠かせない。

Ｇｏｏｇｌｅは答えを提供する際に権威を押しつけるだけではない。あなたが検索の質問を組み立てる際にも介入してくるのだ。機械学習の中でももっとも有望な分野の一つで、ＡＩの究極の目標と広くみなされているのが、「自然言語処理」である。文章を調べ尽くして意味を理解する能力を獲得したテクノロジーは、我々が自分の考えていることをタイプし終わる前に、それを補完するのに使われるようになっている。入力予測はすでにあちこちで用いられており、おそらく誰もが、タイプしている途中のどこかの時点で、自動的に表示されるサジェスチョンを受け入れてしまっていると思う。これは個人指導とは方向性がずれている。もしも個人教師が生徒の思考一つ一つにちょっかいを出して、生徒自身が考えを述べる機会をほとんど与えなかったら、その教師は咎められて当然だろう。かつてのスペルチェックツールは、フィードバックを与えてかなりのハードルを設け、書き手が代わりの言い回しを検討できるようになっていたが、それがいまでは頭ごなしの自動修正機能に置き換わってしまっている。

情報技術は神託でなくコーチになる必要がある。答えを提供することを加減して、ユーザーがさらなる問いかけをできるよう、フィードバックや選択肢を進んで与えるものでなければならない。優れたオンライン学習コンテンツの中には、きわめて双方向的で、正解をそのまま押しつけるのではなく、ユーザーが自分の間違いを振り返れるようにきっかけや足場を与えるものもある。電卓ですら、ユーザーの学習の必要性にもっと寄り添うものにできる。ＱＡＭＡ計算機（"Quick Approximate Mental Arithmetic〔素早い近似的な暗算〕"の略で、ヘブライ語で「どれだけの量か？」を表す単語に引っ掛けている）[48]は、どんな計算をする場合にも、ユーザーが合理的な概算値と考える値を入力するよう求めてくる。その概算値が「合理的」とみなされれば（その定義がＱＡＭＡのアルゴリズムの肝である）、画面に精確な答えが表示される。ＱＡＭＡが合理的とみなす範囲から外れていたら、ユーザーに再び概算値の入力を求める。この情報時代にあって知識を出し惜しみするなんて古臭いように思えるが、目的を持っておこなえば、ただ受け身で情報を消費するのでなく、積極的に学習に取り組むよう促すことができる。

内なる衝動

私は以前はペーパークリップなんていっさい恐れていなかったが、哲学者のニック・ボストロムがある非常に不気味な思考実験の中で、人間レベルの知能を上回った未来の機械がどのような振る舞いを見せるかを考察した文章に出くわしたことで、すっかり考えが変わった[49]。ペーパークリップの製造を最優先目標とする超知能を思い浮かべてほしい。何ら害のない目標のように思えるが、その超知能の心の中に分け入ったところ、その超知能の設定する二次目標が思いもよらない結果をもたらしかねないことが明らかになったとしたらどうだろうか？　その超知能は地球上の全物質を巨大なペーパークリップ製造工場に転換してしまうかもしれない。さらには、自分の製造したペーパークリップの個数を記録するために、外宇宙空間をスーパーコンピュータに変えてしまうかもしれない。突飛な思考実験ではあるが、機械が一つのことだけに集中するとさまざまな問題につながることを思い出させてくれる。

この章でここまで示そうとしてきたとおり、我々人間もさまざまな問題に没頭して何かを生み出すことができる。我々の生物学的な基本構造は、思考や問題解決に数えきれない脅威をもたらす。退屈や不安の感情に取り憑かれるのは、機械ではなく人間だ。一方、我々の考え方の癖を見定める手段を持っているのも、機械ではなく人間である。我々は思考のスピードや課題の難しさを調整して、できるだけ生産的なフロー状態に自らを切り替えることができる。テクノロジーはフローに似た状態へ追い込むのに役立つが、それは知識を供給したいという衝動を抑えつけた場合に限られる。

最終的にフロー状態に入れるかどうか、どんなたぐいのフロー状態を経験するかは、自分が何によって掻き立てられるかに左右される。機械は動機を持った主体ではなく、（人間が規定した）数学的モデルに基づいて計算をおこなうことで、エラーが最小限になるような選択をするようプログラムされたものにすぎない。コンピュータを働かせるには、「オン」のスイッチを押すだけでいい。しかし人間の心は、少なくとも現在の知見によれば、プログラムに基づくそのような記述を超えた存在である。人間の「オン」のスイッチは内部にあって、我々がどんな観念を抱くかは、意識レベルと無意識レベルの両方で何に注意が向けられるかに大きく左右される。

我々がときに血や汗、涙を流してまでして問題を解くのは、それによって計り知れない満足感が得られるからだ。人間は外部からの報酬や罰に応じて振る舞うようつねに条件づけられているが、それでは最高の自分にはなれない。チクセントミハイによれば、何らかの問題によって「内的」に動機づけられたときのほうが、外部からの入力よりも自分の意識に集中するのにより多くの力を注ぎ、そのためフロー状態に達する可能性が高いという。人間にとって創造的である課題においては、外的な推進力よりも内的な推進力のほうがより強力に動機を掻き立てる。[50] 内的な推進力を受けたときのほうが、困難に直面しても立ち直れるし、非常に斬新な思考を進めることができる。強化学習など、ＡＩ研究者のあいだで人気のある「アメとムチ」の方法論では、人間の知性に関する重要な事実が見過ごされかねない。我々は単に課題を完了させることだけでなく、その課題を進めることに目的を見出したときのほうが、より生産的に、より創造的になり、より高揚するのだ。

第7章　協　力

ありそうもない二人組の数学者
アリはどのようにして知性を獲得するか
超数学者を求めて

人間と機械を競わせるだけでは、テクノロジーのストーリーの流れを見落としてしまう。計算のスピードや性能にかけて人間は機械に勝てるだろうなどという妙な期待を抱いていては、そのことには気づけない。機械はすでに順調な船出をして航海を進めている。その一方で、我々の対戦相手であるシリコンでできた存在が、いまにも人間の知性を無意味なものにしようとしているわけでもない。ここまでで分かったとおり、我々とは大きく異なる形の知性を持った機械は、思考を進めるためのすさまじく強力なパートナーといえる。機械はこの世界を見るための独特のレンズを提供することで、我々がこの世界を理解する方法を強化してくれるのだ。

パートIでは、我々と機械の思考方法を分け隔てる数学的知性の五つの原則を解きほどいた。そうして人間と機械を峻別しようとしたところ、両者のあいだのもっととらえがたい相互作用が明るみに出た。我々はテクノロジーを利用することで、自分たちが人間特有であるとみなしている知性のさまざまな側面を拡張することができる。そもそも知性はそうやって強化される。知的作業において機械がこれほどまでに有効な相棒になってくれるのは、機械が我々とは違うふうに考えるからこそだ。

冒頭で採り上げた、カスパロフによる人間と機械の協力関係の枠組みによると、特定の課題において機械と人間が効果的に協力しあえば、おのおの個別の寄与を足し合わせたのを上回る知的出力が得られるという。カスパロフによる枠組みは、「補完性」の原理に基づいている。人間と人間の協力関係の余地も、それとまったく同じ理由で非常に広い。むしろ我々の思考方法は驚くほど多様なのだから、さらに幅広いといえる。

ありそうもない二人組[1]

ケンブリッジ大学の数学者G・H・ハーディのもとには、何らかの数学的発見を成し遂げたと偉ぶる若者たちからしょっちゅう手紙が寄せられていた。1913年に届いた一通の手紙も、最初はいつもと変わらないように思えた。その書き出しはこんなふうだった。

拝啓、自己紹介をさせていただきます。私はマドラス港湾管理局の会計課でわずか20ポンドの年俸で働く事務員です。現在およそ23歳です。……

続いてこの事務員は、数に関する「仰天の」結果をいくつも導き出したと主張していた。手紙には、数式が殴り書きされた全11ページの紙が同封されており、そこに挙げられた120を超える結果の多くには漠然とした説明しか添えられていなかった。ハーディ自身の論文に収められている定理に何となく似ているものもあったが、ただし形式的な証明はなかった。驚くような結果もいくつかある一方で、たとえばすべての正の整数の和（1＋2＋3＋…）は－1/12であるといった、一見したところ完全にばかげているように思えるものもあった。そうした突飛な主張と、手紙の送り手の控えめなプロフィールとのギャップに、ハーディはほとんど興味を惹かれなかった。手紙は次のように締めくくられていた。

私は貧乏ではありますが、何かしらの価値があるとお考えでしたら、私の導き出した定理を発表したく思います。……経験不足ではありますが、先生のアドバイスを非常に高く尊重したいと思います。お手間をおかけしたことをお詫びいたします。心より、敬具、S・ラマヌジャン。

シュリニヴァーサ・ラマヌジャンは1887年、いまだイギリスの支配下にあったインドのマドラスで生まれた。10歳のときには、飛び抜けた成績と桁外れの記憶術が学校で注目を浴びた。ある教師は若きラマヌジャンの数学の才能を「規格外」と評した。ラマヌジャンは大学で数学を学ぶ奨学生に選ばれたが、進学の機会がほとんどなく、しかたなしにマドラス港で会計事務員の職に就いた。業務では人間コンピュータとして働いたが、その傍らで高度な数学を追究しつづけた。

ラマヌジャンの発想の源泉は、16歳のときに初めて出会った学部学生向けの一冊の教科書だった。ぶっきらぼうな記述で知られた教科書で、さまざまな事実や公式が簡単なものから徐々に複雑なものへと証明なしに挙げられていた。このスタイルがこの早熟なインド人にいつまでも残る印象を与えたのだった。

そんなラマヌジャンに目をつけた彼の上司が、インドに渡ってきたイギリス人たちにこの若き事務員を紹介した。しかし彼らは、ラマヌジャンは「偉大な数学者の資質」を備えているのか、はたまた「計算が得意な少年のような脳みそ」を持っているだけなのかを判断できなかった。前者であることを期待して祖国の数学者たちに掛け合ってみたが、何ら功を奏さなかった。くじけないラマヌジャンはイギリスの名だたる数学者たちに自ら手紙を書くことにしたが、ほとんどの数学者はいっさい関心を払ってくれなかった。ハーディに送った手紙も、数撃てば当たるかもしれないといった程度のものだった。

その弾も外れるかに思われた。ハーディも例に漏れず、その手紙を素人のたわごととして片付けるつもりだった。その晩、ディナーに出掛けるときにも、ラマヌジャンの手紙を再び手に取ろうなどという意識はなかった。しかし無意識の心の中には何かが引っかかっていた。あの手紙には目に映るよりも重大な事柄が隠されているかもしれない、そういう思いを拭いきれなかった。そこでハーディは同僚のジョン・リトルウッドに力を借りることにした。すると、ラマヌジャンの導き出した結論をもっと詳しく調べていくにつれ、そこには何か深遠な数学が潜んでいることに二人は気づきはじめた。ラマヌジャンの手紙を埋める奇妙な公式の数々は「真であるに違いない。なぜなら、もしも真でなかったとしたら、それをでっち上げる想像力なんて誰も持っていないはずだからだ」と、のちにハーディは述べている。哲学者バートランド・ラッセルの回想によると、翌日「ハーディとリトルウッドは大興奮の状態にあった。第二のニュートン、年に20ポンドしか稼げないマドラスのインド人事務員を見つけたと信じていたからだ」。こうしてハーディは、この謎めいた事務員をケンブリッジに呼び寄せる決心をした。

ハーディは返信の中で、ラマヌジャンの導き出した定理の数々に強い興味を覚えたと伝えるのに続き、次のように要求した。「あなたの研究の価値を適切に判断するには、あなたのいくつかの主張に対する証明を見せてもらうことが欠かせません」。それに対するラマヌジャンの返答はなんとも率直で正直だった。「もしも私の証明法をお見せしたら、先生もあのロンドンの教授［ラマヌジャンの申し入れを拒絶した人物］と同じ対応をなさるはずです」。1＋2＋3＋4＋…＝－1/12との主張については、「その証明をお伝えしたら、先生はすぐさま、私の行くべきは精神科病院であると指摘なさることでしょう」。

このピリピリしたやり取りによってハーディとラマヌジャンの協力関係の雰囲気が固まり、1914年4月にラマヌジャンは1か月におよぶ船旅の末にようやくロンドンに到着した。異国での暮らしに備えて、西洋風の服装をまとい、カトラリーで食事をする方法を身につけていた。しかしハーディが自分の数学研究の進め方を新たな弟子に受け入れさせるのには、さらに相当大きな努力を要することとなる。

ほとんどの基準から言ってハーディは一流の数学者だった。ケンブリッジ大学の優等卒業試験で4位の成績を収めたのち（自分が思っていたよりも順位が三つ下だった）、ヨーロッパ大陸で人気が高まりつつあった「純粋」数学のもっと形式的で厳密な方法論に身を捧げた。それだけに「醜い数学」に対して容赦がなく、「永久の」真理こそが数学研究の頂点であるとみなしていた。ハーディの書いた論文は必ずしも革新的な結論を示すものではなかったが、数学的論証の書き方の模範ではあった。細部まで練り上げた証明を誇りにし、それを職人技として大切にしていた。数学者の役割は、先人たちがたどり着いた知識の限界を、たとえ少しずつであっても広げることである、との見方を誇らしげに受け入れていた。数学の進歩は一歩ずつ前に歩んでいく旅路であって、突然の発見はおろか、経験的な発見に頼るものでもけっしてないということだ。

対照的にラマヌジャンの学問に対する見方は、宗教心から抜きがたい影響を受けていた（ヒンドゥー教の聖職者になるべく育てられた）。ラマヌジャンにとって数学は、繰り返し信じることに基づくおおむね全体論的な取り組みであった。深く根ざした直観と並外れた計算力に頼って数式をいじり回すことに喜びを感じていた。自分が導き出した驚くべき公式は、ヒンドゥー教の女神ナマギーリが神の力で暴き出して、彼の舌先にもたらしたのだといつも信じていた。

厳密な考え方のハーディと、離れ業で公式を紡ぎ出すラマヌジャンとのあいだには、緊張が張り詰めて当然だった。ハーディが考えるところ、公式だけでは数学的真理を生み出す土台としてはおぼつかない。ある公式が真であるとしたら、それは一般化された証明だけで立証できるはずだ。ハーディは根拠なしに信じることにも慣れておらず、もちろん宗教心に頼るたちでもなかった（わざわざ苦労して神の非存在を証明するくらいだった）。ハーディが数学を受け入れる基準には、ごくわずかなほころびの余地すらなかった。厳密な定義が必要であると考える無限和などの概念を、ラマヌジャンはぞんざいに扱っているとしてたびたび責めた。

しかしラマヌジャンのノートに記された膨大な公式を徹底的に調べたハーディは、それらをすべてつなぐ何らかの包括的なストーリー、もしかしたら一つの壮大な定理が存在するに違いないと確信する。ラマヌジャンはそんなつもりはないと言い張るが、どうしても納得できなかった。高尚な展望もなしにこれほど複雑なアイデアの数々を考え出せる人間がいるなんて、どうしても信じられなかったからだ。一方のラマヌジャンは、自分の主張を一つ一つ立証する必要があるなんて奇妙だと思った。ヨーロッパ人は自分の論証に自信がなくて、一つ一つのステップをいちいちチェックしなければならないというのか？

やがて二人は互いのスタイルを受け入れるようになった。ハーディですら、ラマヌジャンに形式的な指導を押しつけてもこの若き天才の首を絞めるだけだと気づいて、そのような無理強いをしないよう意識した。この歩み寄りが奇跡的に作用した。二人は最終的に互いの学問的な隔たりを乗り越え、のちにハーディはこの協力関係を、自分の人生で「もっともロマンチックな出来事」と形容する。晩年には全体論的に思考することの利点すら唱えており、その心情はインド人の相棒から拝借したことにほぼ間違いない。ラマヌジャンの公式に隠された目的はこの若きマエストロにしか直観できず、彼はそれを形式的に表現するのに苦労しているのだということを、ハーディも納得したようだ。

ラマヌジャンのケンブリッジ滞在は、世界が第一次大戦の脅威に直面した頃に彼が肺炎を患ったことで、突然終わりを迎えた。それがラマヌジャンにとって人生の終焉の始まりとなり、彼は１９２０年にインドに帰国してまもなく世を去った。ラマヌジャンの手紙から始まった彼とハーディの共同研究は6年間続いた。二人の発見の多くは数論の分野でさまざまな研究を掻き立てつづけており、中には二人の死からはるかのちに実用的価値が見出されたものまである（ハーディはそれを聞いてもさして感動しなかったかもしれない。自分の導き出した結論が役に立たないことを誇りにしていたのだから）。たとえばWolfram Alphaなどの現代のプログラムでは、πの各桁の計算にラマヌジャンの公式があからさまに使われている。

ハーディとラマヌジャンは、二人の人間が協力しあえば何を成し遂げられるかを身をもって示してくれている。とくに、相補うような考え方をして、大きく異なる視点を持った二人の人間が互いの才能を組み合わせると、大きな効果をおよぼす。そこで当然ながら、「nが2よりも大きかったらどうなるのか」という疑問が湧いてくる。つまり、一つの問題にさらに多くの人間を取り組ませたら、協力関係の秘める力はどのように高まるのだろうかということだ。

創発——全体が部分の和よりも大きくなるとき

昔から知性の概念は個人を中心として考えられており、その典型例が19世紀の歴史家トーマス・カーライルの唱えた「偉人説」である。[2] しかし一匹狼を賛美すると、その背後に隠れた人々の集団的貢献がしばしば覆い隠されてしまう。ミケランジェロはシスティーナ礼拝堂の天井を飾るあの傑作に対する称賛を一人で浴びているが、実際には13人の人間を集めて自らの監督の下でその絵を描かせたし、フィレンツェのラウレンツィアーナ図書館を設計した際には２００人を超す助手を使った。歴史家のウィリアム・Ｅ・ウォーレスは、この巨匠のことを「ＣＥＯ」、彼の作品のことを組織的事業の勝利と的確に呼んでいる。[3] トーマス・エディソンも一人で大発明を成し遂げたわけではないが、それに対する称賛の声を優秀な従業員から奪い取るためにはどんな労をも惜しまなかった。非常に重要な問題を解決するには、たった一人の兵士の知力よりも集団という武器が求められる。[4] 近年、「集合知」という概念が広まりつつある。ある課題に対する集団のパフォーマンスは、一人一人の賢さを合計するよりも、彼らが一緒になったときの知性を評価するほうがうまく予測できることが多い。[5] しかしそのような集団は、通常の人間の集まりとどこが違うのだろうか？　それに答えるために、昆虫の世界に目を向けることにしよう。

合理的などんな基準から言っても、アリは愚かである。脳がかけらほどしかなく（人間の脳が８６０億個の細胞でできているのに対して、アリの脳の細胞はたった25万個）、考えたり振り返ったり、計画を立てたりする能力はけっして高くない。ところが何匹ものアリが集まってコロニーを作ると、まぎれもなく賢い振る舞いを見せるようになる。コロニーになるとアリは、数々の驚くべき芸当を見せることができるのだ。餌を見つけたり、繁殖したりできる。菌類の農場を管理したり、「家畜」の面倒を見たりすることができる。戦争をしたり、防衛したりすることもできる。一匹一匹のアリは明らかに愚かなのに、どうしてそんなことができるのだろうか？

コロニーは非常に単純なルールに従って運営されている。例として、アリのコロニーがどのようにして役割分担をするのかを見てみよう。[6] 仮にそのコロニーが働きアリ・養育アリ・兵隊アリ・採集アリに均等に分かれていて、それぞれの役割のアリがコロニー全体の4分の1を占めているとしよう。役割によって匂いが異なるため、二匹のアリが出くわすと、触角を使って匂いを感知することで互いの役割を知ることができる。また、フェロモンの跡のパターンを認識することで、自分と違う役割のアリにそれぞれどのくらいの割合で出合ったかを記録し、その情報に基づいて自分のやるべき仕事を判断することができる。たとえばアリクイに襲われて採集アリが全滅し、コロニーのバランスがめちゃくちゃになったとしよう。働きアリは以前と同じく自分と違う役割のアリたちと出合うが、ただし出合うのは養育アリと兵隊アリのどちらかだけだ。この働きアリはほかのアリと出合うたびに、採集アリが不足していることに気づきはじめ、やがてその役割を引き受けるようになる。こうしてコロニー内の役割のバランスは元通りに戻る。アリたちは頂点にいる女王アリから命令を受けているわけではない（女王アリはお付きのアリから餌を与えられて世話を受けるが、もっと離れたアリに物理的に情報を伝える術はない）。相互作用の広大なネットワークを介して情報を集積することで、生産力の高いコロニーを築くことができるのだ。

アリは社会性昆虫と呼ばれる動物群の中の一つである（ほかにはミツバチやスズメバチ、シロアリなどがいる）。そのように呼ばれているのは大集団で生活しているからであって、社会性昆虫をすべて集めると地球上の昆虫の生物量の半分以上を占める。けっして愚かではないのだ。

アリのコロニーは「創発現象」の一例である。創発とは、「複雑系における自己組織化の過程で、整然としたまったく新しい構造やパターン、特性が生じること」を指す。[7] 創発によって説明できる現象は、アリのコロニーだけでなく多岐におよぶ。[8] たとえば、消費者と供給者の振る舞いが組み合わさることでどのように市場価格が決まるのか、個々の水分子が組み合わさることでどのようにして「濡れる」という性質が表れるのか、人間の脳の中にある860億個のニューロンが集団としてどうやって複雑な思考や記憶、さらには意識を生み出すことができるのか、といったことだ。これらの振る舞いの中には、機械学習プログラムではまだ創発できていないものもある。しかし、もっとも単純な要素を組み合わせることで高いレベルの振る舞いを生じさせるという、ボトムアップな方法で知性を構築するという同じ発想は、機械学習プログラムにも用いられている。

創発は単に愚か者を引き上げるための仕掛けではない。知性を持った存在、たとえば人間は、この同じ原理を使うことで、ネットワークを介して複雑な問題に挑むことができる。その第一条件が人数である。問題を解決するに際しては、孤立した人など誰もいない。人は日常の事柄に関する自分の知識を過大評価しがちで、心理学ではそれを「説明深度の錯覚」という。[9] よく挙げられる例がファスナーだ。人はファスナーのしくみを説明できるかと問われると、さまざまな知識をぶち上げるものだが、実際に説明してくれと言われるとたいして話せない。たいていの事柄のしくみについて事細かにでっち上げるというのは、我々人間の本性、認知的なけちくささの産物だ。たいていの場合、自分が知っていると考えている事柄よりも、実際に知っている事柄のほうが少ない。ファスナーの例のように、説明してくれと言われてようやく、自分が身の回りに関する知識をどの程度蓄えているかに気づかされる。問題の複雑さに対して、我々の脳の頼りない保存容量は不釣り合いであり、そのため我々が必要な知識を得るには、自分の身体や周囲の環境、そして他人に頼るほかない。他人と一緒に取り組むというのは、精神的課題を成し遂げるのに必要な知的作業を分担しあう方法にほかならないのだ。

集団が個人よりも優れた能力を発揮するという考え方は、昔から文献にたびたび残されている。[10] 1

907年のとある村祭りでは、ステージに上げられた一頭のウシの体重を推定するコンテストに、一般人787人が参加した（後年の記述では、瓶に入ったゼリービーンズの個数を推定したという話にすり変えられているが、結論は変わらない）。このコンテストを統計学者のフランシス・ゴールトンがその場限りの実験として採り上げて、参加者による推定値を分析した。調べたところ、その分布は予想どおり鐘型曲線に乗っていた（ほとんどの推定値が中央付近に位置し、上下に大きく外れた推定値は数えるほどしかなかった）。ゴールトンが驚いたのは、推定値の代表値がほぼ正解に近いことだった。参加者が答えた値の代表値は1197ポンドで、*実際の体重より1ポンド小さいだけだったのだ。「このような結果になったのは、民主的な判断が思っていたよりも信頼できるからではないか」とゴールトンは結論づけた。要するに、人間の集団もアリと同じように、一人一人の知性の合計よりも賢い振る舞いを見せることができるのだ。

しかし人数だけでは、生産的な協力関係を育むのに十分ではない。創発的振る舞いは容易に手に入るものではなく、単にたくさんの構成要素を集めただけでは生まれないのだ。アフリカゾウは人間の3倍のニューロンを持っているが、話すことも詩を詠むことも、数学的証明を組み立てることもできない。もっとずっと重要なのは、それらの構成要素をつなぐ構造である。我々の知性は、ニューロンの個数とともに構造によって決まっている。[11] ネットワークの設計がまずいと悲惨な結果につながりかねない。アリの巨大な群れが大きな円を描いてひたすらぐるぐる回りつづけ、最後には死んでしまったという事例が、博物学者によって何度も見つかっている。生物学者が「円形ミル」と呼んでいることの現象は、コロニーからはぐれたアリたちが、「目の前のアリに付いていけ」というもっとも単純な

*ゴールトンは外れ値による偏りを避けるために、中心傾向の指標として中央値を用いた。

ルールに従ってしまうことで起こる。この円形ミルを壊すには、一群のアリがどうにかして進行方向を変え、ほかのアリがそれに付いていくしかない。すべてのアリが何も考えずに無益なルールに従っていると、集団として期せずして大量自殺に終わってしまう。集団の振る舞いは良い方向にも悪い方向にも流れていく可能性がある。アリのコロニーの中で役割を分担できる一方、その同じアリが死に向かって着実に進んでいくこともあるのだ。

アリと同じように人間も、互いに影響をおよぼし合うことで、集団として不利益をこうむることがある。別のある実験では[12]、被験者に1本の直線を見せて、それが番号を振った何本かの直線のうちのどれと同じ長さであるかを答えさせた。一人きりで取り組んだ被験者は正答率が高かった。そこで別のケースとして、5人のサクラを部屋に入れ（被験者は彼らがサクラであることを知らない）、全員に同じ誤答を答えさせた。すると被験者は少々ためらって、3分の1もの人がサクラの誤答に引きずられ、正答率が大幅に下がった。第3章で学んだ人間のバイアスの原因を物語る、もう一つの例と言えよう。我々は群れの中にいないと生きていけないため、人間の推論は説得する・されるのダイナミクスによって方向づけられることが多い。心理学者のアーヴィング・ジャニスは「集団思考（グループシンク）」という言葉を作った。これは、「結束した小さな集団のメンバーは団結心を維持するために、共通の幻想やそれに関連した規範を無意識のうちに数多く立てる傾向があり、それらが批判的思考や現実検討を妨げる」という社会現象のことである[13]。協力関係は他人の精神状態を推理することによって強まるものだ。我々は経験上、前提に疑問を抱くことをあえて避けるとともに、大多数の見方であるという理由で、欠陥のある主張に迎合する。アリの死の行進と同じだ。

多様性はなぜ重要か

人間どうしの協力関係という諸刃の剣を確実に好ましい方向へ向けるには、どうすればいいのだろうか？　そのためには「意見の多様性」が欠かせない。それが実現するのは、「たとえ既知の事実を突飛に解釈しただけであっても、それぞれの人が何かしら他人とは違う情報を持っている」場合である。[14] そうであれば、各個人の独立した判断が組み合わさって大きな効果をおよぼす。思い違いがあっても互いに打ち消し合ってくれる。ウシの体重当てコンテストの参加者たちはそれぞれ、自分特有の人生経験に基づく一握りの情報を提供した。肉屋はこの前に捌いたウシを思い返すかもしれない。ウシの熱狂的なマニアは、ウシの典型的な体重についてたまたま読んだことがあるかもしれない。肉を毎日食べる人なら、自分の一口サイズから考えていくかもしれない。野菜好きの人は判断基準がいっさいなくて、直観に頼るかもしれない。完全な人生経験なんてないのだから、誰も完璧に言い当てることはできない。しかし十分に多様な集団であれば、集団的知識の幅が非常に大きくなって各個人の思い違いが相殺しあい、全体の平均の推定値が驚くほど精確になるのだ。

自分の「説明深度の錯覚」を他人に崩してもらいたいのであれば、他人の知識が自分の知識の真似になっていないよう気をつけなければならない。自分の世界観を増幅させるのではなく、拡張しなければならない。似たような考え方の人たちからなる均質な集団は、もとから共有している狭い考え方を都合よく利用しがちだが、不均質な集団はおのおの相異なる見方を組み合わせて、精神的視野を押し広げることができる。それは分子のレベルでも成り立つ。我々の消化系では何種類ものたんぱく質が働いていて、それぞれのたんぱく質がある主要な食物群を分解する。でんぷんはアミラーゼ、脂質はリパーゼといった具合だ。1種類のたんぱく質で何でも分解できるわけではない。我々はたんぱく質の集団的能力に頼っているのだ。[15]

この「知的多様性」こそが協力的な集団の貴重な財産であって、[16] それがもっとも活かされるのが、複数の分野にまたがっていて複数の観点が求められる問題においてである。進化的観点から見ると、知的多様性は生物集団が生き延びる上で欠かせない。どんな社会にも、新たな発見へと導いてくれる多様な冒険者が必要だ。それとともに、リスクを避ける人や、その中間の気質を持ったさまざまな人も必要である。それによって、新たなフロンティアを切り拓くことと、すでに利用できる資源をしゃぶり尽くすこととのあいだの適切なバランスを取ることができる。

集団の知的多様性が高ければ高いほど、その集団の観点も、知識の処理のしかたも多様になって、集団的知性が各個人の総和を大きく上回る（その一例として、女性の占める割合から、高い成果を上げる集団を予測できる）[17]。

新型コロナウイルスのパンデミックを例に挙げると、公衆衛生や疫学、ウイルス学や免疫学、一次医療や集中治療、行動科学や経済政策など幅広い分野の専門家に助言を求めることで、効果的な対応がなされた。数学的モデルを立てる人もそこに含まれ、このウイルスの影響に関する新たな証拠が得られるたびに幅広いシナリオを予測した。イギリスでは数学者が大人気を博した。ちょうどパンデミックの直前に首相の上級顧問ドミニク・カミングスが、行政にもっと科学的な考え方を採り入れようと、「変わったスキルを持った変人やはみ出し者」を求むとブログに投稿した。念頭にあったのは数学に明るいデータサイエンティストで、政府の緊急時科学諮問グループ（SAGE）にそのような人材が採用されることになった。変人にとって良いニュースだったと思われるかもしれないが、数学者（ほとんどの数学者は自分は変人ではないと思っている）に対する最近の熱狂ぶりのせいで、逆に新型コロナウイルスに対するもっと多元的な対応が損なわれたかもしれない。学術誌『ネイチャー』に掲載されたある署名記事の中で22人の人物が、疑念のある政策を正当化するために数学的モデルが政治利用されていると痛烈に非難し、データに基づく予測の正確さに過剰に信頼が置かれすぎていると訴えた。[18] そして、関連し合った複数の分野の一つとして数学的モデリングが役割を果たしているのは確かだが、世界的パンデミックのような複雑で多面的な問題においてそれがすべての分野を支配すべきではないと明言した。ＳＡＧＥのチームにウイルス学者や免疫学者、集中治療の専門家が一人もいない（しかも23人のメンバーのうち女性はわずか7人である）ことがこの記事によって明らかとなり、政府の対応体制が一握りの選ばれた視点に限られているという懸念が噴出した。[19] そこでその知的多様性の欠如を埋め合わせるために、別の対応グループがいくつか作られた。[20]

新型コロナウイルスのモデル自体も多様性のパワーを活用している。疫学者が頻繁に用いる「アンサンブル法」は、その名のとおり、複数のモデルを組み合わせて予測を立てるという方法である。これもまた「群衆の知恵」のメカニズムであって、各モデルがおのおの主張をおこない、投票メカニズムによって最終的な予測を決定する。個々のモデルがある程度の不確定性を帯びていても、アンサンブルモデルはそれらより優れた性能を発揮することが多い。アンサンブルによって各モデルの優れた要素が抜き出され、もっとむらのある要素は打ち消し合う。新型コロナウイルスに関するそれぞれのモデルは、データと、モデルを立てる各人の置いた仮定から導き出される。ここで重要なのは、数学者（あるいは変人）がそれ以外の人よりも優れているかどうかではない。モデルを立てる人の多様な集団どうしをいかにして結集させて、個々の集団よりも優れた性能を発揮するかということだ。[21]

アンサンブルモデルはＡＩにも好んで用いられており、複数のアルゴリズムを組み合わせて個々のアルゴリズムよりも高い性能を引き出す。それと同様に、前に述べたとおり、あらかじめルールがコードされた昔ながらのシンボリックＡＩと、現代の機械学習アルゴリズムとを組み合わせることもおこなわれている。知能の自動化に向けた二つのまったく異なる方法論を組み合わせるという手法が、いずれか一方よりも優れている（そして人間の知性をより反映した）ものとしてもてはやされつつあるのだ。

知的多様性のパワーは、一つの状況に対して各モデルが非常に幅広い表現を当てはめることに由来する。そのため、信じられないほど豊かで多様な社会文化的遺産を有する我々人間は、問題解決のために力を合わせることで繁栄できる。第2章で見たように、我々の使っている記数体系などの数学的構成概念は、我々の経験や環境的背景と絡み合っている。さらに心理学者のリチャード・ニスベットは、文化が我々の世界観に深い影響をおよぼすことを実験によって示した。[22] たとえば西洋人と東アジア人とでは、注意の向け方がそれぞれ異なるらしい。さまざまな場面の写真（列車や、森の中にいるトラ、山のあいだを飛ぶ飛行機など）を見せると、アメリカ人は中心の対象に焦点を絞りがちだが、日本人は場面全体を見渡して背景の細部にも同じくらい視線を向けることが多い。錯視に対する被験者の反応を調べたいくつかの研究でも、文化と情報処理とが影響をおよぼし合うことが明らかになっている。

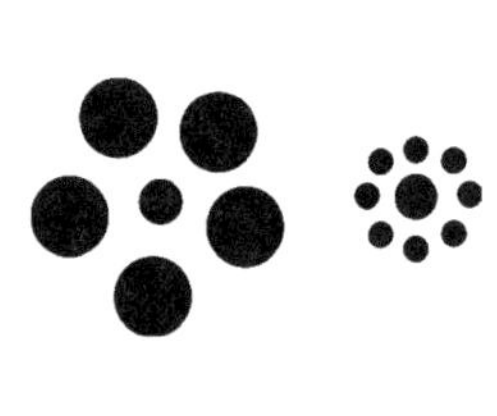

右図の中央の二つの円を見てほしい。[23] 先進国の被験者のほうが、右側の円のほうが大きいと（誤って）答える割合が高いが、実は二つとも同じ大きさである。外側の円を取り除くとこの錯視は消失する。内側と外側の円の相対的な大きさを考慮することでこの間違いが生じるのだ。もっと「伝統的」な社会の被験者は、抽象化をおこなう素地がないため、中心の円と外側の円の関係性から影響を受けることが少ない。そのためこの問題については正答率がはるかに高いが、抽象化に頼る問題（たとえばＩＱテストでよく出される問題）ではその傾向が逆転する。[24]

ここで言いたいのは、一方のものの見方がもう一方の見方よりも優れているということではなく、互いに相補うような視点によって、問題に対する我々の集団的な理解が広がるということだ。多文化主義を推し進める根拠が一つあるとしたら、これが間違いなくそうだ。さまざまな生き方やあり方に接することで、心の中のモデルの織りなす模様がもっと豊かになって、一枚岩の思考パターンから自由になれるのだ。

ＡＩモデルを多様化しようという技術的取り組みが盛んにおこなわれている一方で、皮肉にも厄介な話として、この分野自体はいまだに人材の幅が狭い。機械学習の専門家の80パーセント以上が男性であるし、[25]ＧｏｏｇｌｅやＦａｃｅｂｏｏｋ、Ｍｉｃｒｏｓｏｆｔの社員のうち黒人の占める割合は5パーセントにも満たない。[26]このようにＡＩ開発者の人口構成が狭い原因は、この技術分野に根ざした偏見にさかのぼることができる。大手ＩＴ企業がそのような懸念を表明したところで、いまのところ口先だけにすぎない。注目を集めた事件として、Ｇｏｏｇｌｅのティムニット・ゲブルが、同社のサーチエンジンに用いられている自然言語モデルの差別的傾向を浮き彫りにした論文に共著者として名を連ねたところ、その論文が内部調査を受け、ゲブルは退職に追い込まれた。[27]少数派の口を封じれば、一握りのイノベーターの決めつけたことがそのまま放置され、我々人間の内に潜む偏見をＡＩが受け継いで増幅する事態につながってしまう。

ラマヌジャンとハーディのありそうもない協力関係について再び考えてみよう。一人はヒンドゥー教の聖職者階級、もう一人は熱烈な無神論者。一人は教科書の風変わりな公式に夢中になり、もう一人はヨーロッパの厳密な方法論に掻き立てられた。一人は全体論的に考え、もう一人は形式的な証明を求めた。どちらの数学者も、生い立ちや環境、そして受けた教育のあらゆる側面によって築かれた、この世界に対するおのおのの心像を、同じ問題に当てはめた。これほどかけ離れた背景を持っていたことで、二人は互いの観点を豊かにすることができた。ありそうもない協力関係だったからこそ、ここまで力を発揮したのだ。

科学の発展の弧は協力関係へと向かう

科学は複数の役割や観点を必要とする集団的活動である。よく見られるイメージとは違い、地下の研究室で次なる画期的なブレークスルーを独り探す、孤独な天才だけの領分ではない。そもそもどんな問題が解くに値するかを見極めるには、同業者のコミュニティが必要だ。答えが示されたら、査読委員会を招集して、提出された論文が的確で本質を突いているか、学術誌に掲載する価値があるかどうかを判断しなければならない。ノーベル賞や、数学でそれに相当するフィールズ賞を目指すといった、非常に個人的な取り組みですら、専門家からなる審査委員会に評価されるかどうかにかかっている。地下室に閉じこもって名声をものにする科学者なんて、いまでは一人もいない。

アイザック・ニュートンの有名な言葉のとおり、どんな科学者も、それまでの世代が徐々に築いてきた土台、いわゆる「巨人の肩」の上に立っている。近年において取り組む価値の高い問題は、多様な解決戦略を持ち寄る科学者のチームを必要とする、学際的な性格のものである。1960年代にまでさかのぼるいくつかの研究によって示されているとおり、とりわけ多くの成果を生み出す科学者、そしてとりわけ有名な科学者（ノーベル賞受賞者など）は、非常に多くの共同研究をおこなっている。[28] 社会科学者のエティエンヌ・ウェンガーはそれを次のように見事に表現している。「今日の複雑な問題を解決するには、複数の観点が求められる。レオナルド・ダ・ヴィンチの日々は終わっているのだ」。[29]

近年になって科学がますます協同的な取り組みになっていることが、数々の経験上の証拠から読み取れる。ケロッグ経営大学院の教授、ブライアン・ウッツィとベンジャミン・ジョーンズが2007年におこなった重要な研究では、データベースWeb of Scienceに登録されている2000万本近い研究論文を分析したところ、1950年代から「チームへの変化」が認められ、「チームが目につきやすくなるだけでなく、年を追うごとにその規模が大きくなり、……また大多数の分野にわたって、チームがとりわけインパクトの大きい論文を生み出すことが増えている」ことが明らかとなった。[30] 生物医学と生命科学の分野の論文を集めたデータベースPubMedの分析では、1913年から2013年までに一論文あたりの筆者の人数が5倍に増えたことが示され、2034年には筆者の平均人数が8人に達すると予測されている。[31] この研究ではその原因として、大型ハドロン衝突型加速器（LHC）やヒトゲノムプロジェクトといったいわゆる「ビッグサイエンス」の台頭を挙げている。前者を例に取ると、いくぶん皮肉なことに、「ヒッグスボソン」という呼び名はその存在を初めて予言した一個人（ピーター・ヒッグス）にちなんで付けられたものの、その存在を「確認」した2本の論文には、何十もの研究機関や国から集まった5000人を超す筆者が名を連ねている（いずれの論文も約30ページの長さで、そのうちの19ページほどが筆者のリストだけで埋められている）。[32] ピーター・ヒッグスはその貢献が正しく認められてノーベル賞を獲得したのかもしれないが、何千人もの工学者や理論家、実験技師にも功績があり、彼ら一人一人の役割が組み合わさったことでこの発見が可能となった。大勢の人の専門性が求められる問題に合わせて大規模な共同研究が増えてきた現象を指すために、「ハイパーオーサーシップ（過剰な人数の筆者）」という言葉まで作られている。[33]

数学も同様の傾向に従っていて、ここ100年で共同研究が劇的に増えている。1940年代から1990年代までに、共著論文に関わった筆者の割合は28パーセントから81パーセントに急増した。[34] 一人の筆者に対する共著者の平均人数も、0・49人から2・84人へと増えた。数学において共同研究をもっとも強く推し進めた一人が、20世紀のハンガリー人数学者ポール・エルデシュである。エルデシュが何よりも重んじたのが、数学の問題である（およびコーヒー。「数学者はコーヒーを定理に変える装置である」という名言を体現していた)。問題を解くことは個人主義的な取り組みではないという考え方で、スーツケース一つで世界中をめぐりながら同業者を探し、500人を超す数学者と共同研究をおこなった(彼の共著論文の多くは死後になってからも出版されつづけた)。あまりにも数多くの共著論文を書いたため、数学者には「エルデシュ数」という値が付与されている。これは、このハンガリー人から「共著関係を介してどれだけの距離にあるか」を表した数である。つまり、エルデシュと共著論文を書いたことのある人のエルデシュ数は1、エルデシュと共著論文を書いた誰かと共著論文を書いたことのある人のエルデシュ数は2、といった具合だ。ハリウッドの俳優がケヴィン・ベーコンからどれだけの距離にあるかを表した数というものがあるが、*これはその数学バージョンと言える。

数学者のウィリアム・サーストンはさらに突っ込んで、数学研究の目的自体を協同作業に結びつけた。「要するに数学は、周囲に知見を広めて新旧両方のアイデアに命を吹き込む数学者たちの活発なコミュニティの中にしか存在しない。数学から得られる真の満足感は、他人から学んで他人と分かち合うことにある。我々はみな、明確に理解しているのはいくつか限られた事柄だけで、それよりずっと多くの概念はぼんやりとしか理解していない[35]」。

数学的知性は我々の社会構成と結びついている。我々は自分の考えを他人に納得させるために、論証をおこなう。他人がどう考えてどう振る舞うかをとらえたモデルを立て、難解な観念を伝え合うために知識表現を組み立てる。他人がおもしろがると思う問題を問うたり、それに答えたりする。

独り閉じこもって孤独に答えを追い求める数学者は稀だ。アンドリュー・ワイルズはそうした稀な人物の例にふさわしいかもしれない。知られているとおり、7年以上にわたってフェルマーの最終定理の証明をひそかにこつこつと進めていた。しかしそんなワイルズですら、いずれは世間の輪の中に入らなければならないことに気づいた。そこで連続講義を開いてその証明を発表し、同業者に細かく吟味してもらうことにした（彼の論証には一つ抜け穴が見つかり、それを塞ぐためにさらに1年かかることとなる）。個人として優れた才能の持ち主であるワイルズも、358年間にわたる証明の試みによって蓄積されてきた結果をつなぎ合わせることで力を得た。最終的なブレークスルーを成し遂げたのはワイルズだが、彼も以前の数学の巨人たちの肩の上に乗っていた。ワイルズの証明のようすがとなった業績をいくつも残した数学者のケン・リベットは、ワイルズがあれほど秘密裏に研究を進めようとしたことを不思議に思って、次のように述べている。

自分が何をやっているかを明かすこともなく、進展具合について語ることもなしに、あれほど長いあいだ研究に取り組んでいたというケースは、私が知る中でおそらくほかにないだろう。我々のコミュニティでは、みな必ず自分の考えを共有し合っている。……数学者は学会に集まり、互いに訪問してセミナーを開き、Ｅメールを送り合い、洞察力を借り、意見を求める。ほかの数学者に話をすれば、よくやったと背中を叩かれ、君の成果は重要だと声を掛けられる。それがいわば栄養になるのであって、それを自ら絶ったら、きっと心理学的にかなり異常なことをやっていることになってしまう。[36]

現代の数学はビッグサイエンスと同じく複雑であるため、ワイルズの事例は問題を解く人たちのあ

＊ベーコンはさまざまな映画に出演しているため、誰か俳優を一人選んで、映画で共演した関係を介してベーコンにつなげていくというゲームがある。ふつう、６本の映画を介してベーコンにつながる。

いだでも異端でありつづけるだろう。20世紀の数学の雰囲気を真にとらえていたのは、エルデシュの協力的精神のほうである。数学者はさまざまな分野の専門知識を集結することで、数学でもとりわけ手強い問題に挑んでいたのだ。

20世紀でもっとも並外れた数学の成果の一つは、もっとも協力的な営みの産物でもあった。抽象的な代数構造の構成部品である「有限単純群」に関する成果である。その定理はすべての有限単純群を分類することを目指したものであって、その分類はこの分野における究極の目標とみなされていた。化学者が原子に基づいて分子を研究したり、数論学者が素数の変わった性質を探ることで整数を研究したりするのと同じように、代数学者は有限単純群をもっとも基本的な研究対象ととらえている。

その共同研究のきっかけとなったのは、1972年にシカゴで開かれた連続セミナーにおいて、数学の複数の糸を撚り合わせることで有限単純群を作る方法を残らず列挙しようという展望が示されたことだった。その証明の驚くべき点は、規模と形式にある。世界中の100人の筆者による、500の学術誌に散らばった、計1万ページを超す論文群から構成されているのだ。これほど大規模な数学的証明は前例がなかった。疑り深い人たちはこの証明に間違いがいっさいないなどとは信じられず、徹底的な精査の結果、確かにいくつか間違いが見つかった。そしてそれから何年かかけてしかるべく修正された。大きく貢献した数学者の一人は2004年に次のように記している。「私の知る限り、［我々の論文の］主定理によって、もとの証明にあった最後の抜け穴が塞がったため、（さしあたり）この分類定理は一つの定理とみなすことができる」[37]。今日もなお、その証明を単純化しようと取り組んでいる数学者が何人もいる。

この証明の特徴として示唆に富んでいるのが、誰一人としてその証明全体を理解していないことである。すべてを知るたった一人の権威がいないことから見て、創発的振る舞いにはもう一つの前提条件があると言える。それは「非集中化」である。アリのコロニーの中で次々に司令が伝えられるのは、一匹の女王アリが家来たちに命令を下すからではない。一匹一匹のアリが局所的な行動のしかたを文字どおり嗅ぎ取ることで、コロニー全体に司令が広がっていくのだ。ビッグサイエンスや数学における共同研究でも、各人が限られた知識に頼ることで全体の結果に貢献することができる。これと同じ協力関係のモデルが、現代の労働環境も変えつつある。ＡＩの先駆者ノーバート・ウィーナーは、人々の作る組織を「血と肉でできた機械」ととらえ、固定された役割に縛られていると人間の知力が無駄遣いされてしまうと考えた。

……同じ役割を何度も繰り返しこなすよう強いられて、それに束縛されたら、その人はまともな人間どころか、まともなアリですらないだろう。ずっと同じ個人的役割、ずっと同じ個人的制約に従って我々を組織しようとする連中は、人類を半分にもはるかに達しない出力で働かせていることになるのだ。[38]

ウィーナーのこの忠告に従う現代の企業は、硬直化した階層構造を崩してもっと流動的な構造を採り入れることで、複数の部門にまたがる活動や分野の壁を越えた考え方を促している。[39]今日の革新的な企業に共通する一つの特徴は、チームが自らの目標や仕事の手順を定める自由を与えられ、小さなユニットとして活動することである。各ユニットが独自の文化を築くことで、組織全体が過剰に画一化されるリスク、そしてそれに伴う盲点に陥るリスクが下がる。必要に応じて複数のユニットが手を組んで、おのおののスキルや観点を組み合わせることで、分野の壁を越えたプロジェクトに取り組む。上級役員ですら創発から恩恵を得ようとしているようだ。

クラウドソースの超数学者に道を譲る

数学の世界では20世紀末までに共同研究の習慣が十分に根づいた。研究が複雑になったことで、従来の障壁を破って協力し、集団的知性を育むことが数学者に求められるようになった。その頃に登場したインターネットがそこにぴたりとはまり、デジタル時代のテクノロジーによって人々がかつてない形でつながれるようになった。インターネットは、「非集中的構造」の中で「多様な意見」を活かすために発明されたようなものだ。

ウェブテクノロジーによって情報が増えただけでなく、我々と情報そのものとをつなぐツール、そして我々と情報を生み出す人とをつなぐツールも爆発的に増えた。Ｇｏｏｇｌｅなど、神託所にも近いサーチエンジンは、我々人間の生み出す知識をもっぱら対象としている（デジタルコンテンツが次々に自動化されても、とりたてて興味深い疑問や答えはいまのところ我々に任されている）。ソーシャルメディアを介して世界中の何十億もの人が、ありとあらゆるテーマに関する共通の会話にリアルタイムで参加しつつある。経済学者のアンドリュー・マカフィーとエリック・ブリニョルフソンは、「世界中に分散していて、いまやオンラインで利用することができ、人々が注目することのできる、人間の驚くほど大量の知識や専門性、情熱」を、「群衆の創発」という言葉で表現している。[40] マカフィーらは、インターネットの黎明期にオンラインコンテンツの制作を厳しく統制しようとして失敗した例をいくつか挙げている。人間の生み出す膨大なコンテンツが指数的に増えていったことで、Ｙａｈｏｏ！などのサイトはすぐに圧倒されてしまった。マカフィーらは今日のウェブを、「巨大で無秩序に広がり、つねに大きくなりつづけて変化する、群衆の作る図書館」になぞらえている。

しかしまとまりのないインターネットは、人類史上もっとも効果的に統制の取れたいくつかのプロジェクトの場にもなっている。オープンソース運動の核となっているのは大衆の協力関係である。ソースコードと製品仕様を公開して、人々がそのオリジナルの設計を自由に修正しては独自のバージョンを発表し、コミュニティに還元する。オペレーティングシステム（Linux や Android など）、ブラウザ（Chrome や Firefox など）、データベース管理システム（MySQL や MongoDB など）は、そのようにして進められて注目を集めたプロジェクトのごく一部にすぎない。

オープンソースプロジェクトは、人類の集団的知識に何らかの秩序をもたらすことにも役立っている。Reddit や Quora、Stack Exchange などのインターネットフォーラムや、Wikipedia（「インターネット上の最後で最高の場所」との異名を持つ）[41] などのリポジトリは、ウェブによって可能となった創発の典型例である。単純な主体（素人の寄稿者）が単純なルール（管理プロトコル）のもとで働くことで、集団として個人の能力を上回る成果を生み出す。いずれもボランティア精神を頼りにしており、人々が本来持っている利他的な原動力によって、高品質で信頼できるコンテンツを大量に生み出すことができる。

これらの例から明らかなとおり、非集中的構造の中で群衆を信頼すれば、有資格専門家と同じ水準を達成して維持することができる。それどころか群衆はその水準を上回ることができる。「説明深度の錯覚」はどんな人にも付きまとっているため、一握りの専門家を集めただけではどうしても盲点が生じてしまう。協力者の人数を抑えると、自分たちの知っていること・知らないことに対する集団的感覚も失われてしまう。自発的に人々が集まることで人数が増え、選ばれた少数の人では太刀打ちできないような多様な観点がもたらされるのだ。

これと同じモデルが、数学研究の最前線を押し広げるために一部の方面で利用されつつある。その場合、主体はそこまで「単純」ではないかもしれない。未解決の数学問題の解決に貢献できる人は、かなりの経歴を持っていなければならないはずだ。しかし数学者のティム・ガワーズは、２００９年に投稿したブログ記事「大勢の人が協力しあう数学は可能か?」[42]の中で、オンラインで人々が協力するためのツールを使えば、大規模な問題解決を当たり前のようにできるようになるのではないかと考えた。インターネットによって情報はほぼリアルタイムで拡散するため、数学者は少なくとも互いの研究を知ることが増えてきている。ならば、何らかのフォーラムを使った意図的な取り組みによって、さらに多くの人の頭脳を特定の問題に振り向けたらどうだろう? ガワーズは有限単純群の分類の研究をヒントに、その方法論を改良してデジタル時代のツールを利用するようにしたらどうだろうかと考えた。「その問題について何でもいいから言いたいことのある人が、口を出せるようにするという発想だ」。Wikipediaと同じく、その取り組みを任せるのはボランティアと、新たな展望を目指して知識を共有したいという内なる衝動である。従来の学界の枠組みには必ずしも収まらない多様なスキルや観点を活用して、より多くの人、より多くのタイプの人が参加できるようにする。

研究に関しては人それぞれ異なる特色を持っている。次々にアイデアを出してくる人もいれば、それらを批判する人、細かい部分をこつこつと片付ける人、アイデアを別の言い回しで説明しなおす人、関連した別の問題を立てる人、乱雑な大量のアイデアから一歩下がって、そこからもっと筋の通った全体像を描き出す人もいる。一つのプロジェクトで大勢の人が協力すれば、それぞれの人が特定の役割に集中できる。……要するに、数学者の大きな集団がおのおのの頭脳を効果的に連結できれば、非常に効果的に問題を解くこともできるだろう。

ガワーズは数学における「二つの文化」についても記している。問題を解く人と、理論を立てる人である。前に紹介したようにフリーマン・ダイソンは、数学者を、架空の鳥（さまざまな概念を結びつけようとする）とカエル（一度に一つの問題に無心で集中する）のどちらか一方に特徴づけた。それぞれのタイプは異なる立場に立って、異なるツールを振るい、異なる観点を持つ。ガワーズは数学におけるこの二つの文化の調和を望み、インターネットがそのためのツールになると感じた。

ガワーズの念頭にあったのはブログやウィキ、フォーラムといったデジタルメディアで、これらは協同的な問題解決を可能にするだけでなく、それを方向づけることもできる。ガワーズは、バーチャルな協力関係の可能性を最大限に引き上げられると考えるルールを、以下のように丹念に挙げていった。「コメントは手短で読みやすいものにすべし」。「礼儀作法に従い、ばかげたものであってもあらゆるアイデアを歓迎すべし（他人の研究を指すときに『ばかげた』という言葉はけっして使うべからず）」。「この共同研究から生まれた発表論文では、集団としてのペンネームを筆者名として使い、すべてのコメントへのリンクを付すべし」。とくに注目すべきが次のルール6で、これは創発の原理に基づいている。「誰か一人が全体を必死で考えなくても問題が解決されるのが理想である。困難な思考は、つながり合った大勢の人の頭脳の端々に分散した脳を持つ、いわば超数学者によってなされるべきである」。ガワーズのこの提案は数学界に共感を呼んだ。彼のブログ記事には200件を超すコメントが寄せられ、テレンス・タオなど世界レベルの数学者も賛同した。そうして「ポリマス・プロジェクト」が発足し、続く投稿の中でガワーズはある特定の問題に狙いを定めた。*

ではそれはうまくいったのか？　単純なツールと、さらに単純なルールを前提としたバーチャルな

＊ヘイルズ＝ジュウェットの定理と呼ばれるその問題は、実はすでに解決されていた。ガワーズが目指したのは、組合せ論的手法を用いた別の証明である。

共同研究から、超数学者は創発したのか？　明るい展望が開けるのも当然だ。ガワーズは7週間もせずに、この最初の問題は「おそらく解決された」と宣言し[43]、それから3か月以内で疑念が一掃された。40人を超す人が、程度の差こそあれその解決に貢献した。このポリマス・プロジェクトはさらに、二つの未解決問題の解決に向けて大きく前進を果たした論文も生み出した。どうやら超数学者は創発して、ちょっとした証明を一つずつ片付けているようだ。これを受けて、高校生や大学生を対象とした同様の取り組みがいくつか進められ[44]、そのいずれにおいても、数学者は一緒に取り組むことでもっとも力を発揮するという非常に単純な考え方が活かされた。

意思を共有する

誰もが問題解決のために集結する余地がある。従来と異なる将来の問題に対処するには、多数の知的主体に分散した知識とスキルが求められるだろう。MITにいた伊藤穰一（じょういち）は、進化と拡大を続けるネットワークに当てはめて知性をとらえた、「拡張知性」という概念を提唱している[45]。新たな問題に取り組むために、幅広いモデルを開発して組み合わせる上では、AI自体もそのさまざまな細かい点に寄与する。しかし人間も、というより人間だからこそ、一人一人の経験によって形作られた無数の世界観と、我々の持つそれぞれ異なる表象を通じて、そのネットワークを豊かにする。あなたも私も、そしてこの惑星上のすべての人も、そのネットワークの一部なのだ。

我々の中で問題を解く能力がとりわけ高いのは、とりわけ協力的な人だろう。そういう人はメタ認知的意識を持っていて、自分が何を知っているか、そしてもっとも重要な、まだ何を知らないかを知ることができる。我々人間の精神を補完してくれる精神を探すにつれて、問題解決はもっと社会的な活動になっていくだろう。ここまでの章で挙げたさまざまな形で、コンピュータと手を組むことになるだろう。しかしその一方で、人と人をつなぐデジタル時代のテクノロジーを使って、自分たちの同類ともっと密接な知的結びつきも築いていくだろう。一人一人の精神は、言語や環境、経験から形作られた唯一無二のものである。ときに一人の控えめなインド人が、我々のまだ手を付けていない精神能力に気づかせてくれる。人類にとって重要な問題に挑もうとする、ラマヌジャンのような人物が、我々の中にいったい何人隠れているのだろうか。

機械時代にあって人間の存在意義を守る責任は、どんな個人であっても一人で背負うことはできない。我々人間の強み、もっと言うと価値は、集団として創発するものだ。科学研究は、動物界の中で人間だけが持つ特徴の一つである、共有された意思によって、輝きを放ちつづけるだろう。実験によると、生後18か月から24か月の子供とチンパンジーは幅広い課題においてほぼ同等の成功率を上げるが、その課題に少しだけ手を加えて、実験者と協力しないと成し遂げられないようにすると、子供の成功率が急上昇するのに対し、チンパンジーの成功率は下がってしまう[46]。

人間はおのおのの問題の価値を、自分たちのコミュニティにとってそれがどれだけ重要であるかに基づいて判断する。もしもフェルマーの最終定理があれほど長い年月にわたって数学者の手をかいくぐることがなく、この分野の中であれほどの悪名を轟（とどろ）かせていなかったら、はたして10歳のアンドリュー・ワイルズはあんなに虜になっていただろうか？　今日の科学者も、これまで誰も挑んだことがなく、認識すらされていなかった問題に取り組もうなどという気を起こすだろうか？　問題を解きたいという我々の意欲自体が、我々の共通の経験から起こる創発現象である。我々にとって何が重要であるかは、他人にとって何が重要であるかによってもっぱら決まるのだ。

テクノロジーは、協力する相棒と、人どうしを結びつける手段という、両方の役割を果たす。我々が機械を使って問題を解くと同時に、インターネットが人と人の協力関係を強化する。そのテクノロジー自体も、我々人間がどのように集結するかによって方向づけられるだろう。アルゴリズムに潜むバイアスの多くは、似たような人たちからなる開発チームの姿を映し出しているにすぎない。自動化された判断を信頼してもかまわないのは、そのテクノロジーを作った人たちが人類全体と同じくらい多様である場合に限られる。

テクノロジーが我々の意思を共有することはないだろう。機械は公共交通機関（自動運転車も含む）と同じく、我々のコミュニティの一員ではない。機械が我々の目標のために役立つことはできるが、その目標を本当に決めるのは、他人と手を組んだ人間たちである。この世界の問題がどれだけ複雑になろうとも、誰も一人だけでその問題の解決を託されることはない。そこに我々は救いを感じるべきだ。

エピローグ

誰も触れたがらないある重大な問題を採り上げよう。

もしもＡＩが開発者の果てしない野望を達成させて、機械が人間のような、あるいは超人的な能力を持つようになったとしたら？　数学的知性の原則を獲得したとしたら？　人間にはいったい何が残されるのだろうか？

そもそも私も本書では、それらの数学的知性の原則が、いつか機械が獲得しうる能力の範囲を超えているなどとは主張してこなかった。いまのところ機械はそれらの原則を帯びていないというだけだ。機械学習などの方法論をとりわけ槍玉に挙げてきたのは、今日のＡＩを先導しているそれらの方法論が、個々の課題については目を見張る成果を上げているものの、いまだにやみくもな計算とパターン認識に基づいたままで、我々自身の有機的な形態の知性とは比べようもないからだ。数学の中でもとりわけ困難な問題が、膨大なデータの中にパターンを見つけるという方法論に屈して、数学が「苦い教訓」を味わうことになるとは思わない。[1] 数学の問題と答えはあまりにも対象が幅広く、掘り下げていくとあまりにも奥深いので、今日のもっとも賢い機械でも自在に操ることはできない。

しかし機械学習が唯一の選択肢ではない。ＡＩの分野には、知性に関するさらに困難な問題に挑む小分野や方法論が数多くある。その問題とは、どうすれば機械に常識や理性、説明可能性や好奇心などを付与できるかというものだ。いずれはその多くが実現する可能性は受け入れるほかない。

もしもＡＩが我々のもっとも豊かな数学的思考スキルを手中に収めたら、我々はその皮肉な結末に安堵するかもしれない。初めからコンピュータは、我々の考えていることをプログラムして論理的に操作するためのツールボックス、すなわち数学的存在として考案され、開発されてきた。ＡＩ自体も数学的思考から生まれた特別な産物にすぎない。我々の生み出したデジタルな存在が我々自身の思考スキルを上回る段階に達したら、一つの数学的な取り組みが見事成し遂げられたとみなせるはずだ。ただし、それは数学者が報酬を得ておこなう最後の仕事になるかもしれないが。

無報酬の仕事

もしもＡＩがこの目標に少しでも近づいたら、我々は労働力の自動化に向けた劇的な変化を目の当たりにすることになるだろう。人間が機械に張り合えるスキルを残しているとは考えにくい。「そもそも機械は我々の命令を必要とするはずだ、ましてや受け入れるはずだ」などと考えるのは、どんなにおこがましいことだろうか？　数学を仕事とする人たちの日々が、だじゃれのようだが、数を数えるように終わりに近づいていくというほうが、もっとありえそうな話ではないだろうか。

とはいえ、儲かる職業に就くことは、けっして数学のあからさまな目的ではない。確かに研究ができるのはそのおかげだが、それが存在理由ではない。非常に創造的で気持ちを高ぶらせるような思考を進めることに対して報酬が与えられるのは、ありがたい副産物にすぎず、この分野の不合理な有効性の一側面でしかない。数学的知性は我々の考え方やあり方に深く組み込まれているのだから、この世界に人間の居場所がある限り、我々が数学をおこなう場所も必ず存在する。

コンピュータがいつか特定の課題で我々の能力を上回るかもしれないからといって、コンピュータに関わるのをいっさいやめる理由はない。我々人間自身の限界を認識すれば、可能だと思っている限界線を攻めようという気になるものだ。長距離走選手のあいだでは、マラソンで2時間を切ることが次の大きな目標だとみなされている。*人間の基準からすると果てしない目標だ。[2] しかしテクノロジーの基準からするとしみったれた目標で、がたついた自転車であっても42・195キロをもっと短い時間で走りきれるだろう。一流の長距離走選手は絶対的な基準を懸けてテクノロジーと競っているのではなく、人間の相対的な基準を少しずつ引き上げようとしているにすぎない。また、彼らの取り組みがテクノロジーと切っても切り離せないことも見逃してはならない。ランニングシューズからデータに基づくトレーニングプログラムまで、現代科学はこの非常に人間的な取り組みにも大いに活用されているのだ。

人間がもっとも高い価値を置く仕事は、最高の人類を作り上げようという気持ちを掻き立ててくれるようなものだ。古代ギリシア語ではそれを「エウダイモニア」といい、これは「あらゆる美徳からなる美徳」、「良く生きるために十分な能力」という意味である。人類繁栄の前提となる人生哲学だ。一部の人は、仲間の人間に豊かさや喜びを提供することで、その相対的な才能から報酬を得ることができる。しかし、たとえ世界レベルのパフォーマンスで金を稼いでいる人でなくても、そうした活動に我々は本質的な価値を当てはめて心掻き立てられる。ちょうど、毎年何千万人ものアマチュアランナーが街なかに繰り出して、おのおのの目標を目指すように。

*ケニアのマラソン選手エリウド・キプチョゲが2019年にこの目標を達成したが、ペースメーカーを次々に交代させるなど、かなりの技巧を凝らした上での記録だったため、国際アマチュア陸上競技連盟の公式ルールのもとでは認められなかった。

労働力が自動化されるにつれて、我々の重視する事柄は、数学を活用することから、数学を「古典」の一つとして評価することへと移っていくだろう。たとえ就職につながるかどうかが定かでなくても、精神を鍛え、思考する動物としての我々の豊かな遺産を知らしめてくれるこの学問は、学ぶ価値を持ちつづけるだろう。

労働力に属さない非経済的なアイデンティティを追い求めるにつれ、我々は本質的な価値があるとみなす活動へと惹きつけられていくだろう。未来には過去の多くの時代と同じく有閑階級が復活し、テクノロジーの恩恵を通じて娯楽的な思考に時間と場所を割くようになるだろう。計算を前提とした無味乾燥な数学でなく、本書で採り上げてきたたぐいの数学は、いつ終わるともなく心を豊かにしてくれる。

娯楽的な数学はテクノロジーによってさらに発展するだろう。テクノロジーを使って新たなパズルを作り、それを世界に広めるという取り組みは、今後も続けられるだろう。そもそも挑戦する人がいなければ、パズルに何の価値があるだろうか？　人類の共有経験はいつまでも価値を持ちつづけるはずで、問題を解く集団どうしの絆がテクノロジーによって結ばれていくだろう。

その一方、我々が機械の抜きん出た知的偉業を仰ぎ見る中で、才能のある人間（かつてはプロの数学者と呼ばれていた人たちかもしれない）が、機械からもたらされる重要な知見を理解するという挑戦に取り組むことになるだろう。機械はかつてないタイプの数学、より複雑でより抽象的、おそらく人間にはより理解しがたい数学を生み出すかもしれない。リーマン予想のような手強い敵が機械の頭の中で予想から証明に変わったことを知っても、その詳細を我々が理解できないという、なんとももじれったい状況に直面するかもしれない。何らかの定理が証明されたとして、人間がその証明を理解するための言語を持ち合わせていなくても、それは定理の一つとして数えられるのだろうか？　数学哲学者はこのような議論を飽きもせずに続けていくことだろう。

主体性

数学者はしばらくのあいだは安泰だ。ＡＩが人間の思考のさらに繊細な面をいまにでも身につけそうだという兆しはとくに見られない。数学的知性を完全に実現するには、意識的な意思を前提とした方法論が必要だが、それは主流のＡＩアプリケーションにはいまだ欠けている。

ＡＩをめぐる議論では、知性と意識を切り離して考える余地が残されるようになってきている。[3] もっとも複雑な課題において機械がもっとも賢い人間を凌駕したら、その機械が主観的経験を持ちうるかという疑問に、はたしてどんな意味があるのだろうか？

数学という、我々の意識的選択によって進められる取り組みから見ると、その疑問は重大な意味を帯びている。数学の歴史から学べることが一つあるとしたら、それは、知的探求に決まった道筋はないということだ。数学的知性によって授けられる最大の賜物は、自力で考え、発見の各段階を通じて自分自身を積極的に導いていく自由、すなわち主体性である。

一つの知識体系が機械によって一気に暴き出されることはありえない。数学はその不完全性ゆえに驚くほど主観的なものであって、たった一度の探求ですべての真理にたどり着くことはできない。我々の数学研究は、どのような公理から出発するか、どのような法則に従うか、どのような疑問を考えるかといった、我々の決定する事柄に縛られている。誰しも自分なりの環境や生い立ち、言語や学習経験を背負っており、それに基づいておのおの個人的な数学観が形作られる。探求の範囲は人類の多様性と同じくらい幅広い。数学に考えをめぐらせる人は、取り組む際の自分なりのルールを定める。そうすれば、知的葛藤を経てまさにそのルールを破り、まったく新たな世界を考え出すことができる。

　意識を持っていなければ、我々の知的なブレークスルーについて美的に深く考えることはできないだろう。ＤｅｅｐＭｉｎｄの囲碁マシンは、その成果こそ認められても、自身のプレーの優雅さに自ら感心することは一瞬たりともないだろう。深い鑑賞眼を持っていなければ、いったいどこから知性の目的を引き出せばいいというのだろう？

　機械学習のもっとも主要な方法論では、意識が必要かどうかという問題は無視されている。その方法論がここまで普及しているのは、汎用性に富んでいて、幅広い仕事や分野にわたって効率性と省力化につながることが実証されているからだ。十分な時間、十分な程度まで働いてくれて、ブームや投資を生み出してくれる。外部の者からしたら、万人にとっての公正公平を達成するために意識的に内省することを目指すよりも、全体的なパフォーマンスを目指すほうが魅力的だ。

　ＡＩは、道徳や法律、倫理に関わるさまざまな問題を生み出す。経済目的の大衆監視にうってつけで、大手ＩＴ企業を左右するまでになっている。[4] 機械学習のパターンマッチングツールによって生み出されたデータが、この分野のいわば通貨となった。ユーザーの関心を把握し、オンラインでの行動を予測し、購買習慣や投票傾向に影響を与えるための予測モデルに、過剰なほどの精力が注がれている。各国政府はその同じツールを利用して、全国民の行動、さらには思考までをも操ろうとしている。軍事分野では、自律兵器（「殺人ロボット」をやんわりと呼んだ言葉）が戦場に進出して、代理戦争に新たな影を落としている。商業的動機や政治的動機がＡＩの開発を引っ張っていく限り、機械（およびそれを製作する人間）が社会に代わって選択を下すのを許してしまう恐れがある。

　誰かがこうした難しい問題を世に問うて、自動化された判断をもっと高いレベルで精査することを求める必要がある。機械にできないのであれば、それは我々にしかできない。数学的知性は我々の好奇心を燃やしつづける。ブラックボックスのシステムをこじ開けて、そのシステムが下す選択の裏にある合理的理由に探りを入れ、その思考の落とし穴を暴き出すには、まさに数学的知性が必要だろう。逆説的ではあるが、ありがたいことに数学的知性は、この世界を数学化するのにも限界があることを警告してくれる。正確な表現で記述したり分析したりできないくらいに扱いづらい概念というものも存在するのだ。

あのパンデミックは、科学が簡単に手に入るものではないことを、痛みを伴いながら思い出させてくれた。理論が同じでも、実際には異なる結果につながりうる。当初から科学的証拠を受け入れることで成功した国もあれば、自由というイデオロギー的観念のために数学的モデルを意図的に悪用することで苦しみつづけた国もある。

人間と機械の協力関係のストーリーはけっして終わっていないし、その結末も、我々がどんな選択を下してどんな疑問を問うかによって変わってくるだろう。AIによって起こりうる無数の未来のうち、我々が生き延びられるのはたった一つだろう。我々の作り出したデジタルな存在は恐ろしい可能性を秘めているのだから、最初の一歩で踏み誤ってしまったらやり直しは利かないかもしれない。数学的知性は、我々の望むような知的な相棒、人類繁栄という目的のために我々とともに働く機械を手に入れるための道しるべなのだ。

謝辞

「謝辞」と言うだけでは不十分だ。ここに挙げたすべての方が、漠然としたアイデアを実際の形にする上で力を貸してくれ、私は心から感謝している。至らない点があればすべて私の責任だ。

代理人のダグ・ヤングは、本書をどこまで良いものにできるか、その目標を引き上げてくれた。最初から最後まで力強く背中を押して手を引っ張ってくれた。

ヘレン・コンフォードと話をして、自分は野心に燃える一人の作家として初めて認められたのだと感じたときのことは、いつまでもけっして忘れない。彼女がプロファイル・ブックスに引き合わせてくれたことは、これからもずっと感謝していたい。エド・レイクとポール・フォーティ、そして編集チームが一丸となって、私の提出した荒っぽい原稿を魔法のように磨き上げて手直ししてくれた。

何人もの友人や同僚が初期段階の草稿を念入りに当たってくれた。キース・デヴリン、シャメク・サイード、スティーヴ・バックリー、ロクサーナ・パムフィルとレアーズ・パムフィル（最強のカップルだ！）、ノエル＝アン・ブラッドショー、アンドリュー・メラー、ルーシー・ライクロフト＝スミス、デイヴィッド・サイファート、エド・ボーダーに感謝する。神経科学に関する主張を厳しい目でチェックして、私が専門領域から大きく踏み出す際の足がかりを見つけ出す上で力を貸してくれた、モハマディー・エル＝ガビーにとりわけ感謝する。一つ二つ概略を説明してくれたタイムール・アブダールにも感謝する。

本書の大部分は金曜日の午後にコーヒーショップで書いた。執筆活動に没頭できるよう、「10パーセントの自由裁量時間」を与えてくれた、フィズ社での元ボスで友人のリチャード・マレットに感謝する。

オックスフォード数学クラブで毎週日曜日、数学的知性が働いている様子を観察してきた。我が子の数学能力を伸ばす上で私を信頼してくれたすべての親御さんと、心から楽しんで授業に没頭してくれたすべての子供たちには、計り知れないほど感謝している。

妻のカウサーは、本書の出版プロジェクトにおける陰の立役者だ。食卓でナプキンに殴り書きしているくらいの段階からすでに、私の取り組みを応援してくれた。家族の中でも文才があり、容赦なく尻を叩いてくれる編集者でもある。本書に取りかかってからというもの、我が家には喜びが満ちていった。リーナとイライアスは私にとって人生最高の贈り物だ。本書はリーナに捧げる（次作はイライアス、君にだ）。

訳者あとがき

ご存じのとおり、ＡＩの近年の進歩には目を見張るものがある。音声認識や生体認証などはすでに日常生活に完全に浸透しているし、文章や画像の生成、自動運転など、次々と新たな用途が広がりつつある。そのすさまじいパワーを武器に、ＡＩは知的活動の領域を次々に征服し、近いうちに人間の頭脳は無用の長物になってしまうかのようにも思える。ＡＩの圧倒的な力を前に、我々人間は何を誇りにして生きていけばいいのだろう？　本書によれば、それは数学的に考える能力、数学的知性なのだという。数学を駆使する力にかけては、人間はＡＩを上回っているというのだ。

だが考えてみると、ＡＩの正体はコンピュータプログラム、突き詰めれば数学的なアルゴリズムである。だとすると、ＡＩがもっとも得意とするのは、まさに自身の存在の礎である数学、それを操る能力ではないのか？　膨大なデータを処理して数値をはじき出す能力をめぐって、人間がコンピュータに勝てるとはとうてい思えない。本書で言う数学的知性とは、コンピュータの処理能力とどこがどう違うというのだろう？

数学と聞くとどうしても、学校で四苦八苦した計算問題を思い浮かべてしまう。正確に設定された問題を与えられて、教わったとおりの手順で計算を進め、確定したたった一つの正解を導き出す。それが一般的な数学のイメージだ。ところが本書によれば、それは真の数学ではない。数学とは本来、もっと柔軟であいまいさを含んでおり、創造性や発想力が求められる、血の通った人間的な営みである。それこそが、人間がＡＩに優る資質、数学的知性なのだという。

人間の強みであるそんな数学的知性を特徴づける七つの要素を、本書は章ごとに一つずつひもといていく。いずれも現在のＡＩが不得意とするものだ。本書ではそれぞれの要素について、人間の長所と弱点、そしてＡＩに欠けている点を、具体的な事例を挙げながら掘り下げていく。その際の大きな手掛かりは、数学がいかにして発展してきたか、その歴史から読み取ることができる。人間である数学者が、どうやって問題に取り組み、どうやって新たな数学分野を切り拓いてきたかを探ることで、人間特有の数学的知性の正体に迫れるということだ。

数学的知性を特徴づける要素のうち、最初の五つは、我々人間が数学をどう考えるか、その思考の特徴に関するものである。

一つめは「概算」。おおざっぱな答えを推測する能力である。厳密さが売りのはずの数学に、どうしてそんなものが大事だというのか？　実は人間が数学的な答えを理解する上では、概算の能力が欠かせない。そして正確な計算と大まかな概算とでは、使う脳の回路が大きく異なるのだという。

続く要素は「表現」。数学の概念や答えをどのような形式でどのように表現するか。それは人間が数学的思考を進める上で非常に重要な選択で、ＡＩに任せることはできない。我々が当たり前に使っている位取り数体系も、数ある表現法の一つであって、人間の身体性や思考方法にかなったものだという。

三つめは「推論」。ＡＩは確かに正確な答えをはじき出してくれる。しかし、どんな論理に従ってどんな文脈でその答えを出したかは、けっして説明できない。人間が数学を駆使する際には、推論に基づいて答えを理解し、自分のために役立てることが肝心である。人間特有の考え方の癖を的確に把握しておかないと、ＡＩがそれを増幅して思いもよらない事態に陥りかねないという。

四つめの要素は「想像」。数学は人間が想像力を発揮してゼロから作り上げるものであって、そこに人間特有の思考が関わってくる。数学は天から与えられるものではないし、ＡＩが新たな数学分野を興すこともけっしてできない。かのゲーデルが明らかにしたとおり、数学はどうしても不完全な体系であって、杓子定規な機械的手順で切り拓いていくことはできないのだという。

五つめは「問題」。そもそも問題を立てなければ、数学を進めることはできない。人間は遊び心の中から新たな問題を思いつき、それをどんどん膨らませていく。グラフ理論も確率論も、どうと言うことのない疑問から生まれた。ＡＩに問題を解いてもらいたくても、まずは我々がその問題を考え出さなければ何も始まらないのだ。

数学的知性の六つめと七つめの要素は、実際に我々はどうやって数学に取り組めばいいのか、その方法論に関わっている。

まずは、スピードと思考の深さのバランスを取ること。本書ではそれを「中庸（ちゅうよう）」と表現している。問題を解く速さばかりを重視していると、創造的で有用な答えにはたどり着けない。ときには意識的な思考をオフにして、無意識というものに身を委ねることが大事である。そして自分のスキルに見合った数学の課題に取り組むことで、いわゆるフロー状態に没入し、この上ない喜びを感じられるという。

最後に挙げられるのは、人間と人間、あるいは人間とＡＩの「協力」である。誰とも関わらずに一人きりで大きな業績を上げた数学者などいない。多様な考え方の人間が集まることで、驚くべき知性が発揮される。そしてここまで示されてきたとおり、人間とＡＩはそれぞれ異なる強みを持っているのだから、それを組み合わせることでますます威力を発揮するのだという。

本書を通じてもっとも強く感じられるのは、数学はけっして無味乾燥な堅苦しい学問ではないということだ。人間ならではの感情、想像力、思考の癖、発明の才、それらが組み合わさることで築き上げられてきた、非常に人間くさい創造物である。ＡＩも確かに人間によって発明された。しかしそのＡＩがこのような人間くささを受け継いでいるかというと、けっしてそんなことはない。そこにこそ、我々人間が強みを発揮して、今後も知的活動の主役でありつづける余地がある。そんなメッセージが本書からは読み取れると思う。

最後に著者の紹介を。ジュネイド・ムビーンは、英オックスフォード大学で数学の博士号、米ハーヴァード大学教育大学院で国際教育政策の修士号を取得した。現在はWhizz Educationという企業で教育担当取締役を務め、Maths-Whizzという先進的な数学教育プログラムを世界中に提供している。また、『暗号解読』などのベストセラーで知られるサイモン・シンとともに、世界最大の数学サークルparallel（https://parallel.org.uk）を運営している。本書が初の著作である。

二〇二四年一月

参考文献

はしがき　数学的知性の正体

1. K. Kelly, *Out of Control* (Basic Books, 1994), p. 34〔ケヴィン・ケリー『「複雑系」を超えて――システムを永久進化させる9つの法則』服部桂監修、福岡洋一、横山亮訳、アスキー出版局、1999年〕における引用。
2. J. McCarthy et al., 'A proposal for the Dartmouth Summer Research Project in Artificial Intelligence' (31 August 1955). jmc.stanford.edu/articles/dartmouth/dartmouth.pdf
3. 広く引用されているある研究では、702種類の職種を分析した結果、アメリカ合衆国の雇用者の47パーセントが危機にさらされていると特定された。C. B. Frey and M. A. Osborne, 'The future of employment: how susceptible are jobs to computerisation?', *Oxford Martin Programme on Technology and Employment* (17 September 2013). www.oxfordmartin.ox.ac.uk/downloads/academic/future-of-employment.pdf
4. B. Russell, 'The study of mathematics', in *Mysticism and Logic: And Other Essays* (Longman, 1919), p. 60.
5. G. H. Hardy, *A Mathematician's Apology* (Cambridge University Press, 1992), p. 84.〔G・H・ハーディ、C・P・スノー『ある数学者の生涯と弁明』柳生孝昭訳、丸善出版、2012年〕
6. D. Sperber and H. Mercier, *The Enigma of Reason* (Penguin, 2017), p. 360.
7. M. R. Sundström, 'Seduced by numbers', *New Scientist* (28 January 2015). www.newscientist.com/article/mg22530062-800-the-maths-drive-is-like-the-sex-drive/
8. トルストイは『戦争と平和』の中で数学を借りて、歴史を個別の出来事の集まりとしてでなく、無限小の因果関係の連鎖からなる連続的な過程として表現した。それと同じ主張が、D. Tammett, *Thinking in Numbers* (Hodder & Stoughton, 2012), p. 163〔ダニエル・タメット『ぼくと数字のふしぎな世界』古屋美登里訳、講談社、2014年〕でもなされている。
9. E. Wigner, 'The unreasonable effectiveness of mathematics in the natural sciences', *Communications in Pure and Applied Mathematics*, vol. 13 [1] (1960).
10. J. Mubeen, 'I no longer understand my PhD dissertation (and what this means for Mathematics Education)', *Medium* (14 February 2016). medium.com/@fjmubeen/ai-no-longer-understand-my-phd-dissertation-and-what-this-means-for-mathematics-education-1d40708f61c
11. M. McCourt, 'A brief history of mathematics education in England', *Emaths blog* (29 December 2017). emaths.co.uk/index.php/blog/item/a-brief-history-of-mathematics-education-in-england

12. このことに基づけば、数学の「不合理な有効性」をある程度説明できるかもしれない。この分野がこれほど頻繁に実用的応用に供されているのは、我々が数学的対象を実世界で出会う事柄に当てはめて認識せずにはいられないからだろうか。D. Falk, 'What is math?', *Smithsonian Magazine* (23 September 2020) を参照。
13. 数学教育者のフレデリック・ペックは次のように記している。「人は状況に応じた多様な計算法を使う。その状況の特徴を抽象化した戦法ではなく、その状況の特徴を計算に組み込んだ戦法を使う。……数学は人と場面の関係性に縛られている」。F. A. Peck, 'Rejecting Platonism: recovering humanity in mathematics education', *Education Sciences*, vol. 8 [43] (2018).
14. 数学のカリキュラムにコンピュータを採り入れることを強く訴えている、科学技術者のコンラッド・ウルフラムの概算によると、世界中の学校で毎日、平均寿命の約 2401 倍の時間が手計算に費やされているという。C. Wolfram, *The Math(s) Fix* (Wolfram Media Inc., 2020).
15. D. Bell, 'Summit report and key messages', *Maths Anxiety Summit 2018* (13 June 2018). Retrieved 31 July 2021 from www.learnus.co.uk/Maths%20Anxiety%20Summit%202018%20Report%20Final%202018-08-29.pdf
　数学不安症の研究に関する包括的な概説としては、A. Dowker et al., 'Mathematics anxiety: what have we learned in 60 years?', *Frontiers in Psychology* (25 April 2016) を参照。
16. I. M. Lyons and S. L. Beilock, 'When math hurts: math anxiety predicts pain network activation in anticipation of doing math', *PLOS ONE*, vol. 7 [10] (2012).
17. A. Dowker, 'Children's attitudes towards maths deteriorate as they get older', *British Psychological Society* (13 September 2018). www.bps.org.uk/news-and-policy/children%27s-attitudes-towards-maths-deteriorate-they-get-older
18. E. Frenkel, *Love and Math* (Basic Books, 2013)〔エドワード・フレンケル『数学の大統一に挑む』青木薫訳、文藝春秋、2015 年〕の Preface〔「はじめに」〕における引用。
19. 数学史に関する見事な解説は数多くある。以下の短い概要の一部は、D. Struik, *A Concise History of Mathematics* (Dover Publications, 2012)〔ストルイク『数学の歴史』岡邦雄、水津彦雄訳、みすず書房、1957 年〕; B. Clegg, *Are Numbers Real?* (Robinson, 2017)、および *The Story of Mathematics* (www.storyofmathematics.com) などのオンライン文献をもとにした。
20. 作業記憶とその研究の由来に関する入門としては、D. Nikolić, 'The Puzzle of Working Memory', *Sapien Labs* (17 September 2018). sapienlabs.org/working-memory/ を参照。
21. M. Napier, *Memoirs of John Napier of Merchiston* (Franklin Classics Trade Press, 2018), p. 381 からの引用。
22. L. Daston, 'Calculation and the division of labor, 1750–1950', *31st Annual Lecture of the German Historical Institute* (9 November 2017). www.ghi-dc.org/fileadmin/

user_upload/GHI_Washington/Publications/Bulletin62/9_Daston.pdf
23. M. L. Shetterly, *Hidden Figures* (William Collins, 2016)〔マーゴット・リー・シェタリー『ドリーム――NASAを支えた名もなき計算手たち』山北めぐみ訳、ハーパーコリンズ・ジャパン、2017年〕にその顛末が記されている。
24. 'The story of the race to develop the pocket electronic calculator', *Vintage Calculators Web Museum*. www.vintagecalculators.com/html/the_pocket_calculator_race.html
25. A. Whitehead, *An Introduction to Mathematics* (Dover Books on Mathematics, 2017 reprint), p. 34.〔アルフレッド・ノース・ホワイトヘッド『数学入門』大出晃訳、松籟社、1983年〕
26. K. Devlin, 'Calculation was the price we used to have to pay to do mathematics' (2 May 2018). devlinsangle.blogspot.com/2018/05/calculation-was-price-we-used-to-have.html
27. B. A. Toole, *Ada, The Enchantress of Numbers* (Strawberry Press, 1998), pp. 240–61.
28. A. Turing, 'Computing machinery and intelligence', *Mind*, vol. LIX [236] (October 1950), pp. 433–60.
29. J. Vincent, 'OpenAI's latest breakthrough is astonishingly powerful but still fighting its flaws', *Verge* (30 July 2020). www.theverge.com/21346343/gpt-3-explainer-openai-examples-errors-agi-potential
30. GPT-3., 'A robot wrote this entire article. Are you scared yet, human?', *Guardian* (8 September 2020). www.theguardian.com/commentisfree/2020/sep/08/robot-wrote-this-article-gpt-3
31. C. Chace, 'The impact of AI on journalism', *Forbes* (24 August 2020). www.forbes.com/sites/calumchace/2020/08/24/the-impact-of-ai-on-journalism/?sh=42fa62b22c46. ジャーナリストが自動化の可能性をどのようにとらえているかについては、F. Mayhew, 'Most journalists see AI robots as a threat to their industry: this is why they are wrong', *Press Gazette* (26 June 2020). www.pressgazette.co.uk/ai-journalism/ を参照。
32. D. Muoio, 'AI experts thought a computer couldn't beat a human at Go until the year 2100', *Business Insider* (21 May 2016). www.businessinsider.com/ai-experts-were-way-off-on-when-a-computer-could-win-go-2016-3?r=US&IR=T
33. S. Strogatz, 'One giant step for a chess-playing machine', *New York Times* (26 December 2018). www.nytimes.com/2018/12/26/science/chess-artificial-intelligence.html
34. J. Schrittwieser et al., 'MuZero: mastering Go, chess, Shogi and Atari without rules', *DeepMind Blog* (23 December 2020). deepmind.com/blog/article/muzero-mastering-go-chess-shogi-and-atari-without-rules
35. G. Lample and F. Charton, 'Deep learning for symbolic mathematics', *arXiv: 1912.01412* (2 December 2019).

36. K. Cobbe et al., 'Training verifiers to solve math word problems', *arXiv: 2110.14168v1* (27 October 2021).
37. A. Kharpal, 'Stephen Hawking says AI could be "worst event in the history of our civilisation"', *CNBC* (6 November 2017). www.cnbc.com/2017/11/06/stephen-hawking-ai-could-be-worst-event-in-civilization.html
38.「超知能」という言葉が主流になったのはおもに、N. Bostrum, *Superintelligence* (Oxford University Press, 2014)〔ニック・ボストロム『スーパーインテリジェンス――超絶 AI と人類の命運』倉骨彰訳、日本経済新聞出版社、2017 年〕による。ボストロムは超知能を、「科学的創造性や一般的な知恵、社会的スキルを含め、事実上すべての分野において人間の最高の頭脳よりもはるかに賢い知的存在」と定義している (p. 22)。
39. R. Thornton, 'The age of machinery', *Primitive Expounder* (1847), p. 281.
40. G. Marcus, 'Deep learning: a critical appraisal', *arXiv: 1801.00631* (2 January 2018) では、深層学習に対する 10 の批判として、そのアルゴリズムがデータを貪欲に求めることや、相関関係と因果関係を区別できないことなどが挙げられている。
41. M. Hutson, 'AI researchers allege that machine learning is alchemy', *Science* (3 May 2018). www.sciencemag.org/news/2018/05/ai-researchers-allege-machine-learning-alchemy
42. F. Chollet, 'The limitations of deep learning', *The Keras Blog* (17 July 2017). blog.keras.io/the-limitations-of-deep-learning.html
43. J. von Neumann, *The Computer and the Brain* (Yale University Press, 1958).〔J. フォン・ノイマン『計算機と脳』柴田裕之訳、筑摩書房、2011 年〕
44. G. Zarkadakis, *In Our Own Image* (Pegasus Books, 2017)〔ジョージ・ザルカダキス『AI は「心」を持てるのか――脳に近いアーキテクチャ』長尾高弘訳、日経 BP 社、2015 年〕には、歴史を通じて人間の脳のたとえとして用いられてきたものが年代順に挙げられている。聖書に記されている、神の精が吹き込まれた粘土から、水力学的仕掛け、ばねと歯車で駆動する自動装置、複雑な機械仕掛け、電気機械装置（たとえば電信機）、そしてコンピュータといったものだ。
45. 動物学者のマシュー・コブによると、脳をコンピュータにたとえるという考え方は、電気入力で脳を活性化させられるという事実によってさらに強固になるという。また、この比喩は逆方向にも用いられてきたという。19 世紀にはモールス符号がたびたび人間の神経系にたとえられて説明された。フォン・ノイマンは、人間の脳の生物学的な構造や機能を理解することで、今日のコンピュータの礎となったアーキテクチャを構築していった。M. Cobb, *The Idea of the Brain* (Profile Books, 2020) の introduction を参照。
46. E. A. Maguire et al., 'Navigation-related structural change in the hippocampi of taxi drivers', *Proceedings of the National Academy of Sciences*, vol. 97 [8] (2000), pp. 4398–403.
47. これについては、D. Eagleman, *Livewired* (Canongate Books, 2020)〔デイヴィッ

ド・イーグルマン『脳の地図を書き換える――神経科学の冒険』梶山あゆみ訳、早川書房、2022 年〕で詳しく掘り下げられている。
48. A. Newell et al., 'Chess-playing programs and the problem of complexity', *IBM Journal of Research and Development* (4 October 1958). ieeexplore.ieee.org/document/5392645
49. B. Weber, 'Mean chess-playing computer tears at meaning of thought', *New York Times* (19 February 1996). besser.tsoa.nyu.edu/impact/w96/News/News7/0219weber.html
50. The AlphaFold Team, 'AlphaFold: a solution to a 50-year-old grand challenge in biology', *DeepMind Blog* (30 November 2020). deepmind.com/blog/article/alphafold-a-solution-to-a-50-year-old-grand-challenge-in-biology
　2021 年 7 月に DeepMind は AlphaGo をオープンアクセス化するとともに、数十万種類のたんぱく質の 3D 構造のデータベースを公開した（その後さらに件数が増えている）。alphafold.ebi.ac.uk で利用可能。
51. G. Kasparov, 'The chess master and the computer', *New York Review of Books* (11 February 2010). www.nybooks.com/articles/2010/02/11/the-chess-master-and-the-computer/
52. H. Moravec, *Mind Children* (Harvard University Press, 1988), p. 15.〔H. モラヴェック『電脳生物たち――超 AI による文明の乗っ取り』野崎昭弘訳、岩波書店、1991 年〕
53. R. Sennett, *The Craftsman* (Penguin, 2009), p. 105.〔リチャード・セネット『クラフツマン――作ることは考えることである』髙橋勇夫訳、筑摩書房、2016 年〕
54. V. Kramnik, 'Vladimir Kramnik on man vs machine', *ChessBase* (18 December 2018). en.chessbase.com/post/vladimir-kramnik-on-man-vs-machine
55. G. Kasparov, *Deep Thinking* (John Murray, 2017), p. 246.〔ガルリ・カスパロフ『DEEP THINKING〈ディープ・シンキング〉――人工知能の思考を読む』染田屋茂訳、日経 BP 社、2017 年〕
56. D. Susskind, *A World Without Work* (Allen Lane, 2020)〔ダニエル・サスキンド『WORLD WITHOUT WORK――AI 時代の新「大きな政府」論』上原裕美子訳、みすず書房、2022 年〕では、テクノロジーによる代替的な力がそれを補完する力によって補われて、新たな雇用形態が定着している歴史時代を、労働時代と定義している。サスキンドによれば、機械学習技術の代替的な力がそれを補完する力を圧倒していって、未来の労働機会が損なわれていくことで、この労働時代は終焉を迎えようとしているという。
57. カスパロフ本人による主張。G. Kasparov, 'Chess, a *Drosophila* of reasoning', *Science* (7 December 2018). science.sciencemag.org/content/362/6419/1087.full を参照。
58. その証明法の概略と、それに向けた数々の段階的な試みについては、R. Wilson, *Four Colors Suffice* (Princeton University Press, 2013)〔ロビン・ウィルソン『四色

問題』茂木健一郎訳、新潮社、2013年〕に示されている。
59. A. Davies et al., 'Advancing mathematics by guiding human intuition with AI', *Nature* 600 (2021), pp. 70–74. doi.org/10.1038/s41586-021-04086-x
この論文に携わった数学者の一人が、AIとの共同研究の可能性に関する自身の見解を述べている。G. Williamson, 'Mathematical discoveries take intuition and creativity – and now a little help from AI', *The Conversation* (1 December 2021). theconversation.com/mathematical-discoveries-take-intuition-and-creativity-and-now-a-little-help-from-ai-172900?utm_source=pocket_mylist
60. A. Clark and D. J. Chalmers, 'The extended mind', *Analysis*, vol. 58 [1] (1998), pp. 7–19.
61. 深層学習のパイオニアであるジェフ・ヒントンは機械学習アルゴリズムについて、「我々は本当のところ、その動作のしくみを知らない」とあっさり認めている。N. Thompson, 'An AI pioneer explains the evolution of neural networks', *Wired* (13 May 2019). www.wired.com/story/ai-pioneer-explains-evolution-neural-networks/
62. C. O'Neil, *Weapons of Math Destruction* (Penguin, 2016).〔キャシー・オニール『あなたを支配し、社会を破壊する、AI・ビッグデータの罠』久保尚子訳、インターシフト、2018年〕
63. たとえば、K. Crawford, 'Artificial intelligence's white guy problem', *New York Times* (25 June 2016). www.nytimes.com/2016/06/26/opinion/sunday/artificial-intelligences-whiteguy-problem.html を参照。
64. J. Dastin, 'Amazon scraps secret AI recruiting tool that showed bias against women', *Reuters* (10 October 2018). www.reuters.com/article/us-amazon-com-jobs-automation-insight-idUSKCN1MK08G
65. T. Simonite, 'Photo algorithms ID white men fine – black women, not so much', *Wired* (2 June 2018). www.wired.com/story/photo-algorithms-id-white-men-fineblack-women-not-so-much/ および T. Simonite, 'When it comes to gorillas, Google Photos remains blind', *Wired* (1 November 2018). www.wired.com/story/when-it-comes-to-gorillas-google-photos-remains-blind/
66. L. Howell, 'Digital wildfires in a hyperconnected world', *World Economic Forum Report*, vol. 3 (2013), pp. 15–94.

第1章　概　算

1. L. Ostlere, 'VAR arrives in the Premier League to unearth sins we didn't know existed', *Independent* (14 August 2019). www.independent.co.uk/sport/football/premier-league/var-premier-league-offside-raheem-sterling-bundesliga-mls-clear-and-obvious-a9056906.html
ビデオ判定の正確さは非難を免れない。カメラの各フレームに基づいているた

め、その判断には誤差が伴う。サッカーライターのジョナサン・ウィルソンがTwitterのスレッドで説明している。twitter.com/jonawils/status/1160241782506086401

2. エヴェレットによるピダハン族の説明は、D. Everett, *Don't Sleep, There Are Snakes* (Profile Books, 2010)〔ダニエル・L・エヴェレット『ピダハン――「言語本能」を超える文化と世界観』屋代通子訳、みすず書房、2012年〕に記されている。J. Colapinto, 'The Interpreter', *New Yorker* (9 April 2007). www.newyorker.com/magazine/2007/04/16/the-interpreter-2 も参照。
3. N. Chomsky, 'Things no amount of learning can teach', *Noam Chomsky interviewed by John Gliedman* (November 1983). chomsky.info/198311__/
4. J. Gay, 'Mathematics among the Kpelle Tribe of Liberia: preliminary report', *African Education Program (Educational Services Incorporated)* (1964). Retrieved 31 July 2021 from lchcautobio.ucsd.edu/wp-content/uploads/2015/10/Gay-1964-Math-among-the-Kpelle-Ch-1.pdf
5. この節に挙げた知見は、K. Devlin, *The Math Instinct* (Thunder's Mouth Express, 2005), Chapter 1〔キース・デブリン『数学する本能――イセエビや、鳥やネコや犬と並んで、あなたが数学の天才である理由』冨永星訳、日本評論社、2006年〕および S. Dehaene, *The Number Sense* (Oxford University Press, 2011)〔スタニスラス・ドゥアンヌ『数覚とは何か?――心が数を創り、操る仕組み』長谷川眞理子、小林哲生訳、早川書房、2010年〕に記されている。カレン・ウィンの最初の実験については、K. Wynn, 'Addition and subtraction by human infants', *Nature* vol. 358 (1992), pp. 749–50 を参照。
6. S. Dehaene, *The Number Sense.*〔ドゥアンヌ『数覚とは何か？』〕
7. J. Holt, 'Numbers guy', *New Yorker* (25 February 2008). www.newyorker.com/magazine/2008/03/03/numbers-guy
8. L. Feigenson et al., 'Core systems of number', *Trends in Cognitive Sciences*, vol. 8 [7] (2004), pp. 307–14.
9. これらの例は哲学で「曖昧性」というカテゴリーに含まれる。*Stanford Encyclopedia of Philosophy Archive* (5 April 2018). plato.stanford.edu/archives/sum2018/entries/vagueness/
10. A. Starr et al., 'Number sense in infancy predicts mathematical abilities in childhood', *Proceedings of the National Academy of Sciences*, vol. 110 [45] (2013), pp. 18116–20. www.pnas.org/content/110/45/18116
11. R. S. Siegler and J. L. Booth, 'Development of numerical estimation: a review', in J. I. D. Campbell (ed.), *Handbook of Mathematical Cognition* (Psychology Press, 2005), pp. 197–212.
12. J. Boaler, *What's Math Got to Do With It*? (Viking Books, 2008), p. 25.
13. W. T. Kelvin, 'The six gateways of knowledge', *Presidential Address to the Birmingham and Midland Institute*, Birmingham, 1883. のちに *Popular Lectures*

and Addresses, vol. 1, 280, 1891 に収録。
14. E. Fermi, 'Trinity Test, July 16, 1945, eyewitness accounts', *US National Archives*, 16 July 1945. www.dannen.com/decision/fermi.html
15. 'Fermi's piano tuner problem', *NASA*, www.grc.nasa.gov/www/k-12/Numbers/Math/Mathematical_Thinking/fermis_ piano_tuner.htm
16. J. Cepelewicz, 'The hard lessons of modeling the coronavirus pandemic', *Quanta Magazine* (28 January 2021). www.quantamagazine.org/the-hard-lessons-of-modeling-the-coronavirus-pandemic-20210128/
17. この例は、K. Yates, *The Maths of Life and Death* (Quercus, 2019), Chapter 4〔キット・イェーツ『生と死を分ける数学――人生の（ほぼ）すべてに数学が関係するわけ』冨永星訳、草思社、2020 年〕から採った。このシステムでは、現在の年と生まれた年の各下 2 桁を使って一人一人の患者の年齢を計算していた。そのため、1965 年生まれの人は 2000 年には −35 歳と判定された。
18. O. Solon, 'How a book about flies came to be priced $24 million on Amazon', *Wired* (27 April 2011). www.wired.com/2011/04/amazon-flies-24-million/
19. J. Earl, '6-year-old orders $160 dollhouse, 4 pounds of cookies with Amazon's Echo Dot', *CBS News* (5 January 2017). www.cbsnews.com/news/6-year-old-brooke-neitzel-orders-dollhouse-cookies-with-amazon-echo-dot-alexa/
20. K. Campbell-Dollaghan, 'This neural network is hilariously bad at describing outer space', *Gizmodo* (19 August 2015). gizmodo.com/this-neural-network-is-hilariously-bad-at-describing-ou-1725195868
21. J. Vincent, 'Twitter taught Microsoft's AI chatbot to be a racist asshole in less than a day', *Verge* (24 March 2016). www.theverge.com/2016/3/24/11297050/tay-microsoft-chatbot-racist
22. B. Finio, 'Measure earth's circumference with a shadow', *Scientific American* (7 September 2017). www.scientificamerican.com/article/measure-earths-circumference-with-a-shadow/
23. V. F. Rickey, 'How Columbus encountered America', *Mathematics Magazine*, vol. 65 [4] (1992), pp. 219–225.
24. C. G. Northcutt et al., 'Pervasive label errors in test sets destabilize machine learning benchmarks', *arXiv.org* (26 March 2021). arxiv.org/abs/2103.14749
25. G. Press, 'Andrew Ng launches a campaign for data-centric AI', *Forbes* (16 June 2021). www.forbes.com/sites/gilpress/2021/06/16/andrew-ng-launches-a-campaign-for-data-centric-ai/?sh=3b02f1674f57
26. たとえば、xkcd.com/2205/
27. F. I. M. Craik and J. F. Hay, 'Aging and judgments of duration: effects of task complexity and method of estimation', *Perceptions & Psychophysics*, vol. 61 [3] (1999), pp. 549–60. link.springer.com/article/10.3758/BF03211972
28. この例は、 'Why logarithms still make sense', *Chalkface Blog* (7 March 2016) から

採った。thechalkfaceblog.wordpress.com/2016/03/07/why-logarithms-still-make-sense/
29. D. Robson, 'Exponential growth bias: the numerical error behind Covid-19', *BBC Future* (14 August 2020). www.bbc.com/future/article/20200812-exponential-growth-bias-the-numerical-error-behind-covid-19
30. G. S. Goda et al., 'The role of time preferences and exponential-growth bias in retirement savings', *National Bureau of Economic Research, Working Paper 21482*, August 2015.
31. R. Banerjee et al., 'Exponential-growth prediction bias and compliance with safety measures in the times of Covid-19', *IZA Institute of Labor Economics* (May 2020).
32. A. Romano et al., 'The public do not understand logarithmic graphs used to portray Covid-19', *LSE blog* (19 May 2020). blogs.lse.ac.uk/covid19/2020/05/19/the-public-doesnt-understand-logarithmic-graphs-often-used-to-portray-covid-19/
　イギリスの新型コロナウイルス感染症における線形スケールと対数スケールの比較としては、'Exponential growth: what it is, why it matters, and how to stop it', *Centre for Evidence-Based Medicine (University of Oxford)* (23 September 2020). www.cebm.net/covid-19/exponential-growth-what-it-is-why-it-matters-and-how-to-spot-it/ を参照。
33. S. Radcliffe, 'Roy Amara 1925–2007, American futurologist', in *Oxford Essential Quotations (4th ed.)* (Oxford University Press, 2016) における引用。
34. M. Schonger and D. Sele, 'How to better communicate exponential growth of infectious diseases', *PLOS ONE*, vol. 15 [12] (2020).
35. J. Searle, 'Minds, brains, and programs', *Behavioral and Brain Sciences*, vol. 3 [3] (1980), pp. 417–57.
36. K. Reusser, 'Problem solving beyond the logic of things: contextual effects on understanding and solving word problems', *Instructional Science*, vol. 17 [4] (1988), pp. 309–338.
37. L. Chittka L. and K. Geiger, 'Can honey bees count landmarks?', *Animal Behaviour*, vol. 49 [1] (1995), pp. 159–64; K. McComb et al., 'Roaring and numerical assessment in contests between groups of female lions, *Panthera leo', Animal Behaviour*, vol. 47 [2] (1994), pp. 379–87; R. L. Rodríguez et al., '*Nephila clavipes* spiders (Araneae: Nephilidae) keep track of captured prey counts: testing for a sense of numerosity in an orb-weaver', *Animal Cognition*, vol. 18 (2015), pp. 307–14; M. E. Kirschhock et al., 'Behavioral and neuronal representation of numerosity zero in the crow', *Journal of Neuroscience*, vol. 41 [22] (2021), pp. 4889–96 を参照。
38. K. Devlin, *The Math Instinct* (Thunder's Mouth Express, 2005)〔デブリン『数学する本能』〕では、ラットやチンパンジーを含めさまざまな動物が採り上げられている。カレン・ウィンの発見をアカゲザルに拡張した研究については、S. Dehaene, *The Number Sense* (Oxford University Press, 2011), pp. 53–5〔ドゥアンヌ『数覚と

は何か？』〕に引用されている。イヌに拡張した研究については、R. West and R. Young, 'Do domestic dogs show any evidence of being able to count?', *Animal Cognition*, vol. 5 [3] (2002), pp. 183–6 を参照。

第2章 表 現

1. 汎用問題解決器は、A. Newell et al., 'Report on a general problem-solving program', *Proceedings of the International Conference on Information Processing* (1959), pp. 256–64 において提唱された。汎用問題解決器は手段目標分析に基づいており、目標状態を指定して、現在の状態とその目標状態との隔たりを小さくするような行動を取る。たとえば目標状態が、空の冷蔵庫に牛乳を補充することであれば、汎用問題解決器はその目標状態に近づくよう、スーパーに出掛けるという選択肢を選ぶかもしれない。汎用問題解決器は取りうる行動を探索し尽くすという方法を採るため、もっと選択肢の幅が広い問題では、探索空間が大きくなりすぎて手に負えなくなる。
2. 規則ベースのシステムの限界に関する初期の言及としては、H. Dreyfus, *What Computers Can't Do* (MIT Press, 1972)〔ヒューバート・L. ドレイファス『コンピュータには何ができないか――哲学的人工知能批判』黒崎政男、村若修訳、産業図書、1992 年〕を参照。ドレイファスは、AI の初期の方法論の礎となっていた以下の四つの仮定が誤りであることを証明した。1) 生物学的仮定（脳はオンオフスイッチに相当する何らかの生物学的機構を使って情報を処理している）。2) 心理学的仮定（精神はある形式的ルールに従って情報の断片に操作を加える装置である）。3) 認識論的仮定（すべての知識は形式的に記述できる）。4) 存在論的仮定（この世界は記号で表現される事実の集まりによって記述することができる）。
3. M. Polanyi, *The Tacit Dimension* (University of Chicago Press, 1966), p. 4.〔マイケル・ポランニー『暗黙知の次元』高橋勇夫訳、筑摩書房、2003 年〕
4. ニューラルネットワークは「ニューロン」のなすいくつもの層から構成されており、入力がその最下層に与えられ、出力が最上層から出てくる。各ニューロンは近くにある何千個ものニューロンと連結しており、連結の強度は重みによって決定されている。このいわゆる「深層学習」の「深層」というのは、単にこの層の数が多いということに対応している。そのためある程度のコンピューティングパワーが必要で、それはここ数十年でようやく実現した。
5. AlphaGo の場合、ニューラルネットワークを用いて効果的な指し手にフラグを立てることで、探索空間をもっと扱いやすい大きさに抑えた。続いて、考えうるそれらの指し手のそれぞれについて、それ以降のゲームで何が起こりそうかを何度もシミュレートし、その結果に基づいて最良の指し手を選び出した。この段階で膨大な探索がおこなわれるが、別のニューラルネットワークの指示に基づいて、とりわけ有望な選択肢以外を排除した。

AlphaGo は最初に、人間の手による約 3000 万件の指し手のデータベースを調べ、ある程度の技量に達したところで、自分自身の別のインスタンスと何度もプレーした。シミュレートされたゲームのたびに学習して、局面が良くなるような指し手の評価を引き上げ、そうでない指し手の評価を引き下げた（「強化学習」を用いた）。続いて「深層学習」を用いて盤面の各状態を評価し、どのような特徴のプレーが高い成績と相関しているかを判断した。

AlphaGo は Deep Blue と違って、良いプレーのしかたを明示的に教わるのではなく、基本ルールを与えられた上で、人間のプレーしたゲームを研究し、もっとも効果的な指し手を自力で見つけ出した。こののちに DeepMind はさらに歩を進め、自分自身とプレーして生成したデータのみから学習する、AlphaGo の後継機を開発している。その能力を引き上げる上で人間のゲームプレーは必要としない。

D. Silver et al., 'Mastering the game of Go with deep neural networks and tree search', *Nature* vol. 529 (2016), pp. 484–9. www.nature.com/articles/nature16961 を参照。

AlphaGo の次の後継機 AlphaGo Zero は、人間のゲームからの入力を得ずに（自分自身とのプレーのみを通じて戦略を学習して）、AlphaGo に対して 100 対 0 という完全勝利を収め、人間を超えたスキルを持っているという主張をさらに裏付けた。'AlphaGo Zero: starting from scratch', *DeepMind Blog* (18 October 2017). deepmind.com/blog/article/alphago-zero-starting-scratch

6. これがジェフ・ホーキンスによる「1000 の脳理論」の肝である。この理論では、大脳新皮質は地図のような参照フレームを使ってこの世界のモデルを学習し、その参照フレームは何千本もの皮質コラムの中に保存されていると仮定している。J. Hawkins, *A Thousand Brains: A New Theory of Intelligence* (Basic Books, 2021)〔ジェフ・ホーキンス『脳は世界をどう見ているのか――知能の謎を解く「1000 の脳」理論』大田直子訳、早川書房、2022 年〕を参照。
7. H. Fry, *Hello World* (Transworld Digital, 2018), Chapter 4 (Medicine).〔ハンナ・フライ『アルゴリズムの時代――機械が決定する世界をどう生きるか』森嶋マリ訳、文藝春秋、2021 年〕
8. M. T. Ribiero et al., '"Why should I trust you?": explaining the predictions of any classifier', in *Proceedings of the 22nd ACM SIGKDD International Conference on Knowledge Discovery and Data Mining* (August 2016), pp. 1135–44.
9. J. K. Winkler et al., 'Association between surgical skin markings in dermoscopic images and diagnostic performance of a deep learning convolutional neural network for melanoma recognition', *JAMA Dermatology*, vol. 155 [10] (2019), pp. 1135–41.
10. W. Samek et al., 'Explaining deep neural networks and beyond: a review of methods and applications', *Proceedings of the IEEE*, vol. 109 [3] (2021), pp. 247–78.
11. T. B. Brown et al., 'Adversarial patch', *arXiv.org* (17 May 2018). arxiv.org/pdf/1712.09665.pdf
12. G. Marcus and D. Ernest, 'GPT-3, Bloviator: OpenAI's language generator has no

idea what it's talking about', *MIT Technology Review* (22 August 2020). www.technologyreview.com/2020/08/22/1007539/gpt3-openai-language-generator-artificial-intelligence-ai-opinion/
13. たとえば、G. Marcus, 'The next decade in AI: four steps towards robust artificial intelligence', *arXiv.org* (17 February 2020).
14. S. Dehaene, *How We Learn* (Allen Lane, 2020), p. 15.〔スタニスラス・ドゥアンヌ『脳はこうして学ぶ——学習の神経科学と教育の未来』松浦俊輔訳、森北出版、2021年〕A. M. Zador, 'A critique of pure learning and what artificial neural networks can learn from animal brains', *Nature Communications*, vol. 10 (August 2019) も参照。この論文では、我々の脳の回路はあまりにも複雑で、ゲノムで明示的に指定することはできないと論じられている。ゼーダーは「ゲノムボトルネック」という概念を提唱しており、これは「進化によって獲得した生得的プロセスをすべてゲノムの中に詰め込む」という意味である。
15. S. Dehaene, *How We Learn* (Allen Lane, 2020), p. 17.〔ドゥアンヌ『脳はこうして学ぶ』〕
16. 'Is there a better way to count …? 12s anyone?', *Angel Sharp Media* (28 September 2018). www.bbc.com/ideas/videos/is-there-a-better-way-to-count-12s-anyone/p06mdfkn
17. たとえばスティーヴン・ウルフラムは、数は知的存在にとって絶対に必要な構成物ではなく、人間がこの宇宙を観察して計算をおこなう方法から生まれた人工物であると唱えている。S. Wolfram, 'How inevitable is the concept of numbers?', *Stephen Wolfram Writings Blog* (25 May 2021). writings.stephenwolfram.com/2021/05/how-inevitable-is-the-concept-of-numbers/
18. T. Landauer, 'How much do people remember? Some estimates of the quantity of learned information in long-term memory', *Cognitive Science*, vol. 10 [4] (1986), pp. 477–93. www.cs.colorado.edu/~mozer/Teaching/syllabi/7782/readings/Landauer1986.pdf
19. この数値は、解剖学的に推定されたシナプス1か所の容量である、約4.7ビットという値から導き出される。T. M. Bartol et al., 'Nanoconnectomic upper bound on the variability of synaptic plasticity', *eLife*, vol. 4 [e10778] (2015) を参照。
20. たとえばハッター賞では、1 GBの英語の文章を最新記録よりも1パーセント以上高い圧縮率で圧縮するプログラムを設計できた人に、5000ユーロの報奨金が与えられる。主催者は汎用人工知能（AGI）に向けた進歩が促されることを期待しており、文章の圧縮が汎用人工知能に相当すると考えている。prize.hutter1.net を参照。
21. 認知科学者のドナルド・ホフマンはさらに、我々の知覚は、適応度の向上につながるかどうかを知るための手段として、自然選択を通じて生まれたインターフェースにすぎないと論じている。この説によると、現実の真の本質は、我々がこの世界を把握するために採用している恣意的なフォーマットの裏に隠されていると

いう。この議論と、このパラグラフで挙げた解説の典拠については、D. Hoffman, *The Case Against Reality* (Penguin, 2019)〔ドナルド・ホフマン『世界はありのままに見ることができない——なぜ進化は私たちを真実から遠ざけたのか』高橋洋訳、青土社、2020年〕を参照。

22. A. Ericsson and R. Pool, *Peak* (Vintage, 2017), pp. 60–61.〔アンダース・エリクソン、ロバート・プール『超一流になるのは才能か努力か？』土方奈美訳、文藝春秋、2016年〕
23. A. D. de Groot, 'Het denken van de schaker', *PhD dissertation* (1946). 英訳 *Thought and Choice in Chess* (Mouton Publishers, 1965).
24. W. G. Chase and H. A. Simon, 'Perception in chess', *Cognitive Psychology*, vol. 4 [1] (1973), pp. 55–81.
25. E. Cooke, 'Let a grandmaster of memory teach you something you'll never forget', *Guardian* (7 November 2015). www.theguardian.com/education/2015/nov/07/grandmaster-memory-teach-something-never-forget
26. M. F. Dahlstrom, 'Using narratives and storytelling to communicate science with nonexpert audiences', *Proceedings of the National Academy of Sciences*, vol. 111 [4] (2014), pp. 13614–20 での引用。
27. W. P. Thurston, 'Mathematical education', *Notices of the American Mathematical Society* (1990), pp. 844–50.
28. 記憶するのに要する労力と、大きな数の概算の有効性との兼ね合いに基づいて、掛け算の表は10×10に絞るほうが良いという数学的議論については、J. Mcloone, 'Is there any point to the 12 times table?', *Wolfram Blog* (26 June 2013) を参照。blog.wolfram.com/2013/06/26/is-there-any-point-to-the-12-times-table/
29. H. Poincaré, 'Hypotheses in physics' (Chapter 9) in *Science and Hypothesis* (Walter Scott Publishing, 1905), pp. 140–59.〔ポアンカレ『科学と仮説』、伊藤邦武訳、岩波書店、2021年〕
30. 'The true scale multiplication grid', *Chalkface Blog* (29 April 2017). thechalkfaceblog.wordpress.com/2017/04/29/the-true-scale-multiplication-grid/ より。
31. 図版は、M. Watkins, *Secrets of Creation, Volume 1: The Mystery of Prime Numbers* (Liberalis, 2015), p. 66 より。この表現のヒントとした方法論は、A. Doxiadis, *Uncle Petros and Goldbach's Conjecture* (Faber & Faber, 2001)〔アポストロス・ドキアディス『ペトロス伯父と「ゴールドバッハの予想」』酒井武志訳、早川書房、2001年〕という小説に示されている。
32.「記号を編んでいくこと」に基づいて算術を徹底的に論じたものとしては、P. Lockhart, *Arithmetic* (Harvard University Press, 2019) を参照。〔ポール・ロックハート『Arithmetic——数の物語』坂井公監訳、中井川玲子訳、ニュートンプレス、2020年〕
33. S. Zeki et al., 'The experience of mathematical beauty and its neural correlates',

Frontiers in Human Neuroscience (13 February 2014). www.frontiersin.org/articles/10.3389/fnhum.2014.00068/full
34. 数学に関する人気の動画チャンネル *3Blue1Brown* の制作者グラント・サンダーソンによれば、$e^{i\pi}$ という表記は、指数と掛け算の繰り返しに関係があるように思わせるが、実際には複素数に対する指数関数の特定の定義に基づいているため、若干誤解を生みやすいという。それを根拠に彼は、オイラーの公式が美しいというのは言い過ぎだと唱えている。G. Sanderson, 'What is Euler's formula actually saying?', *3Blue1Brown YouTube Channel* (28 April 2020). www.youtube.com/watch?v=ZxYOEwM6Wbk を参照。
　一方で、その美しさが損なわれることはなく、この等式のもっと深い数学的意味を理解すれば、新しい観点から評価できると論じている人もいる。L. Devlin, 'Is Euler's Identity beautiful? and if so, how?', *Devlin's Angle (Mathematical Association of America)* (June 2021). www.mathvalues.org/masterblog/is-eulers-identity-beautiful-and-if-so-how を参照。
35. 数学記号の歴史については、J. Mazur, *Enlightening Symbols* (Princeton University Press, 2014)〔ジョセフ・メイザー『数学記号の誕生』松浦俊輔訳、河出書房新社、2014 年〕を参照。
36. K. Devlin, 'Algebraic roots – Part 1', *Devlin's Angle* (4 April 2016). devlinsangle.blogspot.com/2016/04/algebraic-roots-part-1.html
37. 脳のうちどれだけの割合が視覚に充てられているかを定量化しようという試みが何度かおこなわれているが（たとえばS. B. Sells and R. S. Fixott, 'Evaluation of research on effects of visual training on visual functions', *American Journal of Ophthalmology*, vol. 44 [2] (1957), pp. 230–36)、各種の感覚どうしでかなりの重なりがあって、脳の多くの領域がマルチモーダルであるため、それは容易ではない。
38. V. Menon, 'Arithmetic in child and adult brain', in K. R. Cohen and A. Dowker, *Handbook of Mathematical Cognition* (Oxford University Press, 2014). doi.org/doi:10.1093/oxfordhb/9780199642342.013.041
39. J. Boaler et al., 'Seeing as understanding: the importance of visual mathematics for our brain and learning', *youcubed* (March 2017). www.youcubed.org/wp-content/uploads/2017/03/Visual-Math-Paper-vF.pdf
40. ミュージック・アニメーション・マシン、musanim.com
41. H. Jacobson, 'The world has lost a great artist in mathematician Maryam Mirzakhani', *Guardian* (29 July 2017). www.theguardian.com/science/2017/jul/29/maryam-mirzakhani-great-artist-mathematician-fields-medal-howard-jacobson
42. E. Klarreich, 'Meet the first woman to win math's most prestigious prize', *Wired* (13 August 2014). www.wired.com/2014/08/maryam-mirzakhani-fields-medal/
43. S. Russell, *Human Compatible* (Allen Lane, 2019), p. 81.〔スチュアート・ラッセル『AI 新生――人間互換の知能をつくる』松井信彦訳、みすず書房、2021 年〕
44. この放射線問題は、カール・ダンカーの 1945 年の研究にさかのぼる。K.

Duncker, 'On problem solving', *Psychological Monographs*, vol. 58 [270] (1945). たとえ話を聞いたのちに成功率が上がるための条件は、M. L. Gick and K. J. Holyoak, 'Analogical problem solving', *Cognitive Psychology*, vol. 12 (1980), pp. 306–55 および M. L. Gick and K. J. Holyoak, 'Schema introduction and analogical transfer, *Cognitive Psychology*, vol. 15 (1983), pp. 1–38 に示されている。
45. J. Pavlus, 'The computer scientist training AI to think with analogies', *Quanta Magazine* (14 July 2021). www.quantamagazine.org/melanie-mitchell-trains-ai-to-think-with-analogies-20210714/
46. M. Atiyah, 'Identifying progress in mathematics', *The Identification of Progress in Learning* (Cambridge University Press, 1985), pp. 24–41.
47. A. Sierpinska, 'Some remarks on understanding in mathematics', *Canadian Mathematics Education Study Group* (1990). flm-journal.org/Articles/43489F40454C8B2E06F334CC13CCA8.pdf
48. これらの分野の違いについて詳しく論じたものとしては、A. Cuoco et al., 'Habits of mind: an organizing principle of mathematics curricula', *Journal of Mathematical Behaviour* (December 1996), pp. 375–402 を参照。
49. E. Frenkel, *Love and Math* (Basic Books, 2013)〔フレンケル『数学の大統一に挑む』〕, Preface〔「はじめに」〕での引用。
50. T. N. Carraher et al., 'Mathematics in the street and in school', *British Journal of Developmental Psychology*, vol. 3, [1] (1985), pp. 21–29 および G. Saxe, 'The mathematics of child street vendors', *Child Development*, vol. 59 [5] (1988), pp. 1415–25.
51. H. Fry, 'What data can't do', *New Yorker* (29 March 2021). www.newyorker.com/magazine/2021/03/29/what-data-cant-do
52. P. Vamplew, 'Lego Mindstorms robots as a platform for teaching reinforcement learning', *Proceedings of AISAT2004: International Conference on Artificial Intelligence in Science and Technology* (2004) および P. Vamplew et al., 'Human-aligned artificial intelligence is a multiobjective problem', *Ethics and Information Technology*, vol. 20, [1] (2018), pp. 27–40.
53. 人間と機械のあいだに起こりうる食い違いについて初めて思索した一人であるノーバート・ウィーナーは、1960 年に、「機械に与える目的が我々の本当に望む目的と間違いなく一致するようにすべきである」と述べている。N. Wiener, 'Some moral and technical consequences of automation', *Science*, vol. 131 [3410] (1960), pp. 1355–8. 価値観整合性問題に関する現代の扱い方と、それを解決するための戦略については、S. Russell, *Human Compatible* (Penguin, 2019)〔ラッセル『AI 新生』〕を参照。
54. A. Pasick, 'Here are some of the terrifying possibilities that have Elon Musk worried about artificial intelligence', *Quartz* (4 August 2014). qz.com/244334/here-are-some-of-the-terrifying-possibilities-that-have-elon-musk-worried-about-artificial-intelligence/

55. 数学者のフィリップ・デイヴィスとルーベン・ハーシュによれば、この「人間の精神世界」には、情動や気持ち、心構えなどといった事柄が含まれていて、「けっして数学化できない」という。P. J. Davis and R. Hersh, *Descartes' Dream: The World According to Mathematics* (Penguin, 1988), p. 23〔フィリップ・J. デービス、ルーベン・ヘルシュ『デカルトの夢』椋田直子訳、アスキー出版局、1988 年〕を参照。

第3章　推　論

1. バートランド・ラッセルが 1912 年の著作 *The Problems of Philosophy*〔バートランド・ラッセル『哲学入門』高村夏樹訳、筑摩書房、2005 年ほか〕の中で最初に採り上げたのは、感謝祭の不運なニワトリの例で、それをカール・ポパーがクリスマスの七面鳥のケースに翻案した。A. Chalmers, *What is This Thing Called Science?* (University of Queensland Press, 1982)〔A. F. チャルマーズ『改訂新版 科学論の展開――科学と呼ばれているのは何なのか？』高田紀代志、佐野正博訳、恒星社厚生閣、2013 年〕を参照。
2. 正しい解の一つについては、'Circle division solution' on 3Blue1Brown's YouTube channel: www.youtube.com/watch?v=k8P8uFahAgc&t=188s を参照。
3. 純粋にデータに基づいた予測モデルの場合、結論をあまりにも幅広く当てはめてしまう危険性が必ず存在する。「ノー・フリーランチ定理」と呼ばれる数学的結論によれば、どのような機械学習アルゴリズムも、データセットの半分を与えられると、残り半分の見えざるデータをうまく取り繕ってしまい、訓練データについてはうまく予測できるものの、見えざるデータの予測には失敗する可能性が必ずあるという。そこから導き出される残念な結論として、いかなるシナリオのもとでも結果を正確に予測できるような単一のアルゴリズムはけっして存在せず、過去を記憶することしか保証できない。
4. 我々がこれほどまでに錯視を受けやすい（そして魅了される）理由もそれで説明できる。B. Resnick, '"Reality" is constructed by your brain. Here's what that means and why it matters', *Vox* (22 June 2020). www.vox.com/science-and-health/20978285/optical-illusion-science-humility-reality-polarization を参照。
5. D. Eagleman, 'The moral of the story', *New York Times* (3 August 2012). www.nytimes.com/2012/08/05/books/review/the-storytelling-animal-by-jonathan-gottschall.html
6. 「インタープリター」という用語は、M. Gazzaniga, *Who's in Charge?* (Robinson, 2012), p. 75〔マイケル・S. ガザニガ『〈わたし〉はどこにあるのか――ガザニガ脳科学講義』藤井留美訳、紀伊國屋書店、2014 年〕において付けられた。
　ガザニガは、てんかん治療の一環として両半球の連結を切断されて分離脳となった患者を用いて、ある有名な実験をおこなった。そのような患者を用いると、

左右それぞれの半球に別々の絵を見せて、脳がどのように知覚するかを調べることができる。初めに、脳の左半球に対応する右側の視野にニワトリの足を見せた。続いて左側の視野（右半球）に雪景色を見せた。その上で何枚もの絵を、両方の半球が見ることのできるよう並べて置いた。するとその患者は、右手でニワトリの絵を指差した。右側の視野でニワトリの足を見たのだから、これはさして驚くことではない。また左手でシャベルの絵を指差した。左側の視野で雪景色を見せられたのだから、これも予想どおりだ。

次にその患者に、なぜそれらの絵を選んだのかを説明してもらった。ここから話はおもしろくなる。患者は左半球にある言語中枢を呼び出して、ニワトリの足はニワトリに付いているからだと答えた。それに続いて興味深いことに、シャベルの絵を見て、「ニワトリ小屋を掃除するにはシャベルが必要だからだ」と説明した。左半球は雪景色をいっさい見なかったことを思い出してほしい。患者は恥ずかしげに「分からない」と答えるのではなく、左半球に導かれて、記憶の欠落を埋め合わせる、もっともらしいが作り話であるストーリー（「そもそもニワトリは小屋を汚すものだ」）をでっち上げたのだ。

M. Gazzaniga, 'The storyteller in your head', *Discover Magazine* (1 March 2012). www.discovermagazine.com/mind/the-storyteller-in-your-head も参照。

7. D. Kahneman, *Thinking, Fast and Slow* (Penguin, 2012).〔ダニエル・カーネマン『ファスト＆スロー――あなたの意思はどのように決まるか？（上・下）』村井章子訳、早川書房、2014 年〕
8. J. Haidt, *The Righteous Mind* (Penguin, 2013)〔ジョナサン・ハイト『社会はなぜ左と右にわかれるのか――対立を超えるための道徳心理学』高橋洋訳、紀伊國屋書店、2014 年〕の introduction〔「はじめに」〕からの引用。
9. D. Sperber and H. Mercier, *The Enigma of Reason* (Penguin, 2017).
10. D. Hume, *A Treatise of Human Nature* (1739).〔デイヴィッド・ヒューム『人間本性論（第 1 ～ 3 巻）』木曾好能、石川徹、中釜浩一、伊勢俊彦訳、法政大学出版局、2019 年ほか〕www.pitt.edu/~mthompso/readings/hume.influencing.pdf を参照。
11. A. Damasio, *Descartes' Error* (Vintage, 2006).〔アントニオ・ダマシオ『デカルトの誤り――情動、理性、人間の脳』田中三彦訳、筑摩書房、2010 年〕
12. F. Heider and M. Simmel, 'An experimental study of apparent behavior', *American Journal of Psychology*, vol. 57 (1944), pp. 243–59. この動画は YouTube: 'Heider and Simmel movie' で観ることができる。www.youtube.com/watch?v=76p64j3H1Ng
13. K. Zunda, 'The case for motivated reasoning', *Psychological Bulletin*, vol. 108 [3] (1990), pp. 480–98.
14. S・マルティネス＝コンデらはその例として、テラーというマジシャンが偽のコイントスを使っておこなう有名なトリックを挙げている。テラーは、新しいコインを手に取って落としたと観客に信じ込ませたい。しかし実際にはコインは落とさない。そこでコインのカチンという音を立てると、観客はその音とテラーの架空の行動とを誤って関連づけてしまう。マルティネス＝コンデらは、「A が B に

先立って起こると、我々はAがBを引き起こしたのだと結論づけてしまう」と述べている。S. Martinez-Conde et al., *Sleights of Mind* (Profile Books, 2012), p. 192.〔スティーヴン・L. マクニック、スサナ・マルティネス＝コンデ、サンドラ・ブレイクスリー『脳はすすんでだまされたがる——マジックが解き明かす錯覚の不思議』鍛原多惠子訳、角川書店、2012年〕

15. R. Epstein and R. E. Robertson, 'The search engine manipulation effect (SEME) and its possible impact on the outcomes of elections', *Proceedings of the National Academy of Sciences*, vol. 112 [33], E4512–21 (2015). www.pnas.org/content/112/33/E4512
16. この一件に関する優れた総説は、D. Kolkman, 'F*ck the algorithm? What the world can learn from the UK's A-Level grading fiasco', *LSE blog* (26 August 2020). blogs.lse.ac.uk/impactofsocialsciences/2020/08/26/fk-the-algorithm-what-the-world-can-learn-from-the-uks-a-level-grading-fiasco/ で読める。
17. T. Harford, 'Don't rely on algorithms to make life-changing decisions', *Financial Times* (21 August 2020). www.ft.com/content/f32b3124-6b77-4b33-9de1-7dbc6599724b
18. H. Stewart, 'Boris Johnson blames "mutant algorithm" for exams fiasco', *Guardian* (26 August 2020). www.theguardian.com/politics/2020/aug/26/boris-johnson-blames-mutant-algorithm-for-exams-fiasco
19. J. Pearl, *The Book of Why* (Penguin, 2019) p.28〔ジューディア・パール、ダナ・マッケンジー『因果推論の科学——「なぜ？」の問いにどう答えるか』松尾豊監修、夏目大訳、文藝春秋、2022年〕においてパールは、抽象化の3つのレベルについて述べている。もっとも低いレベル1は連想（「観察すること」、「見ること」)、レベル2は介入（「おこなうこと」)、レベル3は反事実（「想像すること」、「回想すること」、「理解すること」）である。
20. 2019年に実施された調査によると、世界中の企業の40パーセントが、就職志望者のふるい分けに何らかの形でAIを利用しているという。D. W. Brin, 'Employers embrace artificial intelligence for HR', *SHRM*, vol. 22 (March 2019) を参照。
21. J. Dastin, 'Amazon scraps secret AI recruiting tool that showed bias against women', *Reuters* (11 October 2018). www.reuters.com/article/us-amazon-com-jobs-automation-insight-idUSKCN1MK08G
22. タイラー・ヴァイゲンのウェブサイトには、偽りの相関関係が愉快な形でまとめられている。www.tylervigen.com/spurious-correlations
23. K. Crawford et al., 'AI Now 2019 Report', *AI Institute* (December 2019). ainowinstitute.org/AI_Now_2019_Report.pdf
24. 'Processes of special categories of personal data', *Article 9 of EU GDPR* (25 May 2018). www.privacy-regulation.eu/en/article-9-processing-of-special-categories-of-personal-data-GDPR.htm
25. 嘘の情報がはびこるのは、中立的な内容よりも対立を生むような内容のほうが素

早く拡散し、情報源をたどることが必ずしも容易ではなく（そのため検証の手が届かず）、人は自分の信念を裏付けるような内容を進んで拡散しようとする（「確証バイアス」と呼ばれる）からだ。H. Rahman, 'Why are social media platforms still so bad at combating misinformation?', *Kellogg Insight* (3 August 2020). insight.kellogg.northwestern.edu/article/social-media-platforms-combating-misinformation を参照。

26. H. Arendt, 'Truth and politics', *New Yorker* (25 February 1967).
27. I. Sample, 'Study blames YouTube for rise in number of flat earthers', *Guardian* (17 February 2019). www.theguardian.com/science/2019/feb/17/study-blames-youtube-for-rise-in-number-of-flat-earthers
28. W. J. Brady et al., 'Emotion shapes the diffusion of moralized content in social networks', *Proceedings of the National Academy of Sciences*, vol. 114 [28] (2017), pp. 7313–18.
29. E. Newman et al., 'Truthiness and falsiness of trivial claims depend on judgmental contexts', *Journal of Experimental Psychology Learning, Memory and Cognition*, vol. 41 [5] (2015), pp. 1337–48.
30. N. Schick, *Deep Fakes and the Infocalypse* (Monoray, 2020)〔ニーナ・シック『ディープフェイク――ニセ情報の拡散者たち』片山美佳子訳、日経ナショナル ジオグラフィック、2021 年〕において名付けられた。
31. P. Hoffman, *The Man Who Loved Only Numbers* (Fourth Estate, 1999), p. 29.〔ポール・ホフマン『放浪の天才数学者エルデシュ』平石律子訳、草思社、2000 年〕
32. 数学的証明において重要視される「恒久性」の概念は、G. H. Hardy, *A Mathematician's Apology* (Cambridge University Press, 1992)〔ハーディ、スノー『ある数学者の生涯と弁明』〕で詳しく論じられている。
33. E. Cheng, *The Art of Logic* (Profile Books, 2018), p. 12.
34. リンカーンがエウクレイデスから受けた影響に関する素晴らしい解説は、J. Ellenberg, *Shape* (Penguin, 2021), Chapter 1 で読むことができる。
35. 4000 年におよぶピタゴラスの定理の歴史（ピタゴラス以前の由来を含む）をまとめたものとしては、B. Ratner, 'Pythagoras: everyone knows his famous theorem, but not who discovered it 1000 years before him', *Journal of Targeting, Measurement and Analysis for Marketing*, vol. 17 [3] (2009), pp. 229–42 を参照。
36. 哲学者のイムレ・ラカトシュはこれをヒューリスティックな学習法と呼び、証明は反証と密接に結びついていると論じている。すなわち、定義や定理にたどり着くには、初めに自分の誤った信念に立ち向かわなければならないということだ。I. Lakatos, *Proofs and Refutations* (Cambridge University Press, 1976).〔I. ラカトシュ、J. ウォラル／E. ザハール編『数学的発見の論理――証明と論駁』佐々木力訳、共立出版、1980 年〕
37. E. S. Loomis, *The Pythagorean Proposition* (Tarquin Publications, 1968).
38. たとえば D. Mackenzie, *Mechanizing Proof* (MIT Press, 2004) では、ソフトウェア

開発者によるそのような取り組みを1960年代にまでさかのぼっている。

39. 非常に大きな数における反例を必要とした予想をまとめたものとしては、math.stackexchange.com/questions/514/conjectures-that-have-been-disproved-with-extremely-large-counterexamples がある。
40. J. Horgan, 'The death of proof', *Scientific American*, vol. 269 [4] (1993). www.math.uh.edu/~tomforde/Articles/DeathOfProof.pdf
41. いまではSAT（「充足可能性」）ソルバーなど現代のコンピューティング手法のおかげで、無限通りの選択肢を持つ問題を、コンピュータ自身で有限個の離散的な形式に還元できるようになっている。K. Harnett, 'Computer scientists attempt to corner the Collatz conjecture', *Quanta Magazine* (26 August 2020). www.quantamagazine.org/can-computers-solve-the-collatz-conjecture-20200826/ を参照。
42. 実はオイラーの予想はもっと一般的なもので、kが3以上であれば、

$$x_k^{\ k} = x_1^{\ k} + x_2^{\ k} + \ldots + x_{k-1}^{\ k}$$

という形のすべての方程式に0でない解が存在すると主張している。W. Dunham, 'The genius of Euler: reflections on his life and work', *Mathematical Association of America*, 2007, p. 220 を参照。
43. たとえばアンドリュー・ブッカーはスーパーコンピュータを用いて、33という数を3つの立方数の和として表現できることを証明した。J. Pavlus, 'How search algorithms are changing the course of mathematics', *Nautilus* (28 March 2019). nautil.us/issue/70/variables/how-search-algorithms-are-changing-the-course-of-mathematics を参照。
44. K. Hartnerr, 'Building the mathematical library of the future', *Quanta Magazine* (1 October 2020). www.quantamagazine.org/building-the-mathematical-library-of-the-future-20201001/
45. J. Urban and J. Jakubuv, 'First neural conjecturing datasets and experimenting', *Intelligent Computer Mathematics* (17 July 2020), pp. 315–23.
46. 「しらみつぶし法」によるケプラー予想の最初の証明については、T. Hales, 'A proof of the Kepler conjecture', *Annals of Mathematics*, vol. 162 [3] (2005), pp. 1065–185 を参照。コンピュータを援用した証明は、T. Hales et al., 'A formal proof of the Kepler conjecture', *Forum of Mathematics, Pi* (29 May 2017) に示されている。
47. たとえば、D. Castelvecchi, 'Mathematicians welcome computer-assisted proof in "grand unification" theory', *Nature* (18 June 2021). www.nature.com/articles/d41586-021-01627-2 を参照。
48. 有名な一例が、方程式$a + b = c$の解に関するいわゆるABC予想である。この問題に積極的に取り組んでいる数少ない数学者の一人である望月新一は、非常に複雑な論文の中で、この方程式の抽象的な性質を記述するために膨大な表記法を考案したことで悪名を馳せた。同僚が要約版を書いたことで望月の論文はもっと「取っつきやすく」なったが、滑稽なことにその要約版ですら300ページの長さ

におよぶ。T. Revell, 'Baffling ABC maths proof now has impenetrable 300-page "summary"', *New Scientist* (7 September 2017). www.newscientist.com/article/2146647-baffling-abc-maths-proof-now-has-impenetrable-300-page-summary/ を参照。
49. M. du Sautoy, *The Creativity Code* (Fourth Estate, 2019), p. 281.〔マーカス・デュ・ソートイ『レンブラントの身震い』冨永星訳、新潮社、2020 年〕
50. ウィリアム・サーストンは数学の進歩を、この分野における「人間の理解」の前進という表現で定義している。W. P. Thurston, 'On proof and progress in mathematics', *Bulletin of the American Mathematical Society*, vol. 30 [2] (1994), pp. 161–77.
51. H. Poincaré, 'The future of mathematics', *MacTutor History of Mathematics* (1908/2007). mathshistory.st-andrews.ac.uk/Extras/Poincare_Future/
52. V. Goel et al., 'Dissociation of mechanisms underlying syllogistic reasoning', *Neuroimage*, vol. 12 [5] (2000), pp. 504–14.
53. エルデシュのこのアイデアは彼の死後、M. Aigner and G. M. Ziegler, *Proofs from THE BOOK* (Springer-Verlag, 1998)〔M. アイグナー、G. M. ツィーグラー『天書の証明』蟹江幸博訳、丸善出版、2022 年〕の出版によって実現した。この書物には、数論や幾何学、グラフ理論を含め、数学の幅広い分野における数々の証明が挙げられている。著者らはその掲載基準について、「証明が長すぎてはならず、明快でなければならず、特別なアイデアが込められていなければならず、ふつうならいっさいつながりがないだろうと思われる事柄を結びつけているらしきもの」と記している。E. Klarreich, 'In search of God's perfect proofs', *Quanta Magazine* (19 March 2018). www.quantamagazine.org/gunter-ziegler-and-martin-aigner-seek-gods-perfect-math-proofs-20180319/ を参照。
54. 数学的な美の基準は、F. Su, *Mathematics for Human Flourishing* (Princeton University Press, 2020), p. 70〔フランシス・スー『数学が人生を豊かにする——塀の中の青年と心優しき数学者の往復書簡』徳田功訳、日本評論社、2024 年刊行予定〕にうまくまとめられている。スーはハロルド・オズボーン（美学の研究で知られる）の挙げた基準である、一貫性、明快さ、簡潔さ、明瞭さ、重要性、深遠さ、単純さ、包括性、洞察性を採用している。その上で、数学的な美を具体的ないくつかのタイプに分類している。理解と論証の美しさを「洞察的な美」と定義して、対象に関する「感覚的な美」とは区別している。さらに、もっとも深遠なたぐいの美として、論証によってさらに深遠な真理や概念どうしの結びつきへとつながる、「超越的な美」というものを定義している。
55. S. G. B. Johnson and S. Steinerberger, 'Intuitions about mathematical beauty: a case study in the aesthetic experience of ideas', *Cognition*, vol. 189 (August 2019), pp. 242–59.
56. たとえば Google Research のクリスチャン・セゲディのチームは、コンピュータによる証明を自然言語構造として分析して、それを図式的に表現しようとしている。C. Szegedy et al., 'Graph representations for higher-order logic and theorem

proving', *AAAI 2020*, research.google/pubs/pub48827/
　一方、コンピュータ科学者のスコット・ヴィテリは、機械の生成した証明と人間の導き出した証明の中からいくつかの例を選び出して、それらの構造のあいだに共通の特徴を見出している。S. Viteri and S. DeDeo, 'Explosive proofs of mathematical truths', *arXiv.org* (31 March 2020). arxiv.org/abs/2004.00055v1
57. O. Roeder, 'An A.I. finally won an elite crossword tournament', *Slate* (27 April 2021). slate.com/technology/2021/04/american-crossword-puzzle-tournament-dr-fill-artificial-intelligence.html

第4章　想　像

1. たとえば、E. Cheng, *The Art of Logic* (Profile Books, 2018), p. 18 を参照。
2. J. Haidt, *The Righteous Mind* (Penguin, 2013).〔ハイト『社会はなぜ左と右にわかれるのか』〕
3. S. Loyd, *Sam Loyd's Cyclopedia of 5000 Puzzles, Tricks and Conundrums with Answers* (Ishi Press, 2007).
4. 点を使ったこのパズルの歴史は、R. Eastaway, 'Thinking outside outside the box', *Chalkdust Magazine* (12 March 2018) で簡潔に紹介されている。この問題の正答率はつねに10パーセントを切っており、0パーセントに近づくこともしばしばだ。T. C. Kershaw and S. Olsson, 'Multiple causes of difficulty in insight: the case of the nine-dot problem', *Journal of Experimental Psychology: Learning, Memory, and Cognition*, vol. 30 (2004), pp. 3–13 を参照。適切な場所に点を2個追加したり、この9つの点を大きな正方形で囲んだりしてヒントを与えると、直線を格子からはみ出させてはならないという決めつけを被験者がより容易に破ることができ、正答率が向上する。J. N. MacGregor et al., 'Information processing and insight: a process model of performance on the nine-dot and related problems', *Journal of Experimental Psychology: Learning, Memory, and Cognition*, vol. 27 (2001), pp. 176–201.
　新たなアプローチを採ることが求められる問題のさらなる例については、さまざまな頭の体操について調べたV. Goel et al., 'Differential modulation of performance in insight and divergent thinking tasks with tDCS', *Journal of Problem Solving*, vol. 8 (2015) を参照。
5. D. R. Hofstadter, *Metamagical Themas* (Basic Books, 1985), p. 47.〔D. R. ホフスタッター『メタマジック・ゲーム――科学と芸術のジグソーパズル』竹内郁雄、斉藤康己、片桐恭弘訳、白揚社、2005年〕
6. 「ジューツィング」という言葉はD. Hofstadter, *Gödel, Escher, Bach: An Eternal Golden Braid* (Basic Books, 1979)〔ダグラス・R・ホフスタッター『ゲーデル、エッシャー、バッハ――あるいは不思議の環』野崎昭弘、はやしはじめ、柳瀬尚紀

訳、白揚社、2005年〕の中で付けられたもので、これは、D. Dennett, *Intuition Pumps and Other Tools for Thinking* (Penguin, 2014), pp. 45–48〔ダニエル・C・デネット『思考の技法――直観ポンプと77の思考術』阿部文彦、木島泰三訳、青土社、2015年〕に挙げられている「直観ポンプ」の一つでもある。
7. 何種類かの人気ビデオゲームの世界の裏に隠された数学が、M. Lane, *Power-Up* (Princeton University Press, 2019) で詳しく述べられている。
8. T. Kuhn, *The Structure of Scientific Revolutions* (University of Chicago Press, 1962).〔トマス・S・クーン『科学革命の構造』青木薫訳、みすず書房、2023年〕
9. J. Ellenberg, *How Not to Be Wrong* (Penguin, 2014), p. 395〔ジョーダン・エレンバーグ『データを正しく見るための数学的思考――数学の言葉で世界を見る』松浦俊輔訳、日経BP社、2015年〕における引用。
10. C. Baraniuk, 'For AI to get creative, it must learn the rules – then how to break 'em', *Scientific American* (25 January 2018). www.scientificamerican.com/article/for-ai-to-get-creative-it-must-learn-the-rules-mdash-then-how-to-break-lsquo-em/
11. ピタゴラス教団と数の関わり合いに関する正確な説明としては、S. Lawrence and M. McCartney, *Mathematicians and their Gods* (Oxford University Press, 2015), Chapter 2を参照。
12. 0がいつ誕生したかはけっして定かではなく、放射性炭素年代決定法によって最良の推定年代が頻繁に更新されている。T. Revell, 'History of zero pushed back 500 years by ancient Indian text', *New Scientist* (14 September 2017). www.newscientist.com/article/2147450-history-of-zero-pushed-back-500-years-by-ancient-indian-text/を参照。
13. これはJ. Gray, *Plato's Ghost: The Modernist Transformation of Mathematics* (Princeton University Press, 2008), p. 153から引用した英訳である。もとのドイツ語の引用文は、H. L. Weber, 'Kronecker', *Jahresbericht der Deutschen Mathematiker-Vereinigun*, 1891–2, p. 19に収められている講義録より。
14. W. V. Quine, 'The ways of paradox', in W. V. Quine (ed.), *The Ways of Paradox and Other Essays* (Random House, 1966), pp. 3–20. www.pathlms.com/siam/courses/8264/sections/11775/video_presentations/112769
15. T. Aquinas, *Commentary on Aristotle's Physics* (Aeterna Press, 2015).〔アクィナス『自然学注解』〕
16. 形式主義者の取り組みの歴史をとりわけ想像力豊かに説明したものとしては、コミックのA. Doxiadis and C. H. Papadimitriou, *Logicomix* (Bloomsbury, 2009)〔アポストロス・ドクシアディス、クリストス・パパディミトリウ『ロジ・コミックス――ラッセルとめぐる論理哲学入門』髙村夏輝監修、松本剛史訳、筑摩書房、2015年〕を参照。
17. V. Kathotia, 'Paradise Lost, Paradise Regained', *Cambridge Mathematics, Mathematical Salad* (12 May 2017). www.cambridgemaths.org/blogs/paradise-lost-paradox-regained/より。

18. L. Surette, *The Modern Dilemma* (McGill-Queen's University Press, 2008), p. 340 での引用。
19. H. W. Eves, *Mathematical Circles Adieu* (Prindle, Weber & Schmidt, 1977) での引用。
20. E. Nagel and J. Newman, *Gödel's Proof* (NYU Press, 2001), Chapter VIII.〔E・ナーゲル、J・R・ニューマン『ゲーデルは何を証明したか――数学から超数学へ』林一訳、白揚社、1999年〕
21. ルーカスの主張の要約は、J. R. Lucas, 'The implications of Gödel's Theorem', *Etica & Politica*, vol. 5 [1] (2003) を参照。
22. R. Penrose, *The Emperor's New Mind* (Oxford University Press, 2016), Chapter 4.〔ロジャー・ペンローズ『皇帝の新しい心――コンピュータ・心・物理法則』林一訳、みすず書房、1994年〕
23. 中でもとりわけ有名な批判のいくつかについては、'The Lucas–Penrose argument about Gödel's Theorem', *Internet Encyclopedia of Philosophy*, iep.utm.edu/lp-argue/ を参照。
24. P. Benacerraf, 'God, the Devil, and Gödel', *The Monist*, vol. 51 [1] (1967), pp. 9–32.
25. E. Nagel and J. Newman, *Gödel's Proof* (NYU Press, 2001), Foreword.〔ナーゲル、ニューマン『ゲーデルは何を証明したか』〕
26. 数学者のウィリアム・バイヤーズは、異常な事柄を受け入れたがらないのは脳の左半球の活動であると論じている。「計算は左半球に好まれるモードであって、左半球は異常な事柄を受け入れたがらないどころか、その存在すら認めようとしない。この嗜好は一貫しているため、左半球は新たなデータを古いスキーマのレンズを通して見つめるか、またはそれが不可能な場合には、辻褄の合わないデータの存在をときに完全に否定する。したがって創造性が発揮されるのは、状況に対する体系的な心象が破綻した場合に限られ、その破綻は痛みとして経験される」。W. Byers, *Deep Thinking* (World Scientific, 2014), p. 123.
27. J. Latson, 'Did Deep Blue beat Kasparov because of a system glitch?', *Time* (17 February 2015). time.com/3705316/deep-blue-kasparov/
28. 歴史家のヨハン・ホイジンガによれば、空気の読めない人は新たに作ったルールを中心としたコミュニティを築くことが多く、彼らの反抗心は遊びに根ざしているという。J. Huizinga, *Homo Ludens* (Angelico Press, 2016), p. 12〔ホイジンガ『ホモ・ルーデンス』高橋英夫訳、中央公論新社、2019年ほか〕を参照。

第5章　問　題

1. この引用文の出典は、Quote Investigator: quoteinvestigator.com/2011/11/05/computers-useless/ によってさかのぼった。
2. A. Turing, 'Computing machinery and intelligence', *Mind*, vol. LIX [236] (1950), pp. 433–60.

3. P. Harris, *Trusting What You're Told*, (Harvard University Press, 2015) において推定され、L. Neyfakh, 'Are we asking the right questions?', *Boston Globe* (20 May 2012) において報告されている。
4. J. A. Litman et al., 'Epistemic curiosity, feeling-of-knowing, and exploratory behaviour', *Cognition and Emotion*, vol. 19 [4] (2005), pp. 559–582.
5. 好奇心の定義および、それと内的および外的な衝動との関係に関する概説は、C. Kidd and B. Y. Hayden, 'The psychology and neuroscience of curiosity', *Neuron*, vol. 88 [3] (2015), pp. 449–60 を参照。
6. この研究に関する議論と研究文献は、S. Baron-Cohen, *The Pattern Seekers* (Allen Lane, 2020), p. 112.〔サイモン・バロン=コーエン『ザ・パターン・シーカー——自閉症がいかに人類の発明を促したか』岡本卓、和田秀樹監訳、篠田里佐訳、化学同人、2022 年〕
7. G. Loewenstein, 'The psychology of curiosity: a review and reinterpretation', *Psychological Bulletin*, vol. 116 [1] (1994), pp. 75–98.
8. このパズルは BBC Radio 4 Series *Two Thousand Years of Puzzling* で紹介されて説明されている。www.bbc.co.uk/programmes/b09pyrsz
9. この引用文は、マーティン・ガードナーの何冊もの著作の書評で目にすることができる。たとえば、M. Gardner, *Did Adam and Eve have Navels*? (W. W. Norton & Company, 2001).〔マーティン・ガードナー『インチキ科学の解読法——ついつい信じてしまうトンデモ学説』太田次郎監訳、光文社、2004 年〕
10. A. Bellos, *Puzzle Ninja* (Guardian Faber Publishing, 2017), p. xiv.
11. 世界コンテストも開かれている「賢くなるパズル」（形式はニコリのパズルに似ている）を考案した、日本人数学教師の宮本哲也も、これと同様の心情を述べている。宮本は、自分の手で書いたパズルとコンピュータで生成したパズルを見分けることができると言い切っている。N. Jahromi, 'The Puzzle Inventor Who Makes Math Beautiful', *New Yorker* (30 December 2020). www.newyorker.com/culture/the-new-yorker-documentary/the-puzzle-inventor-who-makes-math-beautiful を参照。
12. A. Barcellos, 'A conversation with Martin Gardner', *The Two-Year College Mathematics Journal*, vol. 10 [4] (1979), pp. 233–44.
13. ケーニヒスベルクの問題の背景にあるストーリーと数学の見事な要約が、T. Paoletti, 'Leonhard Euler's solution to the Königsberg bridge problem', *Mathematical Association of America*. ここで引用した文章はこの要約から採った。www.maa.org/press/periodicals/convergence/leonard-eulers-solution-to-the-konigsberg-bridge-problem
14. その手紙は、K. Devlin, *The Unfinished Game* (Basic Books, 2010)〔キース・デブリン『世界を変えた手紙——パスカル、フェルマーと〈確率〉の誕生』原啓介訳、岩波書店、2010 年〕の題材となっている。
15. D. H. Fischer, *Historians' Fallacies* (Harper Perennial, 1970), p. 3.

16. W. T. Gowers, 'The two cultures of mathematics', *www.dpmms.cam.ac.uk/~wtg10/2cultures.pdf*
17. F. Dyson, 'Birds and frogs', *Notices of the American Mathematical Society*, vol. 56 [2] (2009), pp. 212–23.
18. I. Berlin, *The Hedgehog and the Fox* (Princeton University Press, 1953).〔バーリン『ハリネズミと狐――「戦争と平和」の歴史哲学』河合秀和訳、岩波書店、1997年〕
19. 望遠鏡と宇宙船の比喩は、T. Lin, *The Prime Number Conspiracy* (MIT Press, 2018) における James Gleick の foreword から採った。
20. computerbasedmath.org および C. Wolfram, *The Math(s) Fix* (Wolfram Media Inc, 2020) を参照。
21. T. Vander Ark, 'Stop Calculating and Start Teaching Computational Thinking', *Forbes* (29 June 2020). www.forbes.com/sites/tomvanderark/2020/06/29/stop-calculating-and-start-teaching-computational-thinking/?sh=31c812333786
22. Z. Kleinman, 'Emma Haruka Iwao smashes pi world record with Google help', *BBC News* (14 March 2019). www.bbc.co.uk/news/technology-47524760
23.「πの各桁を計算する動機の一つは、その計算がコンピュータのハードウェアとソフトウェアの完全性を確認するための優れたテストになることである。計算の途中でたった一度エラーが起こっただけで、最終結果がほぼ確実に間違ってしまうからだ。一方で、πの各桁を互いに独立に2回計算して結果が合致すれば、どちらのコンピュータも数百億回、さらに数十兆回の演算を完璧に実行したことはほぼ間違いない」。D. H. Bailey et al., 'The Quest for Pi', *Mathematical Intelligencer*, vol. 19 [1] (1997), pp. 50–57. crd-legacy.lbl.gov/~dhbailey/dhbpapers/pi-quest.pdf
24. 'Swiss researchers calculate pi to new record of 62.8tn figures', *Guardian* (16 August 2021). www.theguardian.com/science/2021/aug/16/swiss-researchers-calculate-pi-to-new-record-of-628tn-figures
25. D. Castelvecchi, 'AI maths whiz creates tough new problems for humans to solve', *Nature* (3 February 2021). www.nature.com/articles/d41586-021-00304-8
26. コンウェイの結び目の背景とその思いがけない証明については、E. Klarreich, 'Graduate Student Solves Decades-Old Conway Knot Problem', *Quanta Magazine* (19 May 2020). www.quantamagazine.org/graduate-student-solves-decades-old-conway-knot-problem-20200519/ を参照。
27. A. Hodges, *Alan Turing: The Enigma* (Vintage, 2012/1983), p. 120〔アンドルー・ホッジス『エニグマ アラン・チューリング伝（上・下）』土屋俊、土屋希和子訳、勁草書房、2015年〕での引用。
28. 決定不能性は恣意的な性格を帯びているのだから、決定不能な数学に関するこれらの例はきわめて専門的で、我々が関心を向けるほどの価値はないと考えてしまう人もいるかもしれない。しかし、証明が存在すると予想されていた（そしてそれが望まれていた）多くの具体的な問題が実は決定不能だったことが、数学者に

よって示されている。M. Freiberger, 'Picking holes in mathematics', *Plus Magazine* (23 February 2011) を参照。plus.maths.org/content/picking-holes-mathematics
29. P 対 NP 問題の読みやすい入門は、L. Fortnow, *The Golden Ticket* (Princeton University Press, 2013)〔ランス・フォートナウ『P≠NP 予想とはなんだろう——ゴールデンチケットは見つかるか？』水谷淳訳、日本評論社、2014 年〕を参照。
30. たとえば、クラス P には含まれないが、量子コンピュータなら効率的に解くことのできる問題が存在することが証明されている。そのような問題は、独自のまったく新しい複雑性のクラスとして考えることができる。K. Hartnett, 'Finally, a problem that only quantum computers will ever be able to solve', *Quanta Magazine* (21 June 2018). www.quantamagazine.org/finally-a-problem-that-only-quantum-computers-will-ever-be-able-to-solve-20180621/
31. N. Wolchover, 'As math grows more complex, will computers reign?', *Wired* (4 March 2013). www.wired.com/2013/03/computers-and-math/
32. N. Postman, *Building a Bridge to the 18th Century* (Vintage Books, 2011), p. 133.
33. P. Freire, *Pedagogy of the Oppressed* (Penguin, 1993).〔パウロ・フレイレ『被抑圧者の教育学』三砂ちづる訳、亜紀書房、2018 年〕
34. D. L. Zabelina and M. D. Robinson, 'Child's play: facilitating the originality of creative output by a priming manipulation', *Psychology of Aesthetics, Creativity, and the Arts*, vol. 4 [1] (2010), pp. 57–65.
35. T. Chamorro-Premuzic, 'Curiosity is as important as intelligence', *Harvard Business Review* (27 August 2014). hbr.org/2014/08/curiosity-is-as-important-as-intelligence. ジャーナリストのトーマス・フリードマンは「好奇心知性」という言葉を作った。
36. 同じデータセットでも設定するモデルによって異なる結論が導き出される例としては、M. Schweinsberg et al., 'Same data, different conclusions: radical dispersion in empirical results when independent analysts operationalize and test the same hypothesis', *Organizational Behavior and Human Decision Processes*, vol. 165 (2021), pp. 228–49 を参照。
37. N. Tomašev et al., 'Assessing game balance with AlphaZero: exploring alternate rule sets in chess', *arXiv.org* (15 September 2020).

第6章　中　庸

1. A. Benjamin, 'Faster than a calculator', *TEDx Oxford* (8 April 2013). www.youtube.com/watch?v=e4PTvXtz4GM
2. 'The most powerful computers on the planet', *IBM*. www.ibm.com/thought-leadership/summit-supercomputer/
3. J. Treanor, 'The 2010 "flash crash": How it unfolded', *Guardian* (22 April 2015). www.theguardian.com/business/2015/apr/22/2010-flash-crash-new-york-stock-

exchange-unfolded
4. H. Moravec, *Robot: Mere Machine to Transcendent Mind* (Oxford University Press, 1999), p. 50.〔ハンス・モラベック『シェーキーの子どもたち——人間の知性を超えるロボット誕生はあるのか』夏目大訳、翔泳社、2001年〕
5. Mae-Wan Ho, 'The computer aspires to the human brain', *Science in Society Archive* (13 March 2013) および N. R. B. Martins et al., 'Non-destructive whole-brain monitoring using nanobots: neural electrical data rate requirements', *International Journal of Machine Consciousness*, vol. 4 [1] (2012), pp. 109–40 による推定。この論文では電気生理学的手法を用いて、脳の電気信号の処理速度を $(5.52 \pm 1.13) \times 10^{16}$ と独自に推計している。
6. あるいは前に触れたとおり、量子コンピュータにたとえたほうがいいかもしれない。G. James, 'Why physicists say your brain might be more powerful than every computer combined', *Inc.* (19 February 2019). www.inc.com/geoffrey-james/why-physicists-say-your-brain-might-be-more-powerful-than-every-computer-combined.html を参照。
7. N. Patel, 'Life's too short for slow computers', *Verge* (3 May 2016). www.theverge.com/2016/5/3/11578082/lifes-too-short-for-slow-computers
8. ベンジャミンの著作 *Think Like a Maths Genius* の主眼は、そのサブタイトル *The Art of Calculating in Your Head*（「頭の中で計算する技術」）に良く表現されている。これはいわば暗算の強化版のことで、この本をパラパラとめくるだけで、あらゆるタイプの計算をおこなうための抽象的なアルゴリズムがいくらでも見つかる。A. Benjamin and M. Shermer, *Think Like a Maths Genius* (Souvenir Press, 2011).
9. Child Genius: www.channe14.com/programmes/child-genius
10. 番組のファンが作成した Countdown wiki に、私への賛辞が恥ずかしいほど事細かにまとめられている。wiki.apterous.org/Junaid_Mubeen
11. www.vedicmaths.org/introduction/what-is-vedic-mathematics, retrieved 16 December 2020 からの引用。
12. H. S. Bal, 'The fraud of Vedic maths', *Open Magazine* (12 August 2010). www.openthemagazine.com/article/art-culture/the-fraud-of-vedic-maths
13. G. G. Joseph, *The Crest of the Peacock* (Penguin, 1991), pp. 225–39.〔ジョージ・G・ジョーゼフ『非ヨーロッパ起源の数学——もう一つの数学史』垣田高夫、大町比佐栄訳、講談社、1996年〕
14. たとえば trachtenbergspeedmath.com/ を参照。
15. リザンヌ・ベインブリッジはこのテーマに関する先駆的な論文の中で、さまざまな課題をコンピュータに任せていって、我々がそれらの課題から解放されると、人間の能力が大幅に低下するという皮肉な事実について述べている。L. Bainbridge, 'Ironies of automation', *Automatica*, vol. 19 [6] (1983), pp. 775–79.
16. S. Frederick, 'Cognitive Reflection and Decision Making', *Journal of Economic Perspectives*, vol. 19 [4], pp. 25–42.

17. S. Singh, *Pi of Life* (Rowman & Littlefield, 2017), p. 100.
18. *Infinity and Beyond* (New Scientist: The Collection, 2017), p. 63 での引用。
19. R. Webb, 'How to think about … Probability', *New Scientist* (10 December 2014). www.newscientist.com/article/mg22429991-100-how-to-think-about-probability/
20. E. Carey et al., 'Understanding mathematics anxiety: investigating the experiences of UK primary and secondary school students', *Centre for Neuroscience in Education (University of Cambridge)* (March 2019). www.repository.cam.ac.uk/handle/1810/290514
21. S. Beilock, *Choke* (Constable, 2011).〔シアン・バイロック『なぜ本番でしくじるのか――プレッシャーに強い人と弱い人』東郷えりか訳、河出書房新社、2011年〕
22. T. Lin, *The Prime Number Conspiracy* (MIT Press, 2018), p. 150.
23. T. Gowers, *Mathematics: A Very Short Introduction* (Oxford University Press, 2002), p. 128.〔ティモシー・ガウアーズ『〈1冊でわかる〉数学』青木薫訳、岩波書店、2004年〕
24. H. Poincaré, *The Foundations of Science* (Cambridge University Press, 1913), p. 386.
25. 以下の例は、M. Popova, 'How Einstein thought: why "combinatory play" is the secret of genius', *Brain Pickings* (14 August 2013) から採った。www.brainpickings.org/2013/08/14/how-einstein-thought-combinatorial-creativity/
26. J. Hadamard, *The Mathematician's Mind* (Princeton University Press, 1996).〔ジャック・アダマール『数学における発明の心理』伏見康治、尾崎辰之助、大塚益比古訳、みすず書房、2002年〕
27. M. Popova, 'French polymath Henri Poincaré on how the inventor's mind works, 1908', *Brain Pickings* (11 June 2012). www.brainpickings.org/2012/06/11/henri-poincare-on-invention/ からの引用。
28. J. Kounios and M. Beeman, 'The cognitive neuroscience of insight', *Annual Review of Psychology*, vol. 65 [1] (2014), pp. 71–93.
29. G. Polya, *How to Solve It* (Princeton University Press, 1971), p. 198.〔G. ポリア『いかにして問題をとくか』柿内賢信訳、丸善出版、2022年〕
30. H. E. Gruber, 'On the relation between aha experiences and the construction of ideas', *History of Science Cambridge*, vol. 19 [1] (1981), pp. 41–59. アンドリュー・ワイルズも同じことを主張している。L. Butterfield, 'An evening with Sir Andrew Wiles', *Oxford Science Blog* (30 November 2017). www.ox.ac.uk/news/science-blog/evening-sir-andrew-wiles を参照。
31. 睡眠が認知におよぼすメリットに関して神経科学的な視点から詳しく述べたものとしては、S. Dehaane, *How We Learn* (Penguin, 2019), Chapter 10〔ドゥアンヌ『脳はこうして学ぶ』第10章「定着」〕および M. Walker, *Why We Sleep* (Penguin, 2018), Chapter 6〔マシュー・ウォーカー『睡眠こそ最強の解決策である』桜田直美訳、SBクリエイティブ、2018年〕を参照。睡眠中に脳波がどのように機能してさまざまな出来事をリプレイするかに関する具体的な説明としては、E. Renken,

'Dueling brain waves anchor or erase learning during sleep', *Quanta Magazine* (24 October 2019) を参照。

32. ある研究では、ノースウエスタン大学の学部生たちに、複合遠隔連想テスト（CRAP）の問題96問に挑んでもらった。それと似たような問題にはあなたも挑戦したことがあるだろう。3つの単語（たとえばcrab〔カニ〕, pine〔松〕, sauce〔ソース〕）を与えられ、そのいずれと組み合わせても複合語になるような単語を見つける（たとえばcrabapple（野生リンゴ）, pineapple（パイナップル）, applesauce（リンゴソース））。被験者には各問題がどれだけ難しかったかを評価してもらい、解けなかった問題については、答えが喉まで出かかった（舌先現象が起こった）かどうかを答えてもらった。実験は2日間にかけておこなわれた。睡眠の効果を調べるために、1日目の終わり、問題に取り組んだのちに学生には、「翌日は新しい問題が出題されるから、1日目に出された問題についてはこれ以上考えないように」と指示した。しかし2日目、学生たちには48問の新しい問題に加え、前日と同じ96問の問題が出題された。すると学生は全員、指示どおりに前日の問題を振り返ることはなかったと証言したのにもかかわらず、前日に喉まで出かかった問題の正答率は上昇した。論文執筆者の言葉を借りると、「彼ら［学生たち］は一晩『培養』したことで、それらの問題を、（喉まで出かかったわけではない問題に比べて）より多く解けるようになった」。
A. K. Collier and M. Beeman, 'Intuitive tip of the tongue judgments predict subsequent problem solving one day later', *Journal of Problem Solving*, vol. 4 (2012). docs.lib.purdue.edu/jps/v014/iss2/9/ を参照。
33. T. Lin, *The Prime Number Conspiracy* (MIT Press, 2018), p. 107.
34. ベン・オーリンのインタビューにおける引用。B. Orlin, 'The state of being stuck', *Math with Bad Drawings blog* (20 September 2017). mathwithbaddrawings.com/2017/09/20/the-state-of-being-stuck/
35. C. Villani, *Birth of a Theorem* (Vintage, 2016).〔セドリック・ヴィラーニ『定理が生まれる――天才数学者の思索と生活』池田思朗、松永りえ訳、早川書房、2014年〕
36. S. Roberts, 'In mathematics, "you cannot be lied to" ', *Quanta Magazine* (21 February 2017). www.quantamagazine.org/sylvia-serfaty-on-mathematical-truth-and-frustration-20170221/
37. ドゥエックによるマインドセットの研究とその応用に関する概要は、www.mindsetworks.com/science. 詳細な解説は、C. Dweck, *Mindset* (Robinson, 2017)〔キャロル・S・ドゥエック『マインドセット――「やればできる！」の研究』今西康子訳、草思社、2016年〕を参照。
38. A. Duckworth et al., 'Grit: perseverance and passion for long-term goals', *Journal of Personality and Social Psychology*, vol. 92 [6] (2007), pp. 1087–101. A. Duckworth, *Grit* (Vermilion, 2017) も参照。
39. Plutarch, *The Parallel Lives*, in vol. V of the Loeb Classical Library edition (1917).

Retrieved 31 July 2021 from penelope.uchicago.edu/Thayer/E/Roman/Texts/Plutarch/Lives/Marcellus*.html〔プルタルコス『英雄伝 2』所収「マルケルス」、柳沼重剛訳、京都大学学術出版会、2007 年ほか〕

40. M. Knox, 'The game's up: jurors playing Sudoku abort trial', *Sydney Morning Herald* (11 June 2008). www.smh.com.au/news/national/jurors-get-1-million-trial-aborted/2008/06/10/1212863636766.html
41. J. Bennett, 'Addicted to Sudoku', *Newsweek* (22 February 2006). www.newsweek.com/addicted-sudoku-113429
42. M. Csikszentmihalyi, *Flow* (Harper and Row, 1990), p. 4.〔M. チクセントミハイ『フロー体験——喜びの現象学』今村浩明訳、世界思想社、1996 年〕
43. A. Ericsson and R. Pool, *Peak* (Houghton Mifflin Harcourt, 2016), p. 99.〔エリクソン、プール『超一流になるのは才能か努力か？』〕
44. もっと正確に言うと、マンツーマンの個人指導を受けた学生の成績は、従来型の指導法を通じて学習した学生の成績に比べて、標準偏差の 2 倍高かった（言い換えると、個人指導を受けた平均的な学生は対照群の学生のうち 98 パーセントよりも高い成績を挙げた）。B. Bloom, 'The 2 Sigma problem: the search for methods of group instruction as effective as one-to-one tutoring', *Educational Researcher*, vol. 12 [6] (1984), pp. 4–16.
45. E. Frenkel, *Love and Math* (Basic Books, 2014), p. 56.〔フレンケル『数学の大統一に挑む』〕
46. N. Carr, 'Is Google Making Us Stupid?', *Atlantic* (July 2008). www.theatlantic.com/magazine/archive/2008/07/is-google-making-us-stupid/306868/
47. R. F. Baumeister et al., 'Ego depletion: Is the active self a limited resource?', *Journal of Personality and Social Psychology*, vol. 75 [6] (1998), pp. 1252–65.
48. www.qamacalculator.co.uk
49. N. Bostrom, *Superintelligence* (Oxford University Press, 2014), p. 107.〔ボストロム『スーパーインテリジェンス』〕
50. 自己決定理論に関する先駆的研究が、R. M. Ryan and E. L. Deci, 'Self-determination theory and the facilitation of intrinsic motivation, social development, and well-being', *American Psychologist*, vol. 55 [1] (2000), pp. 68–78.

第 7 章　協　力

1. ラマヌジャンの経歴と、ハーディとの共同研究に関するこの記述は、R. Kanigel, *The Man Who Knew Infinity* (Abacus, 1992)〔ロバート・カニーゲル『無限の天才——夭逝の数学者・ラマヌジャン』田中靖夫訳、工作舎、2016 年〕; S. Wolfram, 'Who was Ramanujan?', *Stephen Wolfram Writings (Blog)* (27 April 2016) および E. Klarreich, 'Mathematicians chase moonshine's shadow', in T. Lin (ed.), *The Prime*

Number Conspiracy (MIT Press, 2018) を典拠とした。
2. カーライルの「偉人説」は、以下の2つの仮定に基づいている。a) リーダーシップの属性はおもに生得的である。b) 偉大な指導者が現れるのは、そのような人がもっとも必要とされたときである。たとえば、B. A. Spector, 'Carlyle, Freud and the Great Man theory more fully considered', *Leadership*, vol. 12 [2] (2016), pp. 250–60 を参照。
3. W. E. Wallace, 'Michelangelo, C.E.O.', *New York Times* (16 April 1994). www.nytimes.com/1994/04/16/opinion/michelangelo-ceo.html
4. 「優れた集団」に関する非公式な分析が、マンハッタン・プロジェクトやディズニー・スタジオ、ビル・クリントンの選挙運動チームなどに関する一連の事例研究によっておこなわれている。W. Bennis, *Organizing Genius* (Basic Books, 1998) を参照。
5. A. W. Woolley et al., 'Evidence for a collective intelligence factor in the performance of human groups', *Science*, vol. 330 [6004] (2010), pp. 684–8. まず、複数のグループにいくつかの課題を与えたところ、ある課題におけるグループの成績がほかの課題における成績と相関していることが明らかとなり、集団的知性の存在が示された（個人の一般的知能を表す g に対してそれを c と表現した）。続いて、新たな課題における各グループの成績をその c に基づいて良く予測できることが示され、問題解決に関する集団レベルの属性が存在することがさらに裏付けられた。
6. アリのコロニーにおける創発現象に関する先駆的な議論が、D. Gordon, *Ants at Work* (Free Press, 1999)〔デボラ・ゴードン『アリはなぜ、ちゃんと働くのか――管理なき行動パタンの不思議に迫る』池田清彦、池田正子訳、新潮社、2001年〕で示されている。
7. J. Goldstein, 'Emergence as a construct: history and issues', *Emergence*, vol. 1 [1] (1999), pp. 49–72.
8. 創発的振る舞いが広く見られることは、S. Johnson, *Emergence* (Penguin, 2002)〔スティーブン・ジョンソン『創発――蟻・脳・都市・ソフトウェアの自己組織化ネットワーク』山形浩生訳、ソフトバンクパブリッシング、2004年〕によって世間に広まった。
9. L. Rozenblit and F. Keil, 'The misunderstood limits of folk science: an illusion of explanatory depth', *Cognitive Science*, vol. 26 [5] (2002), pp. 521–62. S. Sloman and P. Fernbach, *The Knowledge Illusion* (Pan, 2018), p. 21〔スティーブン・スローマン、フィリップ・ファーンバック『知ってるつもり――無知の科学』土方奈美訳、早川書房、2018年〕で論じられている。
10. ゴールトンによるウシの体重当ての実験に関するこの話は、J. Surowiecki, *The Wisdom of Crowds* (Abacus, 2005)〔ジェームズ・スロウィッキー『「みんなの意見」は案外正しい』小高尚子訳、角川書店、2009年〕の introduction〔「はじめに」〕から採った。
11. 学習能力がゲノムにコード化されていて、脳の構造に反映されるという知見は、

人工ニューラルネットワークの設計にも採り入れられはじめている。A. M. Zador, 'A critique of pure learning and what artificial neural networks can learn from animal brains', *Nature Communications*, vol. 10 [3770] (2019). www.nature.com/articles/s41467-019-11786-6 を参照。

12. S. E. Asch, 'Effects of group pressure upon the modification and distortion of judgements', *Swathmore College* (1952), pp. 222–36. www.gwern.net/docs/psychology/1952-asch.pdf
13. I. L. Janis, *Victims of Groupthink: A Psychological Study of Foreign-Policy Decisions and Fiascoes* (Houghton Mifflin, 1972), p. 27.〔アーヴィング・L・ジャニス『集団浅慮——政策決定と大失敗の心理学的研究』細江達郎訳、新曜社、2022年〕ジャニスが掘り下げたのは、キューバミサイル危機の際に起こった意思決定のダイナミクスである。
14. J. Surowiecki, *The Wisdom of Crowds* (Abacus, 2004), p. 10.〔スロウィッキー『「みんなの意見」は案外正しい』〕注目すべき点として、この著作のタイトルは、人間の協力関係が支離滅裂な結果に終わった事例を集めた1841年の古典的著作、*Extraordinary Popular Delusions and the Madness of Crowds*〔チャールズ・マッケイ『狂気とバブル——なぜ人は集団になると愚行に走るのか』塩野未佳、宮口尚子訳、パンローリング、2004年〕に引っ掛けている。
15. C. Pang, *Explaining Humans* (Viking, 2020), p. 52〔カミラ・パン『博士が解いた人付き合いの「トリセツ」』藤崎百合訳、文響社、2023年〕を参照。
16. M. Syed, *Rebel Ideas* (John Murray, 2019), Chapter 1〔マシュー・サイド『多様性の科学——画一的で凋落する組織、複数の視点で問題を解決する組織』トランネット 翻訳協力、ディスカヴァー・トゥエンティワン、2021年〕において、「知的多様性」は「観点や洞察、経験や思考スタイルの違い」と定義されている。
17. 1356の集団における計5279人を対象とした22の研究結果のメタ解析によって、問題解決の課題における集団のパフォーマンスは、個人のスキルや洞察力よりも集団的知性に基づいたほうがより良く予測できることが明らかとなった。またその同じ研究で、「集団に占める女性の割合に注目すると、社会的洞察力を介して、集団のパフォーマンスを有意に予測できる」ことが分かった。C. Riedl et al., 'Quantifying collective intelligence in human groups', *Proceedings of the National Academy of Sciences*, vol. 118 [21] (2021). www.pnas.org/content/118/21/e2005737118.abstract?etoc
18. A. Saltelli et al., 'Five ways to ensure that models serve society: a manifest', *Nature* vol. 582 [7813] (2020). www.researchgate.net/publication/342413582_Five_ways_to_ensure_that_models_ serve_society_a_manifesto
19. A. Costello, 'The government's secret science group has a shocking lack of expertise', *Guardian* (27 April 2020). www.theguardian.com/commentisfree/2020/apr/27/gaps-sage-scientific-body-scientists-medical
20. たとえば www.independentsage.org/

21. 新型コロナウイルスのアンサンブルモデルについては、J. Cepelewicz, 'The hard lessons of modeling the coronavirus pandemic', *Quanta Magazine* (28 January 2021). www.quantamagazine.org/the-hard-lessons-of-modeling-the-coronavirus-pandemic-20210128/ で論じられている。
22. ニスベットの研究に関する議論とそこから派生したいくつかの研究については、L. Winerman, 'The culture-cognition connection', *American Psychological Association*, vol. 37 [2] (2006). www.apa.org/monitor/feb06/connection を参照。
23. この研究は最初にアレクサンダー・ルリアによって中央アジアでおこなわれ、D. Epstein, *Range* (Macmillan, 2019), pp. 42–4〔デイビッド・エプスタイン『RANGE――知識の「幅」が最強の武器になる』東方雅美訳、日経BP社、2020年〕で論じられた。
24. ここ100年のあいだに30か国以上でIQが有意に上昇したという観察結果のことを、心理学者のジェイムズ・フリンの名にちなんで「フリン効果」という。上昇した理由はおもに、IQテストに沿った抽象化などのスキルに、最近の世代が接する機会が増えていることに帰せられている。J. R. Flynn, *Are We Getting Smarter?* (Cambridge University Press, 2012)〔ジェームズ・R・フリン『なぜ人類のIQは上がり続けているのか？――人種、性別、老化と知能指数』水田賢政訳、太田出版、2015年〕を参照。
25. カッグルが2万人を超す回答者を調査した、'State of machine learning and data science 2020' の中では、82パーセントという値が示されている。Retrieved 1 July 2021 from www.kaggle.com/kaggle-survey-2020
26. S. M. West et al., 'Discriminating systems: gender, race and power in AI', *AI Now* (April 2019). Retrieved 1 July 2021 from ainowinstitute.org/discriminatingsystems.pdf
27. T. Simonite, 'What really happened when Google ousted Timnit Gebru', *Wired* (8 June 2021). www.wired.com/story/google-timnit-gebru-ai-what-really-happened/
28. P. Stephan, 'The economics of science', *Journal of Economic Literature*, vol. 34 (1996), pp. 1220–21.
29. E. Wenger et al., *Cultivating Communities of Practice* (Harvard Business Press, 2002), p. 10.〔エティエンヌ・ウェンガー、リチャード・マクダーモット、ウィリアム・M・スナイダー『コミュニティ・オブ・プラクティス――ナレッジ社会の新たな知識形態の実践』野村恭彦監修、櫻井祐子訳、翔泳社、2002年〕
30. J. Love, 'A Virtuous Mix Allows Innovation to Thrive', *Kellogg Insight* (4 November 2013). insight.kellogg.northwestern.edu/article/a_virtuous_mix_allows_innovation_to_thrive
31. R. Aboukhalil, 'The rising trend in authorship', *Winnower* (11 December 2014). thewinnower.com/papers/the-rising-trend-in-authorship
32. T. Hornyak, 'Did Higgs yield the most authors in a single scientific study?', *CNET* (10 September 2012). www.cnet.com/news/did-higgs-yield-the-most-authors-in-a-

science-study/
33. C. King, ‘Multiauthor papers: onward and upward’, *ScienceWatch* (July 2012). archive.sciencewatch.com/newsletter/2012/201207/multiauthor_papers/ および S. Mallapaty, ‘Paper authorship goes hyper’, *Nature Index* (30 January 2018). www.natureindex.com/news-blog/paper-authorship-goes-hyper を参照。
34. J. W. Grossman, ‘Patterns of research in mathematics’, *Notices of the American Society*, vol. 52 [1] (2005).
35. Mathoverflow へのポスト。B. Thurston, ‘What’s a mathematician to do?’, *MathOverflow* (30 October 2010). mathoverflow.net/questions/43690/whats-a-mathematician-to-do/44213
36. S. Singh, ‘The extraordinary story of Fermat’s Last Theorem’, *Telegraph* (3 May 1997). www.cs.uleth.ca/~kaminski/esferm03.html
37. R. Elwes, ‘An enormous theorem: the classification of finite simple groups’, *Plus Magazine* (7 December 2006). plus.maths.org/content/enormous-theorem-classification-finite-simple-groups での引用。
38. N. Wiener, *The Human Use of Human Beings* (DaCapo Press, 1988), p. 51.〔ノーバート・ウィーナー『人間機械論——人間の人間的な利用』鎮目恭夫、池原止戈夫訳、みすず書房、2014年〕
39. たとえば、S. McChrystal, *Team of Teams* (Penguin, 2015)〔スタンリー・マクリスタル、タントゥム・コリンズ、デビッド・シルバーマン、クリス・ファッセル『TEAM OF TEAMS——複雑化する世界で戦うための新原則』吉川南、尼丁千津子、高取芳彦訳、日経BP社、2016年〕を参照。この本では、軍事闘争の諸原則を企業の場面に当てはめて、フラットな階層構造のほうがより素早く柔軟な協力関係を築けることが強調されている。複数の部局のメンバーを含む協同的集団のことを、「チームのチーム」と呼んでいる。
40. A. McAfee and E. Brynjolfsson, *Machine, Platform, Crowd* (W. W. Norton & Company, 2017), p. 21.〔アンドリュー・マカフィー、エリック・ブリニョルフソン『プラットフォームの経済学——機械は人と企業の未来をどう変える？』村井章子訳、日経BP社、2018年〕
41. M. Haddad, ‘Wikipedia Is the Last Best Place on the Internet’, *Wired* (17 February 2020). www.wired.com/story/wikipedia-online-encyclopedia-best-place-internet/
42. T. Gowers, ‘Is massively collaborative mathematics possible?’, *Gowers’s Weblog* (27 January 2009). gowers.wordpress.com/2009/01/27/is-massively-collaborative-mathematics-possible/
43. M. Nielsen, ‘The Polymath project: scope of participation’, *Personal Blog* (20 March 2009). michaelnielsen.org/blog/the-polymath-project-scope-of-participation/
44. たとえば、the CrowdMath project: artofproblemsolving.com/polymath を参照。
45. J. Ito, ‘Extended intelligence’, *MIT Media Lab* (11 February 2016). pubpub.ito.com/pub/extended-intelligence

46. F. Warneken et al., 'Cooperative activities in young children and chimpanzees', *Child Development*, vol. 77 [3] (2006), pp. 640–63.

エピローグ

1. この「苦い教訓」とは、コンピュータ科学者のリッチ・サットンによる、AIにとって非常に難しいいくつかの問題（あらかじめコード化された知識表現など、より人間中心的な方法論を必要とするとされていた問題）も、高次レベルの計算によって十分に解けるという見方のことを指している。R. Sutton, 'The bitter lesson' (13 March 2019). www.incompleteideas.net/IncIdeas/BitterLesson.html
2. ある研究によって、人間の持久力（カロリー消費量に基づいて測定する）の上限は安静時の代謝率の2.5倍であると推計されている。代謝率をもっと高くするには身体にエネルギーを蓄えることが必要で、そのため長時間は持続できない。C. Thurber et al., 'Extreme events reveal an alimentary limit on sustained maximal human energy expenditure', *Science Advances*, vol. 5 [6] (2019). advances.sciencemag.org/content/5/6/eaaw0341
3. たとえば、Y. Harari, *Homo Deus* (Harvill Secker, 2016), Chapter 10.〔ユヴァル・ノア・ハラリ『ホモ・デウス――テクノロジーとサピエンスの未来』（下）第10章「意識の大海」、柴田裕之訳、河出書房新社、2018年〕
4. S. Zuboff, *The Age of Surveillance Capitalism* (Profile Books, 2019).〔ショシャナ・ズボフ『監視資本主義――人類の未来を賭けた闘い』野中香方子訳、東洋経済新報社、2021年〕

ＡＩに勝つ数学脳

2024年２月20日　初版印刷
2024年２月25日　初版発行

＊

著　者　ジュネイド・ムビーン
訳　者　水谷　淳
発行者　早川　浩

＊

印刷所　株式会社精興社
製本所　大口製本印刷株式会社

＊

発行所　株式会社　早川書房
東京都千代田区神田多町２−２
電話　03-3252-3111
振替　00160-3-47799
https://www.hayakawa-online.co.jp
定価はカバーに表示してあります
ISBN978-4-15-210307-9　C0041
Printed and bound in Japan
乱丁・落丁本は小社制作部宛お送り下さい。
送料小社負担にてお取りかえいたします。

ハヤカワ・ノンフィクション

脳は世界をどう見ているのか

——知能の謎を解く「1000の脳」理論

A Thousand Brains
知能の謎を解く「1000の脳」理論
脳は世界をどう見ているのか
ジェフ・ホーキンス
大田直子 訳
A New Theory of Intelligence
A Thousand Brains
早川書房
Jeff Hawkins

A THOUSAND BRAINS
ジェフ・ホーキンス
大田直子訳
46判上製

ビル・ゲイツ年間ベストブック！
序文：リチャード・ドーキンス

細胞の塊にすぎない脳に、なぜ知能が生じるのか？　カギは大脳新皮質の構成単位「皮質コラム」にあった。一つの物体や概念に対して何千ものコラムがモデルを持ち、次の入力を予測している。脳と人工知能の理解に革命を起こす「1000の脳」理論、初の解説書

ハヤカワ・ノンフィクション

脳の地図を書き換える
——神経科学の冒険

デイヴィッド・イーグルマン
梶山あゆみ訳
LIVEWIRED
46判上製

デイヴィッド・イーグルマン
Livewired: The Inside Story of the Ever-Changing Brain
脳の地図を書き換える
神経科学の冒険
梶山あゆみ 訳
DAVID EAGLEMAN
早川書房

ベストセラー神経科学者による前人未踏の脳内探訪

人が視覚や聴覚、または身体の一部を失った時に脳内ではどのようなことが起きているのか。また科学技術を駆使して脳の機能を拡張させ、身体に五感以外の新たな感覚をつくることは可能か。最先端の脳科学と人類の未知なる可能性を著名な神経科学者が語り尽くす

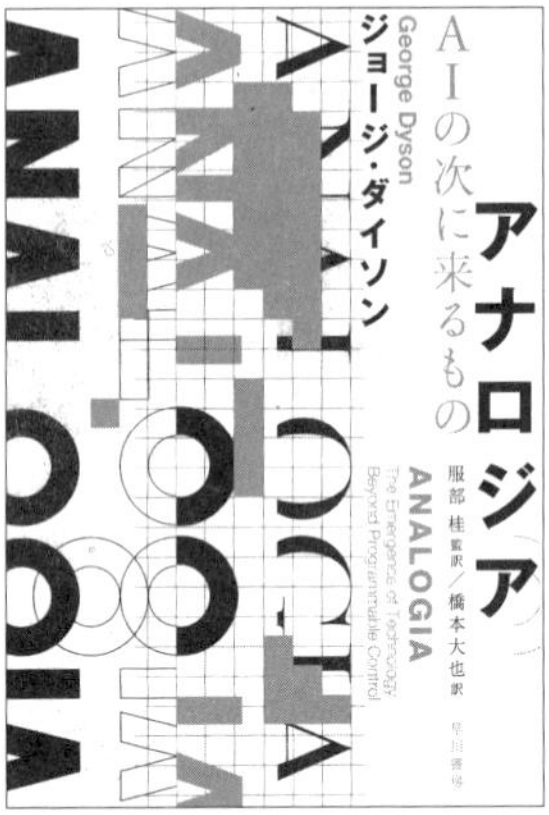